资助项目：河北省自然科学基金青年项目（G2024201008）；河北省社会科学基金青年项目（HB24YJ044）；国家社科基金重大项目（22&ZD178）；河北大学高层次人才启动项目（521100222066）；河北大学培育一般项目（2023HPY036）；河北大学燕赵文化高等研究院2025年度青年拔尖人才培养计划项目（YZWHQB25013）；河北省社会科学发展研究课题青年项目（202403045）

全球价值链嵌入对"一带一路"共建国家碳排放的影响研究

史巧玲◎著

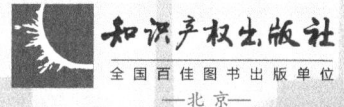

全国百佳图书出版单位

—北京—

图书在版编目（CIP）数据

全球价值链嵌入对"一带一路"共建国家碳排放的影响研究 / 史巧玲著. -- 北京：知识产权出版社, 2025.
5. -- ISBN 978-7-5130-9804-5

Ⅰ．X511

中国国家版本馆 CIP 数据核字第 20252W6P95 号

责任编辑：王海霞　　　　　　责任校对：谷　洋
封面设计：邵建文　马倬麟　　责任印制：孙婷婷

全球价值链嵌入对"一带一路"共建国家碳排放的影响研究
史巧玲　著

出版发行：	知识产权出版社 有限责任公司	网　　址：	http://www.ipph.cn
社　　址：	北京市海淀区气象路 50 号院	邮　　编：	100081
责编电话：	010-82000860 转 8790	责编邮箱：	93760636@qq.com
发行电话：	010-82000860 转 8101/8102	发行传真：	010-82000893/82005070/82000270
印　　刷：	北京中献拓方科技发展有限公司	经　　销：	新华书店、各大网上书店及相关专业书店
开　　本：	720mm×1000mm　1/16	印　　张：	16.5
版　　次：	2025 年 5 月第 1 版	印　　次：	2025 年 5 月第 1 次印刷
字　　数：	260 千字	定　　价：	89.00 元

ISBN 978-7-5130-9804-5

出版权专有　侵权必究
如有印装质量问题，本社负责调换。

前言

主要由碳排放等温室气体引起的全球气候变化问题成为当前影响人类可持续发展的重要威胁。"一带一路"共建国家是全球碳排放的重要来源国，减缓与应对气候变化已在"一带一路"共建国家中达成广泛共识。全球价值链（Global Value Chains，GVCs）是当前国际分工与贸易的主要特征，"一带一路"共建国家是全球价值链的重要参与者。研究表明，国际贸易在气候治理中发挥着重要作用，研究全球价值链嵌入对"一带一路"共建国家碳排放所发挥的作用，对于促进"一带一路"共建国家低碳绿色发展，助推全球碳减排目标实现具有重要意义。

本书从全球价值链视角出发，从理论与实证层面综合分析全球价值链嵌入对"一带一路"共建国家碳排放的影响。鉴于全球层面投入产出表更新的相对滞后性，同时考虑新冠疫情期间国际市场环境波动对全球价值链的破坏性扰动，本书主要选取经济合作与发展组织（OECD）发布的1996—2018年国家间投入产出表作为基础数据，从国家—行业—企业所有权三重维度展开研究。本书的主要创新性工作如下：第一，从规模、结构与技术效应层面对全球价值链嵌入对碳排放的影响机制进行系统分析。第二，基于投入产出模型，从全球价值链参与度与生产位置视角构建全球价值链嵌入测度指标；综合分析"一带一路"共建国家全球价值链嵌入与碳排放的特征事实。第三，从国家宏观层面，实证研究不同全球价值链嵌入模式对碳排放影响的差异，并进行国家异质性分析，对不同全球价值链嵌入模式对碳排放的影响机制进行实证检验。第四，聚焦行业微观层面，探讨全球价值链嵌入对不同产业类型以及不同要素密集行业碳排放的异质性影响，并进行行业层面影响机制检验。第五，考虑企业所有权异质性，实证研究全球价值链嵌入对内资与外资企业整体以及不同类型行业碳排放的异质性影响，并检验内资与外资企业影响机制的差异。

测算结果表明：（1）"一带一路"共建国家的全球价值链总参与度缓慢上升，整体处于前向生产位置；发达国家比发展中国家具有更高的全球价值链参与度与生产位置指数；制造业（技术密集型行业）比农矿业和服务业（劳动与资本密集型行业）的全球价值链参与度高，但位置指数更低；内资企业的全球价值链参与度（位置指数）相对高于（低于）外资企业。（2）"一带一路"共建国家整体碳排放呈上升趋势，发展中国家碳排放高于发达国家；服务业与制造业（资本与技术密集型行业）的碳排放高于农矿业（劳动密集型行业）；内资企业的碳排放高于外资企业。

国家层面的实证结果表明：（1）总参与度的提高与"一带一路"共建国家碳排放呈正相关关系，后向参与度提高对碳排放的拉动作用大于前向参与度；位置指数提升与前向生产长度增加对碳排放起抑制作用，后向生产长度的作用相反。（2）全球价值链参与度的提高对发展中国家碳排放的拉动作用高于发达国家；发展中国家位置指数提升与前向生产长度增加带来的碳减排效应低于发达国家，但其后向生产长度增加对碳排放的拉动作用高于发达国家。（3）全球价值链前向与后向参与度提高对碳排放的促进作用主要来自对生产与能源消费规模的拉动，以及带来落后生产分工环节锁定效应。位置指数升级可以减小生产与能耗规模，促进产业结构升级、技术创新与生产效率提升，从而促进碳减排。

行业层面的实证结果表明：（1）全球价值链总（前向）参与度（位置指数/前向生产长度）提高对"一带一路"共建国家行业碳排放起显著抑制作用，后向参与度（后向生产长度）的作用相反。（2）总（前向）参与度提高对制造业（服务业）的碳减排效应大于服务业（制造业），后向参与度提高对制造业碳排放的拉动作用大于服务业；位置指数提升与前向生产长度增加对服务业的碳减排作用更大，后向生产长度增加对制造业碳排放的拉动作用更大。总（前向）参与度提高对资本（劳动与技术）密集型行业碳排放的影响为正（负），后向参与度提高对资本与劳动密集型行业碳排放的拉动作用较大；位置指数提高对劳动密集型行业的碳减排作用最佳。（3）前向参与度与位置指数提高均能有效减少能源消费规模，促进行业科研创新与生产效率提升，从而推动碳减排；后向参与度提高会显著扩张生产与能耗规模，且对科研创新与生产效率的拉动作用较弱，从而引致更多碳排放。

企业层面的实证结果表明：(1) 前向参与度提高对内资（外资）企业碳排放影响为负（正），后向参与度（位置指数）提高对外资企业碳排放的促进（抑制）作用大于内资企业。(2) 前向参与度提高对内资企业、服务业的碳减排作用大于制造业，但会增加服务业外资企业碳排放；后向参与度提高对制造业与服务业内资企业碳排放的拉动作用均低于外资企业。前向参与度提高对资本密集型行业内资企业的碳减排效果最佳，对劳动与资本密集型行业外资企业碳排放的拉动作用较大；后向参与度（位置指数）提高对技术密集型行业内/外资企业碳排放的促进（抑制）作用较大。(3) 前向参与度提高通过对内资（外资）企业能源规模的抑制（拉动）以及生产效率的促进（抑制）作用来降低（提高）碳排放；后向参与度提高对外资企业碳排放的促进作用大于内资企业，这主要缘于其对外资企业贸易规模扩张与生产效率的抑制作用较大；位置指数提升对外资企业贸易规模的抑制以及生产效率的提升作用大于内资企业，从而带来了更好的碳减排效果。

基于研究结论，本书从全球价值链嵌入视角提出促进"一带一路"共建国家碳减排的政策建议：加强"一带一路"共建国家间的碳减排合作，共建合作产业链，充分发挥全球价值链升级的环境红利，重视并发挥外资企业在碳减排中的作用；加速产业结构升级调整并加大科技研发力度，大力发展高端制造业与服务业并提高全球价值链参与水平等。

目录

第1章 绪论 ··· 001

1.1 研究背景 / 001

1.1.1 气候变化问题是影响人类可持续发展的重要威胁 / 001

1.1.2 低碳绿色发展是"一带一路"倡议的重要理念 / 002

1.1.3 "一带一路"共建国家是全球价值链的重要参与者 / 005

1.2 研究目的与研究意义 / 007

1.2.1 研究目的 / 007

1.2.2 研究意义 / 008

1.3 研究内容与研究方法 / 009

1.3.1 研究内容 / 009

1.3.2 研究方法 / 010

1.3.3 结构安排 / 010

1.4 创新之处 / 013

第2章 文献综述 ··· 015

2.1 "一带一路"倡议相关研究综述 / 015

2.1.1 "一带一路"倡议的意义与合作基础相关研究进展 / 015

2.1.2 "一带一路"共建国家低碳绿色发展相关研究进展 / 016

2.2 全球价值链相关研究综述 / 017
 2.2.1 全球价值链概念的提出与发展 / 017
 2.2.2 全球价值链测度指标相关研究进展 / 019

2.3 碳排放相关研究综述 / 021
 2.3.1 碳排放核算相关研究进展 / 021
 2.3.2 碳排放影响因素相关研究进展 / 023

2.4 全球价值链嵌入与碳排放关系相关研究综述 / 024
 2.4.1 与全球价值链相关的碳排放核算相关研究进展 / 024
 2.4.2 全球价值链嵌入对碳排放影响的相关研究进展 / 025

2.5 "一带一路"倡议视角下全球价值链嵌入与碳排放
 相关研究综述 / 027
 2.5.1 "一带一路"共建国家全球价值链嵌入相关
   研究进展 / 027
 2.5.2 "一带一路"共建国家碳排放相关研究进展 / 029
 2.5.3 "一带一路"共建国家全球价值链嵌入与碳
   排放相关研究进展 / 030

2.6 文献评述 / 030

第3章 理论基础与影响机制 ········· 034

3.1 国际贸易与碳排放关系理论 / 034
 3.1.1 环境要素禀赋理论 / 035
 3.1.2 污染避难所假说 / 036

3.2 全球价值链嵌入对碳排放的影响机制 / 037
 3.2.1 规模效应分析 / 037
 3.2.2 结构效应分析 / 039
 3.2.3 技术效应分析 / 042

3.3 本章小结 / 045

第4章 "一带一路"共建国家全球价值链嵌入与碳排放的特征分析 ······ 046

4.1 全球价值链嵌入测度指标模型构建 / 046

4.1.1　多区域投入产出模型介绍 / 046
　　4.1.2　全球价值链嵌入测度指标构建 / 048
4.2　"一带一路"共建国家与行业范围界定 / 051
4.3　数据来源与处理 / 054
4.4　"一带一路"共建国家全球价值链嵌入特征分析 / 054
　　4.4.1　国家层面全球价值链嵌入特征分析 / 054
　　4.4.2　行业层面全球价值链嵌入特征分析 / 060
　　4.4.3　内资与外资企业层面全球价值链嵌入特征分析 / 065
4.5　"一带一路"共建国家碳排放特征分析 / 068
　　4.5.1　国家层面碳排放特征分析 / 068
　　4.5.2　行业层面碳排放特征分析 / 069
　　4.5.3　内资与外资企业层面碳排放特征分析 / 071
4.6　本章小结 / 072

第5章　全球价值链嵌入对"一带一路"共建国家碳排放影响的实证分析：国家层面 …… 074

5.1　模型构建与数据来源 / 074
　　5.1.1　基准模型构建与变量说明 / 074
　　5.1.2　国家异质性检验模型构建 / 076
　　5.1.3　影响机制检验模型构建 / 076
　　5.1.4　数据来源与处理 / 078
5.2　基准回归结果与稳健性分析 / 079
　　5.2.1　基准回归结果分析 / 079
　　5.2.2　内生性分析 / 085
　　5.2.3　稳健性分析 / 087
5.3　发达国家与发展中国家异质性结果分析 / 087
　　5.3.1　全球价值链参与度视角实证分析 / 090
　　5.3.2　全球价值链生产位置视角实证分析 / 092
5.4　国家层面全球价值链嵌入对碳排放影响机制的实证分析 / 094
　　5.4.1　规模效应的影响路径分析 / 094

        5.4.2 结构效应的影响路径分析 / 096

        5.4.3 技术效应的影响路径分析 / 106

    5.5 本章小结 / 111

第6章 全球价值链嵌入对"一带一路"共建国家碳排放影响的
    实证分析：行业层面 ························· 113

    6.1 模型构建与数据来源 / 114

        6.1.1 基准模型构建与变量说明 / 114

        6.1.2 行业异质性检验模型构建 / 115

        6.1.3 影响机制检验模型构建 / 116

        6.1.4 数据来源与处理 / 117

    6.2 基准回归结果与稳健性分析 / 118

        6.2.1 基准回归结果分析 / 118

        6.2.2 内生性分析 / 124

        6.2.3 稳健性分析 / 125

    6.3 行业异质性分析 / 127

        6.3.1 制造业与服务业的异质性结果分析 / 128

        6.3.2 不同要素密集度行业的异质性结果分析 / 132

    6.4 行业层面全球价值链嵌入对碳排放影响机制的实证分析 / 137

        6.4.1 规模效应的影响路径分析 / 137

        6.4.2 技术效应的影响路径分析 / 142

    6.5 本章小结 / 146

第7章 全球价值链嵌入对"一带一路"共建国家碳排放影响的
    实证分析：企业层面 ························· 149

    7.1 模型构建与数据来源 / 150

        7.1.1 基准模型构建与变量说明 / 150

        7.1.2 行业异质性检验模型构建 / 151

        7.1.3 影响机制检验模型构建 / 152

        7.1.4 数据来源与处理 / 153

7.2 基准回归结果与稳健性分析 / 155

 7.2.1 基准回归结果分析 / 155

 7.2.2 内生性分析 / 158

 7.2.3 稳健性分析 / 159

7.3 内资企业与外资企业的行业异质性分析 / 161

 7.3.1 内资企业与外资企业的制造业和服务业异质性分析 / 161

 7.3.2 不同要素密集度行业内资企业与外资企业的异质性分析 / 164

7.4 内资企业与外资企业的影响机制分析 / 166

 7.4.1 内资企业与外资企业规模效应的影响路径分析 / 167

 7.4.2 内资企业与外资企业技术效应的影响路径分析 / 171

7.5 本章小结 / 175

第8章 研究结论与政策建议 177

8.1 研究结论 / 177

8.2 政策建议 / 182

8.3 研究展望 / 188

参考文献 189

附 录 212

附录A 本书选取的"一带一路"共建国家和行业分类 / 212

附录B 本书所选"一带一路"共建国家全球价值链嵌入指标数据 / 216

图目录

图 1.1 1996—2019 年世界碳排放与能源消费变化情况 …………… 002

图 1.2 1996—2020 年"一带一路"共建国家经济与碳排放变化情况 …………………………………………………………… 003

图 1.3 技术路线 …………………………………………………… 012

图 3.1 全球价值链嵌入对碳排放影响的作用机制 ………………… 045

图 4.1 2005—2018 年本书所选"一带一路"共建国家经济与排放占比情况 ………………………………………………… 053

图 4.2 1996—2018 年本书所选"一带一路"共建国家全球价值链参与度变化趋势 ……………………………………… 055

图 4.3 1996—2018 年本书所选"一带一路"共建国家全球价值链生产长度与位置指数变化趋势 ……………………… 057

图 4.4 1996—2018 年"一带一路"共建国家中发达国家与发展中国家全球价值链参与度变化趋势 ……………………… 058

图 4.5 1996—2018 年"一带一路"共建国家中发达国家与发展中国家全球价值链生产长度与位置指数变化趋势 ………… 059

图 4.6 2000—2018 年"一带一路"共建国家行业层面全球价值链总参与度变化趋势 ……………………………………… 061

图 4.7 2000—2018 年"一带一路"共建国家行业层面全球价值链前向、后向参与度变化趋势 ………………………… 062

图 4.8 2000—2018 年"一带一路"共建国家行业层面全球价值链位置指数变化趋势 …………………………………… 063

图 4.9 2000—2018 年"一带一路"共建国家行业层面全球价值链前向、后向生产长度变化趋势 ·············· 065

图 4.10 2005—2016 年"一带一路"共建国家内资与外资企业全球价值链参与度变化趋势 ·············· 066

图 4.11 2005—2016 年"一带一路"共建国家内资与外资企业全球价值链生产长度与位置指数变化趋势 ·············· 067

图 4.12 1996—2018 年"一带一路"共建国家国家层面碳排放变化趋势 ·············· 069

图 4.13 2000—2018 年"一带一路"共建国家行业层面碳排放变化趋势 ·············· 070

图 4.14 2005—2016 年"一带一路"共建国家内资与外资企业碳排放变化趋势 ·············· 072

表目录

表1.1 "一带一路"共建国家绿色低碳政策与成果 …………………… 004

表4.1 多区域投入产出模型的基本形式 …………………………… 047

表4.2 本书研究对象与时间范围匹配界定 ………………………… 052

表5.1 变量描述性统计：国家层面 …………………………………… 078

表5.2 国家层面基准回归结果：总参与度对碳排放的影响 ………… 080

表5.3 国家层面基准回归结果：前向与后向参与度对碳排放的影响 … 082

表5.4 国家层面基准回归结果：位置指数对碳排放的影响 ………… 083

表5.5 国家层面基准回归结果：前向与后向生产长度对碳排放的影响 ………………………………………………………………… 085

表5.6 国家层面内生性检验结果 ……………………………………… 086

表5.7 国家层面稳健性检验结果：参与度视角 …………………… 088

表5.8 国家层面稳健性检验结果：生产位置视角 ………………… 089

表5.9 发达国家与发展中国家实证检验结果：参与度视角 ……… 091

表5.10 发达国家与发展中国家实证检验结果：生产位置视角 …… 093

表5.11 国家层面规模效应实证检验结果：生产与贸易规模效应 … 097

表5.12 国家层面规模效应实证检验结果：能源消费规模效应 …… 099

表5.13 国家层面结构效应实证检验结果：产业分工锁定效应 …… 100

表 5.14	结构效应实证检验结果：产业结构升级效应	104
表 5.15	国家层面技术效应实证检验结果：技术创新效应	107
表 5.16	国家层面技术效应实证检验结果：生产效率提升效应	110
表 6.1	变量描述性统计：行业层面	117
表 6.2	行业层面基准回归结果：总参与度对碳排放的影响	118
表 6.3	行业层面基准回归结果：前向与后向参与度对碳排放的影响	121
表 6.4	行业层面基准回归结果：位置指数对碳排放的影响	122
表 6.5	行业层面基准回归结果：前向与后向生产长度对碳排放的影响	123
表 6.6	行业层面内生性检验结果	125
表 6.7	行业层面稳健性检验结果：参与度视角	126
表 6.8	行业层面稳健性检验结果：生产位置视角	127
表 6.9	不同产业类型行业异质性结果：参与度视角	129
表 6.10	不同产业类型行业异质性结果：生产位置视角	131
表 6.11	不同要素密集度行业异质性实证结果：参与度视角	134
表 6.12	不同要素密集度行业异质性实证结果：生产位置视角	136
表 6.13	行业层面影响机制实证检验结果：规模效应	140
表 6.14	行业层面影响机制实证检验结果：技术效应	144
表 7.1	变量描述性统计：企业所有权异质性层面	154
表 7.2	企业所有权异质性层面基准回归结果：前向参与度与后向参与度对碳排放的影响	156
表 7.3	企业所有权异质性层面基准回归结果：位置指数对碳排放的影响	157

表 7.4	内资企业与外资企业内生性检验结果	158
表 7.5	内资企业稳健性检验结果	159
表 7.6	外资企业稳健性检验结果	160
表 7.7	内资企业与外资企业制造业与服务业异质性结果	163
表 7.8	内资企业与外资企业不同要素密集度行业异质性结果	164
表 7.9	内资企业与外资企业影响机制实证检验结果：规模效应	168
表 7.10	内资企业与外资企业影响机制实证检验结果：技术效应	173
表 A1	本书选取的"一带一路"共建国家	212
表 A2	"一带一路"共建国家行业匹配与分类	214
表 B1	1996—2018年"一带一路"共建国家层面全球价值链总参与度	216
表 B2	1996—2018年"一带一路"共建国家层面全球价值链前向参与度	218
表 B3	1996—2018年"一带一路"共建国家层面全球价值链后向参与度	220
表 B4	1996—2018年"一带一路"共建国家层面全球价值链位置指数	222
表 B5	1996—2018年"一带一路"共建国家层面全球价值链前向生产长度	224
表 B6	1996—2018年"一带一路"共建国家层面全球价值链后向生产长度	226
表 B7	2000—2018年"一带一路"共建国家行业层面全球价值链总参与度	228

表 B8　2000—2018 年"一带一路"共建国家行业层面全球价值链
前向参与度 …………………………………………………… 231

表 B9　2000—2018 年"一带一路"共建国家行业层面全球价值链
后向参与度 …………………………………………………… 234

表 B10　2000—2018 年"一带一路"共建国家行业层面全球价值
链位置指数 …………………………………………………… 237

表 B11　2000—2018 年"一带一路"共建国家行业层面全球价值
链前向生产长度 ……………………………………………… 240

表 B12　2000—2018 年"一带一路"共建国家行业层面全球价值
链后向生产长度 ……………………………………………… 243

表 B13　2005—2016 年"一带一路"共建国家内资与外资企业层
面全球价值链测度指标 ……………………………………… 246

第1章 绪论

1.1 研究背景

1.1.1 气候变化问题是影响人类可持续发展的重要威胁

近年来,主要以碳排放为主的大量温室气体排放导致了严峻的气候变化问题,成为影响人类经济与社会可持续发展的重要威胁。[1-2] 根据《2021年全球气候状况》报告,2021年全球1—9月的平均气温比1850—1900年高出约1.09℃。[3] 全球温度提高不但带来冰川融化、极端天气等自然危害,同时也危害着人类的生活与生产等经济活动,尤其对农业、旅游业、交通运输业等行业的影响巨大。[4-5] 然而,全球的总碳排放和总能源消费仍然呈现上升趋势,全球碳减排仍然面临较大压力。从图1.1中可以看出,全球总碳排放增长仍然较为迅速,从1996年的22039.0 Mt增长到2019年的33621.5 Mt,增长了52.55%;总能源消费从1996年的6645.89 Mtoe增长到2018年的9937.70 Mtoe,增长了49.53%。由此可见,全球仍然面临较严峻的碳排放增长趋势与较大的碳减排压力。寻求经济增长、能源消费和环境的可持续发展成为全球的重要议题。[6-7]

为了应对全球气候变化的经济社会影响[8-9],国际社会针对以二氧化碳为主的温室气体排放进行了漫长的国际谈判,并逐步确立了《联合国气候变化框架公约》(UNFCCC)的基础协议,以进行国际温室气体减排合作与行动。2015年,第21届联合国气候变化大会达成《巴黎气候变化协定》(以下简称《巴黎协定》),提出将全球气温升温幅度控制在2℃之内,并为把升温幅度控制在

1.5℃以内而努力。《巴黎协定》实施以来，虽然世界各国做出了较大的努力，但全球气候治理仍然面临较大的挑战。[10] 例如，2021年联合国气候变化大会中提到，发达国家未能完成2020年之前向发展中国家提供1000亿美元的环境治理支持的协定，多数国家实施《巴黎协定》缺乏"雄心"。为了实现《巴黎协定》中全球1.5℃温升目标，世界各国之间需要进行更多的碳减排合作，以便共同实现经济增长与碳减排双赢的低碳绿色可持续发展。[11]

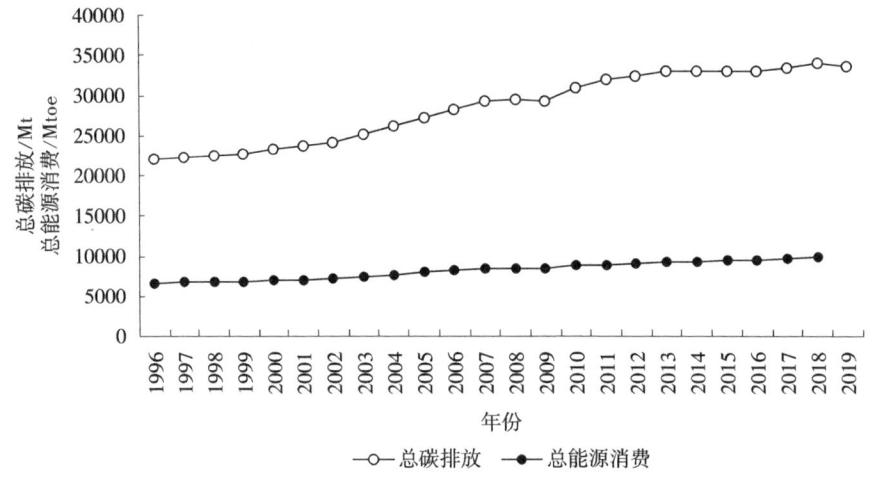

图1.1　1996—2019年世界碳排放与能源消费变化情况

数据来源：作者根据世界银行、国际能源署官网历年统计数据整理计算所得。

1.1.2　低碳绿色发展是"一带一路"倡议的重要理念

自2013年习近平总书记提出共同建设"丝绸之路经济带"和"21世纪海上丝绸之路"（以下简称"一带一路"）以来，"一带一路"倡议发展迅速。据商务部统计，到2020年，我国政府已经先后与138个国家与30个国际组织等签署了共计200多份关于"一带一路"倡议的合作文件。"一带一路"倡议于2016年被列入"十三五"时期主要目标任务，2021年"十四五"规划中进一步提出推动共建"一带一路"高质量发展。"一带一路"是首个由发展中国家倡议，并主要由发展中国家组成的区域合作组织。[12] "一带一路"共建国家的经济与人口体量巨大，经济发展迅速，具有较大的经济发展潜力和活力。如图1.2所示，2020年世界银行数据显示，147个"一带一路"共建国家的总人口占世界总人口的比例为63.23%。"一带一路"共建国家的GDP总额（2010年不变价美元）从1996年的115524.93亿美元，增长到2020年的335928.85亿美元，占世界总GDP的比重从1996年的26.50%增长到2020年的37.36%。加强与"一带一路"共建国家的深入合作是实现我国双循环战略的重要支撑与抓手[13]，同时也为发展中国家之间，以及发展中国家与发达国家之间的合作提供了广阔的平台。

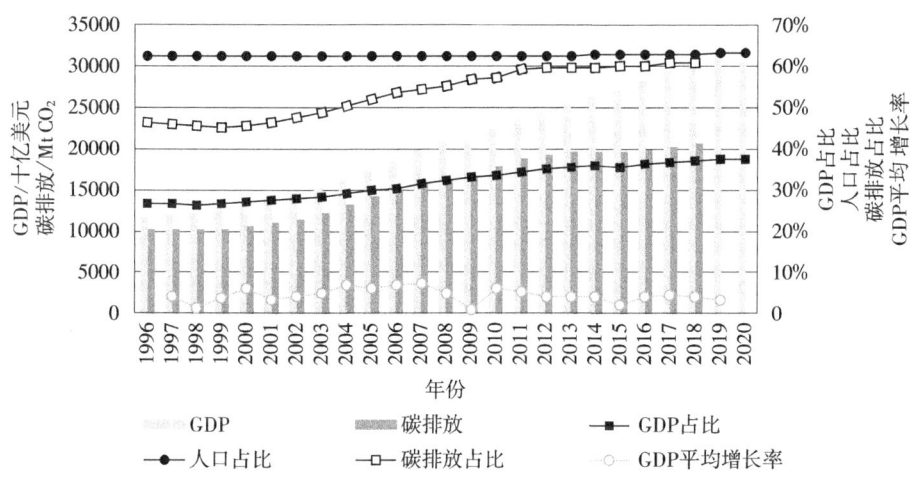

图1.2　1996—2020年"一带一路"共建国家经济与碳排放变化情况

数据来源：世界银行。

经济的高速发展必然伴随着能源消费的支持与投入，进而带来较多的碳排放。[14]"一带一路"是世界上经济发展较为迅速的代表区域之一，中国、印度尼西亚和坦桑尼亚等"一带一路"共建国家近年来的经济增速较快，"一带一路"共建国家的总体GDP平均增长率在2010年之后稳定维持在2.29%（2015年）以上的水平（见图1.2）。国际能源署（International Energy Agency，IEA）数据显示，"一带一路"共建国家的能源消费在2005—2015年增长了39.16%，2015年的平均能源消费强度增长为21.89%，远高于世界12.39%的水平；伴随能源消费的增长，"一带一路"共建国家的碳排放在2005—2015年增长了45.64%，2015年的排放强度增长达到67.41%，高于世界42.64%的水平。[15] 如图1.2所示，147个"一带一路"共建国家的碳排放总量从1996年的10195.47Mt CO_2 增长到2018年的20726.83Mt CO_2，增长了103.29%；

占世界总碳排放的比例从 1996 年的 46.26% 增长到 2018 年的 60.89%。巨大的碳排放体量给"一带一路"共建国家带来了较大的减排压力，平衡经济与环境的协同发展成为"一带一路"共建国家可持续发展的重要议题。[16]

因此，为了减缓与应对气候变化，低碳发展在"一带一路"共建国家中基本已达成共识。[17] 作为"一带一路"的倡议国，我国一直践行低碳绿色发展理念，积极应对气候变化，并积极推动将这一理念贯穿到整个"一带一路"倡议发展中来。2020 年 9 月，习近平主席在第七十五届联合国大会一般性辩论中对中国的碳减排工作与目标提出了更高的要求，表示中国将进一步提高国家自主贡献目标，提出 2030 年"碳达峰"与 2060 年"碳中和"的减排目标。在 2017 年第一届"一带一路"国际合作高峰论坛上，我国强调了低碳绿色的经济社会发展新理念，倡导绿色、低碳、循环、可持续的生产生活方式；在 2019 年第二届"一带一路"国际合作高峰论坛上，习近平主席提出实施"一带一路"应对气候变化南南合作计划，提升区域内环境治理能力。"一带一路"共建国家同样是全球气候治理的重要参与者，2015 年针对全球气候治理的《巴黎协定》出台，缔约方中 68 个"一带一路"共建国家签署了该协定，其中有 66 个国家提交了国家自主减排贡献目标。同时，近年来，一些"一带一路"共建国家在绿色低碳发展方面也取得了一定成就（见表 1.1），为绿色"一带一路"倡议打下了良好的基础。

表 1.1 "一带一路"共建国家绿色低碳政策与成果

国家	主要绿色低碳措施
中国	● 提出绿色新能源低碳发展基本制度与政策，加大推进如水电、核电、风电等的开发利用等 ● 建立碳排放权交易市场 ● 鼓励低碳产业发展，探索建设低碳城市等
乌兹别克斯坦	● 改造环境基础设施 ● 盐碱地复垦 ● 减少水和其他资源的消耗
白俄罗斯	● 制订多个领域的行动计划，如发电、供热供应、住房建设、运输和石油生产，以实现绿色经济的原则

续表

国家	主要绿色低碳措施
哈萨克斯坦	• 提出"绿色桥梁"倡议 • 制订向绿色经济过渡的行动计划 • 承诺增加新能源和可再生能源的比例,到2050年,单位GDP能耗在2008年基础上下降25%
吉尔吉斯斯坦	• 修改各种法律,如森林法、水法和大气保护法 • 优先考虑气候变化 • 自愿将温室气体排放量减少20%
俄罗斯联邦	• 搭建一系列平台,鼓励居民实施绿色、合理的资源配置 • 开展绿色活动,增强公益性 • 提倡有效利用自然资源
伊朗	• 将绿色经济理念融入环境政策 • 成立专门委员会,以发展绿色经济和绿色就业项目 • 制定绿色税
蒙古国	• 重建环境、绿色发展和旅游部门,强调绿色经济转型和发展绿色城市化 • 加强防治荒漠化和土地退化的努力,规划植树造林

资料来源：根据中国人民大学《"一带一路"绿色发展指数报告》整理,http://world.people.com.cn/n1/2018/1113/c1002-30398399.html。

总体来看,"一带一路"共建国家是全球气候治理的关键区域之一,"一带一路"倡议为发展中国家之间以及发展中国家与发达国家之间的气候治理合作提供了更多的机会与平台。实现"一带一路"共建国家的碳减排目标不仅有利于区域内的绿色可持续发展,更能加速构建合作共赢的全球气候治理体系,助推全球温升控制目标的实现。[18] 因此,有必要重点探索"一带一路"共建国家碳排放产生的主要经济活动领域,关注联结"一带一路"共建国家生产与排放的关键经济纽带,如全球价值链。以此入手,从全球价值链视角研究实现"一带一路"共建国家碳减排的有效路径,促进"一带一路"共建国家碳减排目标实现和绿色发展。

1.1.3 "一带一路"共建国家是全球价值链的重要参与者

全球价值链是当前国际贸易的重要特征,也是"一带一路"共建国家参与国际分工合作的主要形式。随着通信技术的高速发展，区域间分工合作的经济收益不断增加，逐渐深入产品生产过程的各个环节，全球价值链得以形成。[19-21] 全球价值链的生产分工与贸易是当前国际贸易的主体，根据联合国贸易和发展会议（UNCTAD）的统计，全球60%以上的货物与服务贸易主要以体现全球生产分工的中间品贸易为主。[22] 在产品分工链上，不同国家和地区依据各自的比较优势承担不同的分工环节，有效降低了参与国际贸易的门槛，促进了中间品贸易的发展，也极大地推动了国家间生产贸易的合作交流。

近年来，"一带一路"共建国家参与全球价值链的程度不断加深[23]，进一步增加了"一带一路"共建国家之间以及"一带一路"共建国家与世界其他国家之间的经贸往来。根据第4章的测算结果，"一带一路"共建国家近年来参与全球价值链分工的程度不断提升，"一带一路"共建国家之间的双边贸易增长迅速，占世界贸易的25%以上。[24] 随着融入全球生产分工的程度不断加深，贸易产品生产过程中必然伴随能源资源的投入，从而产生碳排放。科学研究与生产实践都证实，参与国际贸易引致的碳排放，在全球总碳排放中占据重要地位。[25] 国际贸易在气候治理中发挥着越来越重要的作用，贸易与气候变化的交叉研究成为当前环境领域的重要议题。[26-27] 全球价值链嵌入是"一带一路"共建国家参与国际生产分工，进行国际合作的重要形式，这一过程中贸易产品的生产也是引致"一带一路"共建国家碳排放的重要来源。因而，有必要在对"一带一路"共建国家全球价值链嵌入特征进行综合把握的基础上，进一步分析其对碳排放的影响。

值得注意的是，"一带一路"共建国家涵盖范围较广，合作框架中包含较多的发达国家与发展中国家。国家间的资源禀赋、生产技术和行业优势等的差异决定其参与全球价值链的不同模式与阶段，对产品的生产结构与技术水平等要求差异较大，进而会对碳排放产生异质性影响。[28] 从现有分工特征来看，发达国家主要参与全球价值链上游服务业或高端制造业环节，主要承担产品研发、设计、高质量中间品生产等附加值高而碳排放较少的清洁生产环节；[29] 相对地，发展中国家囿于生产技术水平相对落后，主要凭借资源、劳动力等比较优势参与价值链下游制造业生产阶段，承担国际分工中加工组装等低附加值和高排放的生产环节。[30-31] 因此，在研究全球价值链嵌入对"一带一路"共建国家碳排放影响的过程中，有必要充分考虑不同全球价值链嵌入模式对不同"一带一路"共建国家与行业类型的异质性影响。

总体而言,全球价值链嵌入是联结"一带一路"共建国家生产与排放的关键经济活动,有必要充分研究全球价值链嵌入对"一带一路"共建国家碳排放的影响,以从国际贸易角度助推"一带一路"共建国家碳减排目标的实现。同时,不同的全球价值链嵌入模式反映了不同的国际生产分工特征,需要进一步探讨分析其对不同国家与行业碳排放产生的异质性影响,从而充分把握全球价值链嵌入对"一带一路"共建国家碳排放的综合影响,支持差异化与针对性的碳减排政策制定。

1.2 研究目的与研究意义

1.2.1 研究目的

实现"一带一路"共建国家碳减排是推动"一带一路"共建国家绿色低碳发展,助推世界温升控制目标实现的重要途径。虽然"一带一路"共建国家近年来的绿色发展政策取得了一定成效,但仍面临较大的碳减排压力。嵌入全球价值链将"一带一路"共建国家之间以及其与世界的生产和排放联结起来,贸易引致的碳排放仍是实现碳减排目标的关键领域。因此,亟须全面探索全球价值链嵌入对"一带一路"共建国家碳排放的影响,以便从国际贸易角度为"一带一路"共建国家碳减排政策的制定提供支持。

基于此,本书试图回答以下问题:(1)在理论机制层面,全球价值链嵌入将通过何种路径影响碳排放?是否可以从实证层面进行验证?(2)不同经济发展水平的"一带一路"共建国家,以及不同类型行业参与全球价值链和碳排放的特征如何?(3)从国家整体层面来说,不同全球价值链嵌入模式对"一带一路"共建国家碳排放的影响是否相同?是否存在国家间经济发展水平的异质性?(4)从行业层面来说,全球价值链嵌入对不同类型行业,如制造业和服务业、低技术和不同要素密集度行业等的碳排放的影响是否存在差异?(5)考虑企业所有权差异,全球价值链嵌入是否会对内资和外资企业整体以及不同类型行业的碳排放产生差异化影响?

1.2.2 研究意义

1. 理论意义

本书将全球价值链和碳排放置于同一个分析框架下，将理论与实证分析相结合，系统地研究不同全球价值链嵌入模式对"一带一路"共建国家碳排放的影响。虽然当前传统理论证实了国际贸易对碳排放等环境问题存在重要影响，但未从理论层面对贸易参与国的低碳贸易发展提出科学有效的指导方向。全球价值链作为当前国际分工贸易的主要形式，不同全球价值链嵌入模式反映了参与国不同的国际分工特征。本书从理论层面厘清了不同全球价值链嵌入模式通过规模效应、结构效应和技术效应影响碳排放的机制，同时通过系统构建计量经济学模型来全面研究全球价值链嵌入对"一带一路"共建国家碳排放的影响。该模型框架考虑了不同的全球价值链嵌入模式，涵盖了从国家整体到细分行业层面，支持国家与行业异质性等多角度、多层次的实证分析，并进一步通过实证检验了理论机制的有效性。这不仅为"一带一路"共建国家通过参与全球价值链来促进低碳绿色发展提供了科学理论基础，也丰富了低碳发展理论、国际贸易与气候变化理论等。

2. 现实意义

从全球价值链视角研究"一带一路"共建国家的碳减排问题，有助于从全球价值链嵌入的视角，为实现绿色"一带一路"建设与全球气候治理目标的相关政策建议的制定提供新的思路。"一带一路"共建国家是世界经济发展中的重要一极，"一带一路"共建国家碳排放占世界总碳排放的50%以上，虽然碳排放问题在很多国家已经引起重视，但相关学术研究仍处于起步阶段。同时，"一带一路"共建国家既是全球价值链的重要参与国，也是全球碳排放的重要贡献者，践行绿色低碳发展是"一带一路"共建国家可持续发展的核心理念。本书从全球价值链角度研究其对"一带一路"共建国家碳排放的影响，有助于充分把握"一带一路"共建国家全球价值链嵌入以及碳排放的发展特征与规律，明晰两者之间的相关性，综合分析不同的全球价值链嵌入模式对"一带一路"共建国家整体、不同经济发展水平国家，以及不同类型行业的具体影响与作用机制，为更好地发挥全球价值链嵌入的碳减排作用，支持差异化碳减排措施的制定提供了良好的理论与数据支持。所得的结论能够有效地支持"一带一路"共建国家考虑全球价值链嵌入模式、国家发展特征、行业特性等的差异化减排政策的制定,从而助推全球层面碳减排目标的实现。

1.3 研究内容与研究方法

1.3.1 研究内容

本书从理论与实证层面对全球价值链嵌入对"一带一路"共建国家碳排放的影响进行研究。为了得到更为全面的研究结果,本书进一步选取参与度与位置指数等不同全球价值链嵌入测度指标,综合考察不同全球价值链嵌入模式对不同经济发展水平国家和不同类型行业碳排放的异质性影响,具体内容如下:

(1) 从理论层面对全球价值链嵌入对碳排放的影响机制进行分析。本书从规模效应、结构效应和技术效应三个层面厘清全球价值链嵌入对碳排放的影响机理,并进一步从理论层面分析不同全球价值链嵌入模式如何通过对三种效应的差异化影响,进而对碳排放产生异质性作用。

(2) 综合分析"一带一路"共建国家全球价值链嵌入与碳排放特征。在全球价值链特征分析方面,本书选取总参与度、前向/后向参与度、位置指数、前向/后向生产长度等全球价值链嵌入测度指标,从异质性国家与行业角度,全面研究"一带一路"共建国家全球价值链嵌入的主要模式与特征;在碳排放方面,以"一带一路"共建国家与行业碳排放数据为基础,多角度分析不同经济发展水平国家以及不同类型行业碳排放差异化的演变特征与趋势。通过对"一带一路"共建国家全球价值链嵌入与碳排放特征的综合把握,为后续的实证分析提供研究视角与数据支持。

(3) 从国家整体层面实证研究全球价值链嵌入对"一带一路"共建国家整体碳排放的影响。基于国家整体层面数据,构建计量经济学模型进行实证研究,分析在国家整体层面,不同全球价值链嵌入模式如何影响"一带一路"共建国家的整体碳排放;进一步考虑国家的经济发展水平,区分发达国家与发展中国家,以研究全球价值链嵌入对不同类型国家碳排放的差异化影响;同时,从实证层面研究全球价值链嵌入对碳排放的影响机制。

（4）从行业层面实证研究全球价值链嵌入对"一带一路"共建国家碳排放的影响。本书基于细分行业层面数据，根据不同产业类型（农矿业、制造业、服务业）、不同生产要素（劳动、资本、技术）密集度等分类标准，对"一带一路"共建国家的行业进行多角度划分，分类对比研究全球价值链嵌入对异质性行业碳排放的差异化影响，并进一步实证检验行业层面全球价值链嵌入对碳排放的影响机制。

（5）考虑企业所有权异质性，实证研究全球价值链嵌入对内资与外资企业碳排放的差异化影响，并考虑内资与外资企业在不同产业类型与不同要素密集度视角下的行业异质性影响，进一步分析全球价值链嵌入对内资与外资企业碳排放影响机制的差异。

1.3.2 研究方法

（1）投入产出分析方法。投入产出分析方法是一种用于研究经济系统中各个国家、部门或行业间投入与产出相互依存关系的经济数量方法。根据覆盖经济体或区域数量的差异，可以分为单区域、双边和多区域投入产出模型。其中，多区域投入产出模型能更直接有效地捕捉多个经济体不同行业之间的相互关联，更适用于本书的研究。基于多区域投入产出模型，本书在对出口增加值进行分解的基础上，测算不同全球价值链嵌入指标，从国家整体和行业角度综合分析"一带一路"共建国家全球价值链嵌入的特征。

（2）固定效应、随机效应、两阶段最小二乘计量经济学分析方法等。基于国家、行业与企业所有权异质性层面的数据，综合运用随机效应、固定效应等分析方法，从多个角度构建计量经济学模型。一方面，实证研究国家、行业与企业所有权异质性层面全球价值链嵌入对"一带一路"共建国家碳排放的影响，并在实证分析中综合运用两阶段最小二乘等方法处理内生性问题等；另一方面，从实证层面综合验证本书构建的全球价值链嵌入模型对碳排放影响机制研究的有效性。

1.3.3 结构安排

本书共有8章，具体内容与安排如下：

第1章：绪论。分别从全球气候治理的紧迫性、"一带一路"共建国家低碳绿色发展的必要性，以及"一带一路"共建国家是全球价值链重要参与国等角度阐述本书的研究背景；概括本书的研究意义，并介绍主要的研究内容、研究方法及结构安排。

第2章：文献综述。对全球价值链的概念与测算、碳排放的核算方法与研究应用、"一带一路"倡议当前研究发展、全球价值链与碳排放关系，以及"一带一路"视角下全球价值链与碳排放相关研究等方面的文献进行综述与总结，梳理当前研究的重点与不足，并总结本书进一步的研究方向。

第3章：理论基础与影响机制。以国际贸易与碳排放的关系等理论为基础，构建全球价值链嵌入对碳排放影响的作用机制，为后续实证分析提供理论基础支持。

第4章："一带一路"共建国家全球价值链嵌入与碳排放的特征分析。基于多区域投入产出表，选取多种全球价值链测度指标，综合测算并分析"一带一路"共建国家全球价值链嵌入的特征；以国家和行业碳排放数据为基础，综合对比分析不同经济发展水平"一带一路"共建国家以及不同行业碳排放的特征与演变趋势。

第5章：全球价值链嵌入对"一带一路"共建国家碳排放影响的实证分析：国家层面。以国家层面的面板数据为基础，运用固定效应模型，分析不同全球价值链嵌入模式对"一带一路"共建国家碳排放的影响；进一步区分国家异质性，研究全球价值链嵌入模式对不同经济发展水平国家碳排放影响的差异；从实证角度对影响机制进行检验。

第6章：全球价值链嵌入对"一带一路"共建国家碳排放影响的实证分析：行业层面。以不同国家行业层面面板数据为基础，实证研究嵌入全球价值链对不同产业类型、不同要素密集型等分类行业碳排放的异质性影响；同时进一步对行业视角下的影响机制进行实证检验。

第7章：全球价值链嵌入对"一带一路"共建国家碳排放影响的实证分析：企业层面。从企业所有权异质性视角，对比分析内资与外资企业嵌入全球价值链对整体行业以及不同类型行业碳排放影响的差异，并探索内资与外资企业嵌入全球价值链对其碳排放影响路径的差异。

第8章：研究结论与政策建议。总结本书的主要研究结论与发现；基于研究结论，从全球价值链视角提出"一带一路"共建国家碳减排的政策建议；指出本书研究的不足，并展望未来进一步研究的方向。

本书的技术路线如图1.3所示。

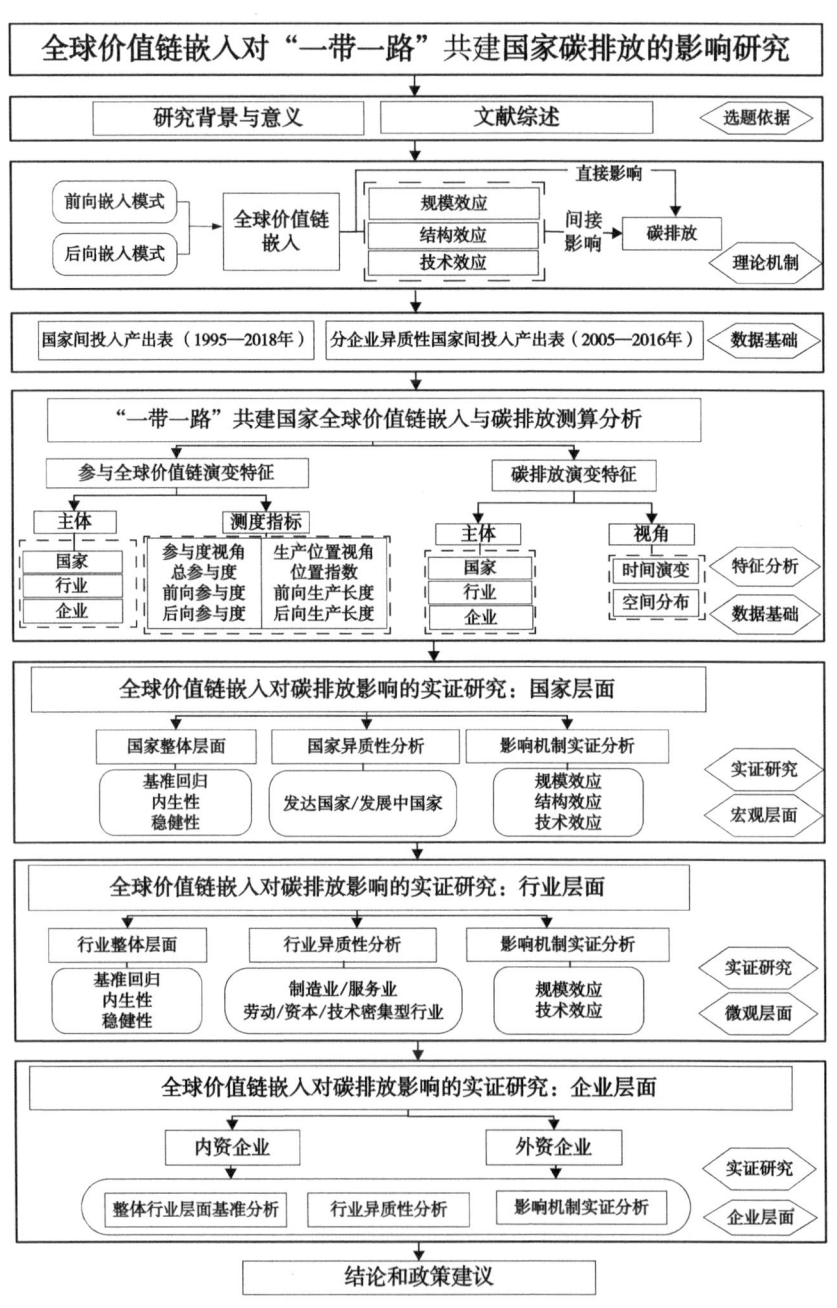

图1.3 技术路线

1.4 创新之处

本书研究全球价值链嵌入对"一带一路"共建国家碳排放的影响,主要创新之处如下:

(1) 研究视角上,本书从全球价值链视角研究"一带一路"共建国家碳减排实现问题。自"一带一路"倡议提出以来,区域内经贸合作与相关研究发展迅速,然而,关于"一带一路"共建国家碳减排问题的研究刚刚兴起。"一带一路"共建国家是全球价值链的重要参与者和世界碳排放的重要来源,本书以全球价值链嵌入为切入点,选取"一带一路"共建国家的碳排放作为研究对象。一方面,对当前低碳发展理论以及贸易与环境关系等理论进行进一步的拓展与验证;另一方面,丰富了当前"一带一路"倡议低碳绿色发展相关领域的研究。这一新视角下的研究发现,能够助推"一带一路"共建国家实现全球价值链嵌入升级与碳减排的双赢目标,支持经济与环境协同发展政策的制定。

(2) 研究方法上,构建了一整套理论与实证相结合的分析框架和方法。首先,从理论层面构建了影响机制,从规模效应、结构效应、技术效应三个角度梳理了全球价值链嵌入对碳排放的影响路径。这一机制框架既是对当前国际贸易与碳排放或环境关系理论的拓展,也为实证分析提供了理论支持。其次,构建了一整套涵盖国家与行业层面的实证分析模型,能较好地支持多尺度、多角度层面的实证分析。该实证模型的设计既能满足探索全球价值链嵌入对碳排放影响的需要,又能进一步从实证角度分析全球价值链嵌入如何通过三种效应对碳排放发挥作用。同时,这一分析框架具有较好的拓展性与适应性,能更好地适用于其他国家或区域,以及全球价值链嵌入对其他环境相关要素影响的研究。

(3) 研究内容上,设计了一整套理论与实证相结合,同时充分考虑研究对象特征的内容框架体系,对全球价值链嵌入对"一带一路"共建国家碳排放影响问题进行多层次、多角度的分析。一方面,在全球价值链嵌入指标的选取上,本书不同于以往研究聚焦于单个全球价值链参与指标,而是分别从参与度视角与生产位置视角综合构建系列指标，多角度地对"一带一路"共建国家全球价值链嵌入的特征及其在碳减排中发挥的作用进行探索。另一方面，在对"一带一路"共建国家与行业的处理中，遵循从宏观到微观的分析思路，既考虑国家整体特征，又细分行业特性；并进一步将国家按照经济发展水平分类，将行业按照不同行业类型、不同要素密集度或技术水平等分类；同时，对内资与外资企业嵌入全球价值链及其对碳排放影响的差异进行深入探索。将理论与实证相结合，通过研究不同全球价值链嵌入模式对异质性"一带一路"共建国家与行业的影响，有助于"一带一路"共建国家制定更为全面且更有针对性的宏观与微观碳减排政策。

第 2 章 文献综述

本书主要从理论与实证角度研究了全球价值链嵌入对"一带一路"共建国家碳排放的影响。基于本书的研究内容,本章对"一带一路"倡议相关研究进展、全球价值链概念和测度指标的发展应用、碳排放核算方法与影响因素、全球价值链嵌入与碳排放的关系,以及"一带一路"共建国家全球价值链嵌入与碳排放的相关研究进行综述,并总结了相关研究的进一步发展方向。

2.1 "一带一路"倡议相关研究综述

2.1.1 "一带一路"倡议的意义与合作基础相关研究进展

自 2013 年"一带一路"倡议被提出以来,国内外学者开始从"一带一路"倡议的经济前景、政治矛盾的缓和策略、多文化交流互通的可能性等角度分析"一带一路"倡议的意义。"一带一路"倡议带来的国内和国际市场化将对"一带一路"共建国家的发展带来显著影响[32],为各国经济发展提供更大的合作平台[33],同时也为资本市场的发展带来了新的机遇[34],拓展了金融、证券等领域的合作[35],为人民币国际化路线提供了良好的支持[36]。因此,"一带一路"倡议向区域国家提供了一个合作共赢的经济发展平台。[37] 在后金融危机等的影响下,"一带一路"倡议有助于促进构建一个友好、繁荣、稳定的国际环境。[38]

我国与"一带一路"共建国家的经济与贸易等合作具有良好的现实基础。"一带一路"共建国家之间在资源、产业与技术等方面具有良好的互补性，且区域国家间经贸合作日益增长，促进区域经济快速增长。[39-40] 区域内双边与多边贸易规模不断扩大，且各国产业优势差异互补，产业合作更加深化。[41] 近年来，我国对"一带一路"共建国家的投资快速增长，亚洲基础设施投资银行（以下简称"亚投行"）的建立对区域国家基础设施建设的支持作用显著。[42] 在国际分工中，我国与"一带一路"沿线一些亚太国家在全球价值链中仍处于低端位置，虽然近年来发达国家的一些劳动密集型行业从中国转移到南亚等地区，但中国与"一带一路"沿线主要发展中国家在全球价值链中仍主要承担劳动与资源密集型生产环节，增加值获利能力较低，需要共同构建更加完整、质量更高的产业链和价值链。[43]

2.1.2 "一带一路"共建国家低碳绿色发展相关研究进展

自"一带一路"倡议提出以来，低碳绿色发展的概念贯穿始终。各界学者也从低碳绿色"一带一路"的内涵、动因、合作路径等方面进行了研究。

对于低碳绿色"一带一路"的内涵，从生态文明建设角度，一些学者认为"一带一路"建设应该兼顾经济利益和环境福祉，实现经济发展与环境优化的双赢；[44] 倡议中提出的生态文明理念是加强生态保护的重要举措。[45] 绿色"一带一路"倡议就是在其实施过程中坚持尊重与保护自然，践行人与自然和谐相处的新型经济发展价值理念。[46] 拓展来看，绿色低碳"一带一路"的内涵可以扩展为重视环境保护与生态文明建设，坚持可持续发展，以及共同应对全球气候变化等。[47] "一带一路"不是落后产能的输出和环境污染的转移，而是优势产能和合作平台的构建[48]；坚持资源节约、绿色消费和低碳智慧[49]，追求能源、环境、生态和经济的协调发展[50]，坚持资源节约、环境友好、可持续发展的经济增长理念[51]。

低碳绿色"一带一路"倡议有着深厚的合作基础。对我国来说，加强低碳绿色"一带一路"发展合作是均衡区域间绿色发展差异的重要契机。[52] 我国省域间绿色发展进程差异较大，东部地区的快速发展与高污染排放并行；"一带一路"主要节点城市的绿色经济效率在存在差异的同时呈缓慢下降趋势，低碳绿色发展对提升城市的绿色经济效率意义重大。[53-54] 对"一带一路"共建国家来说,低碳绿色发展符合其对绿色可持续发展的追求,有助于实现经济社会转型升级和绿色发展的双重发展目标。[55] 同时,低碳绿色"一带一路"建设不但是深化中国与各国可持续发展合作的重要举措,也是中国与"一带一路"共建国家培育绿色能源、绿色工业化国际竞争优势的关键措施,有助于促进全球 2030 年可持续发展目标以及碳减排温升控制目标的实现。[56-57]

在低碳绿色"一带一路"建设的合作路径方面,学者从产业合作、经贸投资、节能减排等方面进行了研究。绿色产业合作是绿色"一带一路"建设的重要内容,共建国家应合作制定绿色产业技术标准,加强低碳技术的合作开发与共享;从四个维度构建深化绿色产业合作路径,即提高低碳行业出口竞争力、优化中等排放行业外贸政策、鼓励较高排放行业产业转移,以及限制高碳排放行业对外贸易等。[58-59] 在经贸投资合作方面,绿色金融是推进绿色"一带一路"建设发展的重要举措,对外贸易开放能有效提升共建国家的绿色全要素生产率。[60-61] 在节能减排方面,应重视清洁能源的生产合作,提高绿色外交优势与实力,通过科研创新实现绿色全要素生产率的提升;同时,要重视绿色供应链的构建,加强低碳绿色产业的生产布局与合作,共同推动协调绿色"一带一路"发展体系。[62-64]

2.2 全球价值链相关研究综述

全球价值链成为当前国际贸易的主要特征与趋势,学术界关于全球价值链的研究较为丰富,全球价值链概念的提出与发展以及相关测度指标都取得了较大进展。

2.2.1 全球价值链概念的提出与发展

价值链概念最早由 Porter[65] 提出,是指企业为了生产产品或提供服务而进行的一系列价值增值活动,主要包括物料采购、制造加工、物流出货、市场营销和售后服务等环节,也包括生产过程中涉及的人力资源管理、研发设计、采购管理等配套辅助性的价值增值活动。此后,Kogut[66] 将价值链的内涵从企业层面扩展到区域和国家层面，认为企业通常并不能参与所有的价值增值环节，而是凭借自身优势能力承担某些生产环节与技术。基于此，不同行业与区域的生产活动就通过价值链联系了起来。Kogut 重点说明了价值链的垂直分离和在全球空间中的再分配，促进了全球价值链概念的形成。

从商品的跨国组织分工与生产出发，Gereffi 和 Korzeniewicz[67] 提出了全球商品链（Global Commodity Chain, GCC）的概念，其是指围绕商品的生产，分布在各区域行业的上游与下游企业所形成的跨区域的生产合作链条。他们根据参与全球生产分工的驱动机制的差异，将其进一步划分为生产者和采购者驱动型。其中，前者主要是由跨国制造企业占据核心，统领调节原料采购供应和产品生产经销的垂直一体化分工体系；后者主要由大型采购商主导，以市场对商品的需求为导向，进而建立全球生产分工和销售系统。Gereffi[68] 指出，全球商品链可以从投入产出结构、制度结构、地域位置和治理框架等维度进行分析，为后续研究奠定了基础。Gereffi 和 Kaplinsky[69] 进一步从治理体系视角出发分析商品和服务贸易，并通过研究全球价值链的形成、演变和升级，构建了全球价值链的基本概念和理论框架。

此后，全球价值链概念得到进一步发展完善，UNIDO[70] 提出了最有代表性的全球价值链（Global Value Chains, GVCs）的概念，即在全球范围内，为实现商品或服务价值而连接生产、销售、回收处理等过程的全球性跨企业网络组织，涉及从原料采集和运输、半成品和成品的生产与分销，直至最终消费和回收处理的过程。它包括所有参与者和生产销售等活动的组织及其价值利润分配，并且通过自动化的业务流程和供应商、合作伙伴以及客户的链接，以支持机构的能力和效率。

对于全球价值链形成的驱动机制，现有研究认为，运输和通信成本的降低、科学技术的进步、经济贸易和政治壁垒的降低是全球生产分工扩展的主要动因。[71] 基于专业化分工的经济效益和生产分工协调成本的权衡关系，Baldwin[72] 提出了全球价值链生成与演化的分析框架。从全球价值链的结构特征视角，Baldwin 和 Venables[73] 提出了"蜘蛛形"和"蛇形"两种价值链结构的概念，分别表征零部件加工组装无特定顺序以及产品生产严格按照先后顺序进行的两种生产过程，并认为现实生产分工中的全球价值链多是两种结构的结合。

2.2.2 全球价值链测度指标相关研究进展

1. 基于总产出与总出口的全球价值链测度指标

（1）全球价值链参与程度。现有研究主要提出四种方法来测度国家或行业参与全球价值链的程度：①Hummels 等[74] 提出垂直专业化（Vertical Specialization，VS）指标，即一国出口产品中进口中间品的份额，从国外中间投入品使用者的角度来反映一个国家参与全球价值链的程度；②Hummels 等进一步提出 VS1，即一国出口产品中用于第三国出口产品生产的份额，从国外中间投入品提供者的角度来反映一个国家参与全球价值链的程度；③Gaudin 等[75] 基于 VS1 指标提出了 VS1 * 指标，即用一国出口产品中用于第三国生产返回本国的出口产品的份额来反映国家参与全球价值链的程度；④Johnson 和 Noguera[76] 提出用增加值出口比率来衡量一国参与全球价值链的程度，即一国出口中被国外吸收的本国增加值的份额。

（2）全球价值链位置。衡量一国或行业全球价值链位置的指标主要有三个：①Koopman 等[77-78] 通过一国出口品中投入他国出口品生产的份额与该国出口品生产中进口中间品的份额的对数比，来反映该国在全球价值链中的位置。②Fally[79] 提出了生产阶段（production stages）指标，其是指某一产品生产过程中所需经过的平均生产阶段数目；Backer 和 Miroudot[80] 将这一指标称为全球价值链长度（the length of GVCs），并将这一指标应用到对经济合作与发展组织（OECD）国家的研究中，发现 1995—2009 年 OECD 国家的全球价值链平均长度增加，且增加全部来自国外价值链部分，国内价值链长度没有改变。③Fally[79] 提出了另一个指标，即最终需求距离，其是指某产品生产完成后在满足最终消费之前经历的平均生产阶段数；Antras 等[81] 将这一指标称为"上游度"，并据此测度了 2002 年美国各个行业的"上游度"，发现各行业的"上游度"差别很大，汽车、家具和鞋类等行业的"上游度"较小，这些产品通常直接用于满足最终消费，而上游行业主要是原材料加工业。

2. 基于增加值核算框架的全球价值链测度指标

以上全球价值链测度指标是基于总产出或总产品贸易定义的，其存在以下不足：一方面，在实证研究中可能会出现较多的异常值；另一方面，不符合当前国家生产分工中基于增加值与中间品的贸易特征。对此，学者基于增加值的视角，从前向与后向角度将增加值进行分解，并基于增加值分解框架重新定义了全球价值链参与度、全球价值链生产长度和全球价值链参与位置等指标，使全球价值链相关指标的构建更为全面系统，同时有效避免了实证研究中的异常值问题。

（1）全球价值链参与度。Wang 等[82]将增加值的创造活动和最终产品生产分解为四个部分：纯国内生产、传统国际贸易生产、简单全球价值链生产与复杂全球价值链生产，并基于此提出全球价值链参与度的概念。基于前向增加值分解结果，将全球价值链参与国或行业前向参与度定义为，该国家或行业与全球价值链生产分工相关的增加值占该国或行业所有增加值的份额；基于后向最终产品的分解，一国或行业的后向参与度是指，一国某行业的后向全球价值链参与度为该行业生产的最终产品中与全球价值链相关的生产分工占该国行业全部最终品产出的份额。

Wang 等[82]认为，一国或行业企业可以通过四种途径参与全球价值链生产分工：①国内增加值以中间品的方式出口到进口国并直接用于满足其自身消费需求；②国内增加值以中间品出口后被进口国用于生产出口品；③进口其他国家的增加值用于生产出口品；④进口其他国家的增加值来生产产品并在国内进行消费。对比早期全球价值链参与度的相关指标，Wang 等提出的前向与后向参与度指标具有以下优势：①该指标综合考虑到一国或行业参与全球价值链的四种途径，而原有的参与度指标，如 VS 和 VS1 仅考虑到途径 2 和 3；②从数值上看，该指标的取值范围介于 0 和 1 之间，而 VS1 指标的分母为总出口，直接出口较小的国家、行业会计算得到较大的 VS1 值，从而高估其参与度；③该指标能够区分简单和复杂以及前向和后向全球价值链参与度。

（2）全球价值链生产长度/位置指数。Wang 等[83]将全球价值链生产长度定义为一个国家或行业的增加值投入另一个国家或行业最终产品生产之间的平均生产阶段数。Wang 等用平均生产长度来测度国家或行业的全球价值链长度，并进一步提出了上游度指标以衡量国家、行业在全球价值链中的位置。基于对生产活动的分解，Wang 等将平均生产长度进一步分解为纯国内生产长度、与传统贸易相关的生产长度和全球价值链生产长度三个部分，并根据跨境生产的次数，将全球价值链生产长度细分为简单和复杂全球价值链生产长度;全球价值链生产长度又可以进一步分解为跨境生产次数以及跨境之后在各国国内的生产长度两部分。

Wang等[82]提出,全球价值链位置是一个相对的概念,某国或行业在全球价值链中具体处于上游还是下游位置,应该由该国或行业的前向和后向生产长度的相对位置共同决定。基于此,Wang等构建了某国或行业的前向生产长度与其后向生产长度的比值这一指标,来衡量全球价值链位置。比值越大,说明国家或行业在全球价值链中越处于生产上游的位置,反之则越处于下游的位置。对比早期的全球价值链位置测度指标,该指标计算得到的国家或行业上、下游度排名相反,即按上游度指标,如果国家 A 比国家 B 位于更上游的位置,那么按下游度指标,国家 B 一定比国家 A 处于更下游的位置。Wang等[83]构建的全球价值链位置指数的这一特点能有效解决早期测度指标上、下游度测度结果不统一的情况。

2.3 碳排放相关研究综述

随着近年来学术界对气候变化问题的日益关注,碳排放相关问题研究取得了较为丰富的结果,学者围绕碳排放的核算与影响因素等展开了广泛的探索。

2.3.1 碳排放核算相关研究进展

当前气候治理中广泛讨论的碳排放的核算方法主要从生产责任原则和消费责任原则两方面展开。根据国际气候变化治理的制度规定,一国的碳排放责任主要由生产责任原则来决定,产品生产国需要对其境内生产的产品和提供的服务所产生的碳排放负全部责任。[84] 联合国政府间气候变化专门委员会(IPCC)编制的《2006 年 IPCC 国家温室气体清单指南》基于该原则提供了具体的碳排放核算方法,并运用于 UNFCCC 国家碳排放清单的报告编制,但其存在国际公共领空或海域的国际运输业碳排放覆盖范围不完整的缺陷。[85] 此外,由于国际分工与贸易的存在,发达国家可以通过进口发展中国家的能源与排放密集型产品来维持本国的消费需求,同时减少本国的碳排放,这就导致了碳排放责任从发达国家转移到发展中国家,从而引发了"碳泄漏"问题。[86-87] 消费责任原则的提出主要是基于"碳足迹"的概念,其认为产生碳排放的根本驱动力量主要是消费行为,因此主张由消费者承担碳减排责任,国家应当承担本国消费的产品和服务的整个生命周期中的全部碳排放责任。[88-89] 消费责任原则考虑了从最终产品出发所有与消费相关的碳排放,以及气候变化问题中的历史责任与发展责任问题,且有利于通过改变消费者消费偏好来减少"碳泄漏"。[90-91] 但由于贸易数据与货币单位的国别差异等,核算存在很大的不确定性;且在缺少减排约束的情况下,生产者较低的减排意愿不能有效促进消费偏好的转移。[92-93]

综合两种责任划分原则的优势,从气候谈判的现实推动出发,学术界提出共担责任原则。即由于生产者和消费者都从产品和服务的生产与消费中获利,因而两者都应该为产品的生产和服务所产生的碳排放承担责任。[94-95] 从国际气候谈判与减排责任划分角度,共担责任原则比生产者或消费者单独承担责任原则更为全面而公平。[96] 但该原则当前面临的主要问题是,目前仍处于理论构建阶段,关于如何确定碳排放责任在生产者与消费者,或者在出口国与进口国之间进行合理分配,尚未形成定论。[97]

碳排放的核算主要存在两类方法:一类是基于自下而上思想的全生命周期核算方法,另一类是基于自上而下思想的投入产出分析核算方法。[98] 全生命周期核算方法通过细分产品在整个生命周期中设计的原材料投入、生产活动和过程等编制整个产品的生命周期清单,进而计算碳排放。[99] 该方法虽然测算结果较为准确,但在测算过程中涉及的产品环节众多,数据统计与计算工作庞杂,且主要针对单一行业,不能进行产业关联分析,因而常用于某一产品或行业的碳排放核算。相对而言,投入产出分析核算方法是当前主流的碳排放核算方法。该方法主要是基于Leontief[100]提出的投入产出分析方法定量测算碳排放,其能更好地反映国家之间以及各个经济部门之间的相互关联,定量衡量总产品、最终产品和最终消费者等之间的对应关系。基于不同的模型假设和数据基础,投入产出分析核算方法具体可以分为主要适用于一国整体碳排放核算的单区域投入产出分析核算方法和适用于多国、多区域的多区域投入产出分析核算方法。

2.3.2 碳排放影响因素相关研究进展

随着国际社会对碳减排工作重视程度的提高，为了支持世界与各国家、地区碳减排政策的制定，学术界对碳排放的影响因素或驱动力开展了广泛的研究。主要的应用方法包括两类：分解分析方法和计量经济回归统计方法，涵盖的影响因素主要包括经济相关因素（人口、GDP 等）、能源因素（能源结构、能源效率等）、国际贸易指标（贸易开放度等）等。

指数分解分析（IDA）和结构分解分析（SDA）是研究碳排放驱动因素时常用的两种分解分析方法。[101] 基于 IDA 方法，Wang 和 Ang[102] 以及 Feng 等[103] 从全球、区域和国家层面碳排放特征及影响因素进行研究发现，经济产出增长与贸易规模的扩张是导致全球尤其是亚太区域碳排放增长的主要因素，排放强度的下降则是主要的减排因素。Zha 等[104] 研究了 2000—2016 年中国东部、中部、西部地区碳排放的驱动因素，发现经济规模、能源技术效率提升导致碳排放上升，而能源结构和能源强度改善可降低碳排放。运用 SDA 方法，蒋雪梅和刘轶芳[105]、Jiang 和 Guan[106]，Malik 和 Lan[107] 等研究了多区域投入产出模型（MRIO）框架下全球及区域层面碳排放的驱动因素，研究发现，能源消费和全球经济增长是导致碳排放增长的主要因素，能效提高带来的碳排放强度的变化是减排的主要因素，且发展中国家与发达国家的碳排放驱动因素存在差异。[108] Jiang 等[109] 将 1995—2015 年全球碳排放的变化分解为排放强度、国内投入结构、消费结构等六个影响因素，发现国内投入变化是导致碳排放下降的主要因素。

总体而言，IDA 和 SDA 在对碳排放变化及影响因素的分析中，对所有驱动因素都是预设好的，且受分解框架的限制，涵盖的影响因素不够全面。相对而言，计量经济学回归统计方法能够综合考虑多方面的影响因素，且能根据研究需求构建不同的指标模型，能较好地发现不同影响因素与碳排放之间的相关性，因而在碳排放影响因素研究中应用广泛。

Shi[110] 以 1975—1996 年 93 个国家的面板数据为基础，通过构建 STIRPAT 模型来研究碳排放的影响因素，结果发现，人均收入是影响碳排放的主要因素。佟昕等[111] 以我国 30 个省域为例，利用灰色关联分析方法研究碳排放的影响因素，结果发现，经济增长是引致碳排放的主要因素，但对各省域碳排放的影响存在异质性。AJMI 等[112] 基于美国东南部 755 个县级面板数据，利用 STIRPAT 模型发现，技术发展水平和人口规模等是影响碳排放的主要因素，人均收入对碳排放影响较小，但回归结果在各县间存在地域异质性。Yang 等[113] 利用脱钩分析方法研究了 2000—2017 年世界 78 个国家和地区经济增长与碳排放脱钩的主要影响因素，发现节能和生产效率方面的技术进步是促进全球经济增长与碳排放脱钩的主要原因。Huang 等[114] 研究以能源专利为代表的技术进步对我国碳排放的影响，研究发现，企业和科研机构的能源专利有显著的减排效用。Wu 等[115] 利用我国 2003—2017 年 30 个省域的面板数据，构建空间杜宾模型，研究能源禀赋和产业结构升级对碳排放的影响，研究发现，能源禀赋显著提高了碳排放，"资源诅咒"论在省域层面成立，且能源密集型产业结构与碳排放显著正相关，产业结构升级能有效减少碳排放。

2.4　全球价值链嵌入与碳排放关系相关研究综述

研究发现，国际贸易在碳排放与全球气候治理中扮演着重要角色，作为当前国际贸易的重要特征，全球价值链嵌入与碳排放关系的相关研究逐渐展开。当前研究主要集中于两个方面：一是基于投入产出模型，核算沿着全球生产分工的碳排放流动，即贸易隐含碳排放；二是构建计量模型，从实证角度研究全球价值链嵌入对碳排放相关问题（如碳排放、隐含碳排放和碳排放强度等）的影响。

2.4.1　与全球价值链相关的碳排放核算相关研究进展

一国或地区参与全球价值链，可以通过经济生产系统的内在分工，进而对产出、能源消耗等产生影响，从而引致碳排放变动，也即参与全球价值链的碳排放效应，主要可以用隐含碳排放来衡量。投入产出模型是测算沿全球生产分工引致碳排放（即隐含碳排放）的常用方法。

基于投入产出分析，参与全球价值链引致的贸易隐含碳排放相关研究侧重于分析国家和全球层面的隐含碳排放。在国家层面，对中国贸易隐含碳排放的相关研究较为广泛，学者先后基于不同区域间投入产出数据，测算分析了中国中间品以及最终产品的隐含碳排放与分布。[116-118] 研究发现，1995—2009年，中国基于生产与消费的碳排放均增长迅速，2006—2008年，中国出口隐含碳排放约占其二氧化碳排放总量的24%，这一份额在2010—2012年约为18%，中国同时是世界主要的二氧化碳净出口国；[119-122] 同时，中美[123]、中澳[124] 等中国与其他国家双边贸易的隐含碳排放也引起了较多关注。

在全球层面，学者分别从生产和消费原则下参与全球生产分工贸易产生的碳排放进行研究。[125-127] 研究表明，过去几十年间，全球商品和服务分工与贸易引致了大量碳排放，约占全球碳排放总量的1/4。[128-129] 同时，发达国家和发展中国家参与全球价值链的隐含碳排放分布不均衡，发达国家对发展中国家通过生产分工导致的碳排放转移现象较为严重。[130-132] 因此，在当前国家分工模式下，发达国家多为隐含碳净进口国，而发展中国家多为隐含碳净出口国，且《京都议定书》附件Ⅰ国家的最终需求消费通过全球生产分工拉动非附件Ⅰ国家的碳排放，从而削弱了全球碳减排努力的效果。[133-134] 近年来，发展中国家参与全球价值链引致的碳排放引起关注，一些学者从南南贸易角度研究发展中国家之间贸易分工引致的碳排放。研究发现，2004—2011年，由于生产分工从中国和印度等向其他发展中国家转移，中国的隐含碳出口量增速放缓，而越南和孟加拉国等的隐含碳出口量上升，日益复杂的全球生产分工对能源密集型产业以及碳排放产生了复杂影响，发展中国家在气候治理中的作用至关重要。[135-136] 少量研究关注了全球价值链中跨国公司在全球碳排放中的地位，Zhang 等[137] 构建了基于投资的全球价值链碳排放核算框架，追踪了跨国企业外国子公司的出口隐含碳足迹，并发现基于外国直接投资（FDI）的全球出口贸易隐含碳转移总量在2011年达到顶峰，且来自中国的出口贸易隐含碳转移明显增加。

2.4.2　全球价值链嵌入对碳排放影响的相关研究进展

随着学术界对全球价值链与碳排放相关问题的关注，对两者相关关系的研究从理论与实证层面展开。作为国际贸易的主要形式，全球价值链对碳排放影响机理的相关研究主要以贸易与排放的相关理论为基础。Grossman 和 Krueger[138] 提出的环境库兹涅茨曲线奠定了国际贸易对环境排放影响的理论基础，认为生产分工主要通过规模效应、结构效应和技术效应影响环境排放。

后续学者对该理论框架进行验证与应用，分析了经济贸易增长等与环境排放等之间的关系[139-141]，并进一步拓展到全球价值链与污染排放、碳排放等相关领域，从理论与实证角度展开探索。其中，计量经济学分析方法是研究该领域问题的常用方法，且随着全球价值链测度指标的发展，研究中关于全球价值链测算指标的选取也从早期相对分散向更为全面的方向发展。

运用早期的全球价值链测度指标，Dean 和 Lovely[142] 以垂直专业化衡量全球生产分工程度，研究其对中国污染强度的影响，并发现两者之间具有显著的负相关关系。李斌和彭星[143] 选取加工贸易出口额占一般贸易出口额的比重衡量全球价值链，实证研究 1991—2010 年中国对外贸易与碳排放之间的关系，研究发现，对外贸易主要通过贸易扩张、技术进步及参与全球价值链三个路径影响中国碳排放。巩爱凌和刘廷瑞[144] 认为中国处于全球价值链底端，外贸增长的规模效应是出口隐含碳上升的主导因素，技术引进对降低能耗的作用不明显。彭星和李斌[145] 用加工贸易表示全球价值链制造业嵌入程度，运用空间计量分析方法研究中国省域全球价值链嵌入对经济碳排放的影响，发现参与更多制造分工环节会导致更多的碳排放，且间接规模、结构及技术效应存在显著的空间异质性。王玉燕等[146] 利用生产非一体化指数表征全球价值链嵌入程度，检验了中国工业部门全球价值链嵌入程度与部门碳排放的关系，发现全球价值链嵌入与能耗排放关系曲线呈 U 形。

如前所述，随着增加值贸易统计的发展，更为全面系统的全球价值链测度指标基于增加值分解框架相继被提出。基于此，学术界进一步探索了全球价值链嵌入与碳排放相关问题之间的关系，并从全球与国家层面展开研究。在全球层面，Jing 等[147] 构建了总参与度指数，研究全球价值链嵌入对 1995—2011 年全球 62 个国家人均碳排放的影响，并发现其存在倒 U 形关系。Sun 等[148] 实证研究发现全球价值链嵌入程度与碳排放效率呈正相关关系，且受到国家发展水平的影响，经济相对落后的发展中国家比发达国家能够更有效地优化能源效率和减少排放。Assamoi[149] 运用 MOLS 和 DOLS 模型，研究发现全球价值链参与度与亚洲国家碳排放之间具有负相关关系，而经济增长和能源消费呈正相关关系。

国家层面的研究，当前主要集中于对中国问题的探索。吕越和吕云龙[150] 基于 2001—2009 年投入产出表，测算分析中国 14 个行业的全球价值链嵌入度及其对隐含碳排放的影响，研究发现，全球价值链嵌入与工业行业的隐含碳排放呈负相关关系，但会对污染密集型行业碳排放产生正向影响，且前向嵌入会减少而后向嵌入将增加碳排放。吕延方等[151]运用面板平滑转换模型，验证了全球价值链参与度对出口隐含碳、进口隐含碳和贸易碳平衡均存在非线性影响，且随着技术水平的变化，呈现双门槛特征。孙华平和杜秀梅[152]以2005—2015年中国15个细分行业面板数据为基础，研究全球价值链嵌入对碳生产率的影响及其内在机制，研究发现，全球价值链嵌入程度与碳生产率正相关，而与地位指数呈负相关关系，且存在显著的行业异质性，全球价值链嵌入会通过技术创新效应发挥间接减排作用。徐博等[153]运用联立方程模型实证检验1999—2011年中国在全球价值链分工中的地位对碳排放的影响，发现分工地位上升与碳排放之间呈倒U形关系，且分工地位可以通过提高绿色能源使用率和科学研究与试验发展（R&D）投资发挥碳减排作用。

2.5 "一带一路"倡议视角下全球价值链嵌入与碳排放相关研究综述

"一带一路"倡议的提出与发展建设时间相对较短，学术界对"一带一路"共建国家全球价值链嵌入对碳排放影响的研究仍处于起步阶段，当前主要集中于"一带一路"共建国家全球价值链嵌入或"一带一路"共建国家碳排放的相关研究，将两者置于同一分析框架下的研究相对较少。

2.5.1 "一带一路"共建国家全球价值链嵌入相关研究进展

从"一带一路"共建国家参与全球价值链分工视角，Wu等[154]运用双重差分（DID）模型研究发现，"一带一路"倡议能有效促进共建国家参与全球价值链。刘志彪和吴福象[155]从双重嵌入视角，发现中国企业同时嵌入本地化的产业集群与全球价值链，产业集群在参与西方跨国公司主导的全球价值链中要向全球创新链升级，同时可以依托"一带一路"倡议构建包容性价值链。李建军等[156]从产业、国家和区域三个维度测算分析了"一带一路"共建国家的全球价值链分工地位，研究发现，"一带一路"共建国家的全球价值链地位呈现资源导向性、显著的梯度性和较强依附性等特征。王恕立和吴楚豪[157]计算分析了2011—2014年15个"一带一路"共建国家和9个发达国家的出口上游度,以此反映全球价值链分工地位。研究发现,中国与"一带一路"共建国家的产业合作有助于双方价值链升级优化,推动区域分工地位的提升。Ge等[158]从区域机构角度,研究"一带一路"共建国家的全球价值链嵌入情况,研究发现,"一带一路"共建国家的全球价值链参与度相对低于非"一带一路"共建国家,且机构在全球价值链参与过程中发挥显著作用。马丹等[159]通过编制区域嵌入的全球投入产出表,结合微观企业和海关数据库,测算分析中国双重价值链嵌入度并验证区域间价值链的溢出效应。

从全球价值链重构与升级的角度,卢潇潇和梁颖[160]从基础设施建设视角,研究其对全球价值链重构的影响,发现基础设施建设有助于促进"一带一路"共建国家经济发展,从而打破现有分工模式,向全球价值链上游攀升。彭澎和李佳熠[161]基于2004—2014年31个"一带一路"共建国家的面板数据,研究了对外直接投资对双边国家全球价值链地位的影响,研究发现,中国对"一带一路"共建国家的FDI有助于产业重新布局,提升中国在全球价值链中的地位;同时,中国先进技术的溢出有助于"一带一路"共建国家技术水平的提升与价值链升级。刘敏等[162]基于2002—2016年30个"一带一路"共建国家的面板数据,研究产能合作对发展中国家全球价值链地位升级的作用机理与具体影响,发现"一带一路"共建国家之间的产能合作能有效促进发展中国家全球价值链地位升级,且贸易和投资两种合作形式的影响存在国家异质性。He等[163]基于2007—2017年112个"一带一路"共建国家的面板数据,实证研究营商环境、FDI对全球价值链升级的影响,研究发现,营商环境改善和FDI能够显著促进"一带一路"共建国家全球价值链地位的提升,尤其对劳动密集型产业的作用效果明显。

从全球价值链嵌入与产业升级角度,魏龙和王磊[164]构建RGVCA指数和位置指数等指标研究全球价值链转换的条件与影响,研究发现,中国与"一带一路"共建国家的产业互补性高于竞争性,且中国相对处于全球价值链高端环节。戴翔和宋婕[165]从增加值贸易视角出发,构建全球价值链上游依赖度和下游影响度指数,衡量"一带一路"倡议提出前后全球价值链是否有重构趋势,结果显示,全球价值链呈现重构特征,区域内关联加强,且"一带一路"倡议推动了共建国家积极参与全球价值链,为更多发展中国家参与国际分工提供了机会。马晓东和何伦志[166]基于1995—2015年"一带一路"共建国家全球价值链嵌入度与产业结构水平数据,实证研究全球价值链嵌入能否促进产业结构升级,结果表明,全球价值链嵌入在"一带一路"共建国家整体层面上的产业结构升级效应不明显,而对东亚和东南亚区域国家则作用明显。

2.5.2 "一带一路"共建国家碳排放相关研究进展

从"一带一路"共建国家碳排放测算与国家间碳排放转移视角,姚秋蕙等[167]从生产与消费角度分析了"一带一路"共建国家贸易隐含碳排放在全球的空间分布,研究发现,"一带一路"共建国家贡献了全球95%以上的隐含碳净流出,且主要由美国、西欧等发达国家/地区的消费所引致。Lu等[168]追踪了"一带一路"共建国家之间以及世界贸易隐含碳排放的不均衡分布,研究发现,1995—2015年"一带一路"共建国家贡献了全球超过50%的碳足迹与92%的碳增长,碳排放泄漏逐渐从中国转移到其他"一带一路"共建国家,尤其是南亚地区。Han等[169]通过对1990—2015年碳排放不平等和区域发展的综合分析,比较了"一带一路"共建国家和区域外国家最终需求驱动的碳排放,研究发现,大部分"一带一路"共建国家在实现GDP增长的同时拉动了碳排放增长,尤其是投资驱动的碳排放,而消费驱动的碳排放始终保持高位。Wang等[170]聚焦交通部门碳排放,利用脱钩模型研究51个"一带一路"共建国家碳排放与经济增长的关系,结果发现,"一带一路"共建国家交通部门的产出与碳排放同步增长,且随时间发展呈现不同脱钩关系。Wang等[171]计算研究2000—2015年"一带一路"沿线区域和部门间碳排放的相互联系,发现东北亚、西亚和北非的区域间碳排放溢出效应占比下降,而中亚地区这一占比上升,东北亚、东南亚、西亚和北非碳排放的空间溢出效应受中国影响较明显。

探究"一带一路"共建国家碳排放影响因素的相关研究开始展开,Fan等[172]通过构建基于生产的分解分析模型来研究2000—2014年"一带一路"共建国家碳排放的影响因素,研究发现,经济增长和能源消费是导致碳排放增长的主要原因,碳减排技术和能源强度的改善是抑制碳排放的主要动因。

Mahadevan 等[173]研究了中国 FDI 对"一带一路"共建国家碳排放的影响，结果显示，中国通过 FDI 对"一带一路"共建国家产生碳排放净出口，中国 FDI 对"一带一路"沿线低收入国家碳减排效果显著，但会提高中高收入国家的碳排放。Zhang 等[174]基于 1993—2018 年 52 个"一带一路"共建国家的面板数据，研究对外贸易和投资对碳排放的影响，研究发现，进口贸易与碳排放正相关，而出口贸易与碳排放负相关，FDI 流入的正相关关系不显著。Rauf 等[175]和 Majeed 等[176]基于完全修正最小二乘法，研究了 1974—2019 年核能对巴基斯坦碳排放的不对称影响，发现核能系数效应在短期与长期都与碳排放负相关。

2.5.3 "一带一路"共建国家全球价值链嵌入与碳排放相关研究进展

检索发现，针对"一带一路"共建国家全球价值链嵌入与碳排放相关问题的研究较少，孟凡鑫等[177]将中国 30 个省域的投入产出表嵌入世界投入产出表中，以此为数据基础，对中国及其 30 个省域对"一带一路"共建国家商品和服务贸易隐含碳进行测算与流向分解，发现中国是对"一带一路"共建国家的隐含碳净出口国，沿海与东北地区的进出口贸易隐含碳较多，公用事业与建筑业是隐含碳贸易的关键部门。李清如[178]构建了多区域投入产出模型，测算分析中国和日本对"一带一路"共建国家的商品和服务贸易隐含碳，发现中国对"一带一路"共建国家隐含碳净出口的现状与日本不同。李焱等[179]基于世界投入产出数据库（WIOD）与非径向方向距离函数对 2000—2014 年"一带一路"共建国家制造业全球价值链嵌入和碳排放效率水平进行测算分析，并实证检验了全球价值链嵌入对碳排放效率的影响，发现全球价值链嵌入与制造业的碳排放效率呈正相关关系，且全球价值链嵌入有利于提升技术密集型行业的碳排放效率，但会抑制劳动和资本密集型行业的碳排放效率。

2.6 文献评述

通过对现有文献的梳理，本书认为，学术界对全球价值链嵌入和碳排放相关问题的研究已取得一定的进展，但针对"一带一路"共建国家碳排放问题，尤其是如何通过全球价值链嵌入实现"一带一路"共建国家低碳绿色发展问题的研究仍存在以下值得进一步拓展探索的领域：

（1）当前，学术界关于"一带一路"倡议的相关研究主要从政策意义、经贸投资合作等领域展开，虽然低碳绿色"一带一路"建设发展的概念已经被提出，但学术界对"一带一路"共建国家碳排放问题的研究仍然较少。尤其是国际贸易是影响碳排放的重要途径，作为国际贸易的主要特征与形式，当前关于全球价值链与碳排放关系的研究仍处于起步阶段且主要集中于对世界和中国问题的探索，研究对象和所选全球价值链指标的不全面与差异性，对碳排放及其相关问题的影响较大。"一带一路"共建国家作为全球价值链的重要参与国和全球碳排放的重要贡献者，有必要从全球价值链角度研究其对碳排放的影响，以充分发掘全球价值链嵌入对"一带一路"共建国家碳排放的具体影响，从而为"一带一路"共建国家全球价值链升级与碳减排双重红利政策的制定提供参考依据。

（2）在全球价值链嵌入对碳排放影响的研究中，关于理论机制的探讨不够系统全面。关于国际贸易对环境影响的理论主要是基于 Grossman 和 Krueger[138] 提出的规模效应、结构效应与技术效应理论分析框架，这一传统理论在学界得到了广泛的认可与应用，为后续研究奠定了基础。然而，从全球价值链视角出发，一方面，该理论框架在全球价值链嵌入与碳排放相关领域的应用还比较少，没有系统地整理全球价值链嵌入如何通过这三种效应影响碳排放；另一方面，对于三种效应的衡量指标的选取较为单一，例如，规模效应主要用 GDP 表示，结构效应主要用产业结构表示，技术效应主要用研发投入等表示。考虑现有全球生产分工与贸易的多样性和复杂性，一方面，有必要厘清如何在全球价值链嵌入与碳排放关系研究中应用传统理论，也即梳理全球价值链嵌入通过三种效应对碳排放产生影响的作用机制；另一方面，可以对当前理论框架进行创新拓展，对每一种效应从多角度选取测度指标，从不同视角综合研究三种效应通过不同路径对碳排放产生影响的作用机理。

（3）当前关于全球价值链嵌入与环境排放或碳排放相关关系的研究中，全球价值链相关指标的选取较为单一，多选用参与度或位置指数中的某一种指标。研究发现，这些指标对碳排放的影响存在较大差异。这主要是因为不同的全球价值链指标反映不同的全球价值链参与特征，且对不同研究对象碳排放的影响存在差异。因此，针对"一带一路"倡议相关问题的研究，有必要充分考虑不同的全球价值链参与模式，以衡量不同的全球价值链参与特征，并探究其对"一带一路"共建国家碳排放的异质性影响。

（4）从研究对象来看，全球价值链嵌入对碳排放影响的相关研究多是基于国家整体层面。一方面，此类研究较少考虑行业异质性与深入企业所有权层面的探讨；另一方面，在多国家主体研究中，较少考虑不同主体群组在经济发展水平、碳排放水平等方面的差异。"一带一路"倡议涵盖的国家范围较广，既包括发达国家，也包括发展中国家，不同国家在经济发展水平与资源禀赋等方面的差距，决定其在全球价值链分工中承担不同的任务，居于不同的地位。从行业层面来看，一国经济产业中涵盖部门较多，制造业与服务业之间、劳动密集型行业与资本密集型行业之间存在明显的异质性。从所有权异质性层面，"一带一路"倡议涉及的外资企业近年来在生产与碳排放领域发挥了重要作用，而对其关注相对较少，内、外资企业通过全球价值链对碳排放发挥的作用的差异仍有待探索。因此，在对"一带一路"倡议的研究中，有必要进行国家与行业的异质性研究，并进一步探索内、外资企业的差异，以此辅助针对不同国家、不同行业类型差异化碳减排政策的制定。

为了弥补上述文献研究的不足，本书将"一带一路"共建国家的全球价值链嵌入与碳排放纳入同一分析框架下，从理论与实证角度，系统研究全球价值链嵌入对碳排放的综合影响。第一，构建理论机制，从理论层面厘清全球价值链嵌入如何通过规模效应、结构效应与技术效应影响碳排放，并从多个角度对三种效应进行拓展分析，以便为后续的实证分析提供理论支持；第二，从国家—行业角度测算分析"一带一路"共建国家全球价值链嵌入与碳排放的特征及趋势，在把握特征事实的基础上，为实证分析提供数据支持；第三，从国家整体层面实证研究全球价值链嵌入对"一带一路"共建国家碳排放的影响，并进一步区分发达国家与发展中国家，以考察不同经济发展水平下不同类型国家的异质性结果；第四，聚焦行业层面，实证探索全球价值链嵌入对碳排放的影响，在此基础上，进一步按照不同行业类型、不同要素密集度类型等对行业进行细分，探索行业异质性分类下结果的差异；第五，从企业所有权异质性视角出发，聚焦研究内资与外资企业全球价值链嵌入及其对碳排放影响的差异，并考虑企业所有权层面的行业异质性；第六，从实证角度验证理论机制的有效性与合理性，以理论机制为基础构建实证模型，在具体分析全球价值链嵌入对碳排放影响的过程中，实证验证国家、行业与企业层面全球价值链嵌入如何通过规模效应、结构效应与技术效应对碳排放产生作用。

第 3 章　理论基础与影响机制

本书以全球价值链嵌入为切入点，从理论与实证角度综合研究其对"一带一路"共建国家碳排放的影响，这属于贸易与环境领域的交叉研究，因此，国际贸易与碳排放或环境关系理论为本书从全球价值链嵌入角度研究碳减排问题的合理性提供了理论支持。在此基础上，本书进一步结合当前研究发展，从规模效应、结构效应、技术效应视角提出全球价值链嵌入对碳排放的影响机制。

3.1　国际贸易与碳排放关系理论

随着气候变化问题得到日益广泛的关注与重视，寻求全球气候治理的有效政策与碳减排的可行路径成为当前学术界研究的重点问题之一。以二氧化碳为代表的温室气体排放主要来自人类的经济生产活动，研究发现，国际贸易近年来在气候治理中扮演着重要的角色。随着近年来全球价值链分工的细化，各国参与国际分工与贸易的门槛降低，日益活跃的全球经贸往来进一步刺激了世界经济的发展，贸易产品的生产不可避免地伴随着碳排放与其他环境污染物的排放，对外贸易在环境治理问题中的作用不容忽视。碳排放作为影响人类可持续发展的重要环境要素，贸易与环境关系相关理论同样适用于碳排放相关研究，当前研究较为广泛且成熟的主要有环境要素禀赋理论与污染避难所假说等。对这些理论的探讨有助于理解全球价值链嵌入与碳排放之间的关系，也为本书实证研究提供了理论支持。

3.1.1 环境要素禀赋理论

面对碳排放等环境问题，世界各国在追求经济发展的过程中更加重视对资源与环境的保护，纷纷采取相应的环境治理规制与措施。在此背景下，人们提出将环境要素作为国际贸易中需要考虑的一项要素类型，即提出环境要素禀赋理论，该理论的提出得到了学界的广泛探讨与认可。赵玉焕[180] 在其研究中论证了贸易与环境的关系，认为应将环境作为一种生产要素，在生产过程中，应综合考虑生产的经济与环境要素投入成本。

传统的要素禀赋理论或者资源禀赋理论（H-O理论）以资本、土地、劳动为主要生产要素投入，从要素的丰裕程度角度解释了国际分工与贸易发展的动因。随着环境要素与国际生产分工关系的日益密切，环境要素被纳入生产要素体系中，成为决定一国贸易禀赋的另一重要因素。一国的环境要素禀赋优势主要由两方面因素决定：一是贸易国或地区的环境容量，二是环境偏好。环境容量一方面主要由一国的地理位置与自然气候等决定其水资源、土地资源和大气的自然容量；另一方面由国家的经济或技术发展水平决定其对环境污染的治理能力和对环境损害的修复能力。环境偏好是指不同国家或地区对气候问题的认识存在差异，进而所采取的环境保护政策与行动也存在差异。环境偏好当前主要表现在一国或地区的环境标准或政策等方面，且往往存在发达国家和发展中国家间的差异。发达国家由于经济发展较早且有较高的环境技术水平，对环境问题的重视与治理程度相对较高；而发展中国家经济发展相对滞后，对环境问题的认识水平较低，相关技术落后也制约了其环境治理能力，对环境规制的要求与限制相对较少。因此，受环境容量和环境偏好的共同影响，不同国家间形成了差异化的环境要素禀赋。

通常而言，在考虑环境要素禀赋的情况下，发展中国家往往在高能耗与高排放环节具有比较优势，而发达国家受限于较强的环境约束，环境要素劣势将促使其将高污染、高排放生产环节转移到发展中国家，这给发展中国家带来了较大的环境破坏，同时也带来"碳泄漏"问题。在这种分工模式下，发达国家的生产虽然更加清洁，但本质上只是碳排放、环境污染等的转移，而这部分成本主要由发展中国家承担，也可以看作一种负的外部性。解决这种负外部性的有效手段就是促使环境成本内在化。通过环境要素的合理定价与环境成本的内在化，能更有效地促进环境稀缺资源的合理配置，更有利于贸易与环境的协调发展。

3.1.2 污染避难所假说

污染避难所假说最初是由 Copeland 和 Taylor[181] 在研究南北贸易或者说发达国家与发展中国家之间贸易和环境的关系时提出的。该假说的要旨是：在开放经济的条件下，自由贸易将会导致高污染、高排放产业不断地从发达国家转移到发展中国家。这主要是因为，美国、欧盟等主要发达国家或地区由于经济发展相对较早，对环境问题关注得较早，往往具有较强的环保意识。为了追求更为清洁的发展，发达国家通常会实施更为严格的环境保护与管理制度，并执行更高的环境监管标准。在此背景下，环境污染治理成本的上升推动了发达国家污染产业或污染生产阶段生产成本的上升。因此，与环境政策及规制更为严格的国家相比，环境规制较宽松的发展中国家具有明显的相对成本优势。在成本差异的驱动下，发达国家的"污染产业"将会向发展中国家转移，使后者成为前者的污染避难所。

伴随经济全球化的快速推进，国际生产分工从产业间深入产业内，进而到产品间，同时国家间贸易壁垒的削弱进一步降低了国际贸易门槛并激发了国际贸易的活跃发展，各国在环境政策与规制方面的差异对贸易活动的流向产生了更大的影响。环境管理标准与方式的差异在一定程度上会形成环境要素禀赋，决定了不同的环境要素比较优势。在全球价值链分工中，发达国家的高污染或高排放行业/生产环节在环境要素比较优势的推动下可能转移到环境规制较为宽松的发展中国家。在此情况下，污染避难所假说认为，环境标准更为宽松的发展中国家会逐渐吸引更多的高污染与高排放产业的外国直接投资，从而在国内推动相关行业的发展，并进一步巩固了此类行业的低端竞争优势，最终成为污染避难所。"一带一路"共建国家以发展中国家为主，相关研究发现，一些发展中国家因其较低的环境成本吸引了较多发达国家的排放与污染密集型行业的转移，以其劳动力竞争优势逐步发展成为世界制造业行业生产组装中心，在全球价值链分工中被迫陷入"低端锁定"的困局，同时成为发达国家的污染避难所。[182-183]

3.2 全球价值链嵌入对碳排放的影响机制

全球价值链是当前国际分工与贸易的主要形式,参与全球生产分工不但能给参与国带来经济收益,也会带来碳排放等环境影响。参考 Grossman 和 Krueger[138]提出的贸易自由化影响环境效应的理论分析框架,本书从规模效应、结构效应与技术效应三个方面分析全球价值链嵌入对碳排放的影响机制。

3.2.1 规模效应分析

全球价值链嵌入对碳排放影响的规模效应是指,参与全球价值链会对参与国的经济发展产生影响,具体表现为影响参与国的经济、贸易规模与能源消费规模,进而对其碳排放产生影响。

1. 生产贸易规模扩张效应

生产贸易规模扩张效应是指,全球价值链嵌入能够带动参与国的贸易发展,提高产品生产与出口贸易水平,而经济生产活动是碳排放的主要来源,伴随产品生产与贸易规模的扩张,必然会对碳排放产生影响。

具体而言,随着全球价值链分工的深入发展,产品的生产环节划分更加细化,对参与国来说,极大地降低了其参与国际分工与贸易的门槛。各国不需要像传统贸易中那样在整个产品具有比较优势的情况下才能参与国际贸易,而是只要在产品生产的某一个阶段具有比较优势,就可以承担相应的生产环节。加之国际贸易壁垒的减弱,全球贸易发展在近年来呈现高速增长态势,根据世界银行的世界发展指标(WDI)统计数据计算,全球贸易货物和服务出口总额从 1996 年的 9370.34 亿美元增长到 2019 年的 26127.95 亿美元,增长了 178.84%。① 在此过程中,贸易的繁荣发展必然伴随着产品生产与贸易规模的扩张,贸易产品的生产过程中必然要求投入大量的劳动力、能源资源等生产要素,作为生产过程的非期望产出,碳排放等环境污染排放也相应增加。[184]

---

① 世界银行集团. 贸易 [JB/OL]. [2024-05-06]. https://data.worldbank.org.cn/topic/trade.

同时，不同全球价值链参与模式对生产贸易规模的影响存在差异，对碳排放的拉动作用也不一致。当前国际贸易主要以货物贸易为主，根据 WDI 数据，2020 年世界货物出口额为 18745.56 亿美元，服务贸易出口额为 6185.02 亿美元，前者约为后者的 3.03 倍，且相对而言，制造业行业的生产环节比服务业行业更具"污染性"。[130] 从全球价值链的生产环节来看，全球价值链的上游或前向生产环节主要包括产品设计、研发、中间品的提供等，价值链下游或后向生产环节主要包括中间品的进口、加工、组装、销售与售后等。[82] 不同国家根据各国要素禀赋与生产技术等比较优势的不同参与全球价值链的不同分工环节。[131]

一般而言，全球价值链上游参与国家的比较优势主要集中在高技术、高附加值生产环节。上游生产环节涉及的高投入、高污染的制造业或货物生产环节较少，出口规模相对较小。[128] 另外，进口替代效应的存在，会使全球价值链上游参与国通过进口的形式满足国内对排放密集型产品的消费需求，全球价值链上游参与国对高排放、高污染产品的生产与出口规模的拉动效应相对较弱。相对地，全球价值链下游参与国凭借劳动力、资源能源等竞争优势，主要承担制造业行业的加总组装等低附加值、高排放环节，贸易形式以货物贸易为主。贸易的创造效应将拉动下游参与国扩大制造业产品的生产与贸易规模，进而产生较多的碳排放。

2. 能源消费规模扩张效应

能源消费规模扩张效应是指，在参与全球价值链分工的过程中，贸易产品生产规模的扩张必然会拉动能源消费需求的增长。根据 WDI 数据，随着世界经济贸易的繁荣发展，全球能源消费总量从 1996 年的 6645.89Mtoe 增长到 2018 年的 9937.70Mtoe，增长了 49.53%。研究表明，以化石能源为主的能源消费是导致碳排放的重要原因，因而参与全球价值链分工带来的能源消费规模的扩张会进一步对碳排放产生影响。[185] 参与国际分工与贸易同能源消费之间的关系是当前低碳与可持续发展研究领域的重要议题。学术界对国际分工与贸易对能源消费影响的相关研究关注得较早，Kemp 和 Van Long[186] 通过将可耗竭资源作为一种生产要素投入纳入传统的两生产要素 H-O 理论模型中，构建了贸易与能源关系的理论基础。随后，相关实证研究通过利用计量分析或投入产出分析方法，从全球[187-189]、区域[190-191]、双边[192]、单边[193-194]和行业[195]层面证实了参与全球价值链分工对能源消费规模的拉动效应，并发现参与全球价值链分工对不同的能源产品，如煤炭[196]、石油[197]、天然气[198-199]等的消费都有显著影响。

同样地，考虑不同的全球价值链参与模式，不同参与国以前向或后向模式参与全球价值链不同生产分工环节对能源消费的需求存在差异，进而会对碳排放产生异质性影响。从全球价值链上游与下游分工环节的产业特征来看，上游分工环节以资本与技术密集型生产环节为主，产品的设计研发以及高技术中间品的生产过程中需要的能源消费投入相对较少，因而对能源消费的拉动作用较弱。[23] 相对而言，全球价值链后向生产环节以劳动与资源能源密集型产品为主，在产品生产过程中需要较多的劳动力与能源投入，具有低附加值、高排放的特征，对能源消费规模的扩张作用较大。[130] 同时，全球价值链上游参与国往往以发达国家为主，较高的环境规制水平迫使它们将更多高能耗、高污染与高排放的生产环节转移到处于全球价值链下游的发展中国家，进而进一步带动了全球价值链下游高能耗产业的密集与专业化生产，推动能源消耗与碳排放的双重增长。[200]

综合考虑生产贸易规模扩张效应与能源消费规模扩张效应来看，产品生产规模扩张与能源消费之间具有一定的相关性，即生产规模扩张会同步拉动能源消费水平的提高，进而影响碳排放。但从两者相关性的强弱来看，由于贸易产品生产结构变动的不确定性，能源消费规模的扩张幅度与生产贸易规模的扩张幅度可能存在差异。而且通过全球价值链嵌入，能源消费规模的扩张不仅来自产品生产，也可能来自提供服务或所带动的其他能源消费环节。在理论层面，全球价值链嵌入会通过拉动生产规模的扩张推动能源消费增长，进而导致碳排放增加。但由于该路径影响大小的不确定性以及实证层面分析的复杂性，本书在理论机制的实证检验中，主要考察全球价值链嵌入通过对生产贸易规模/能源消费规模的直接影响进而影响碳排放的作用机制。

3.2.2 结构效应分析

全球价值链嵌入对碳排放影响的结构效应是指，参与全球价值链会对一国的产业结构发展与升级调整方向产生影响。国际分工对产品生产环节在全球范围内进行分配，参与全球价值链分工的不同阶段、不同位置等对产品需求的类型存在较大的差异，进而会影响一国的产品生产与贸易结构。不同产品生产过程需要投入的生产要素的种类存在差异，能源密集型产品生产的增加会产生较多的碳排放，而技术密集型产品生产的增加则会带来较高的国内增加值与较少的碳排放。不同产业类型的能源与排放特征存在差异，进而会对碳排放产生影响。全球价值链嵌入对碳排放影响的结构效应主要体现为产业分工锁定效应与产业结构升级效应。

1. 产业分工锁定效应

产业分工锁定效应是指由于比较优势或贸易壁垒的存在，全球价值链分工能够使参与国相对锁定在固定的生产分工位置上，从而形成特定的产业结构。特定产业结构对劳动力、能源资源的投入需求以及技术水平存在差异，进而对碳排放产生影响。

具体而言，比较优势、贸易壁垒和规模经济的作用会使参与国在全球价值链分工中的地位相对稳定。首先，各国的资源、技术、劳动力等比较优势的差异，决定了其只能集中参与各自具有比较优势的生产环节，以实现资源的有效利用并获得较多的贸易利得。这种比较优势是由自然条件和经济发展条件共同决定的，一方面，自然优势难以发生较大变动；另一方面，产业类型、技术水平等的调整是一个长期的过程，需要相对较长的时间培育新的竞争优势或是在当前行业优势上取得较大突破。其次，从贸易壁垒来看，为了在参与全球价值链中具有较大竞争优势以实现更多贸易利得，全球价值链参与国会通过技术保护或贸易壁垒的形式阻碍其他国家进入自身的优势行业，从而稳定自己的优势甚至是垄断地位。最后，规模经济效应的存在，决定参与国会进一步集中生产并出口当前优势产品或中间品，从而进一步巩固其在当前分工阶段的优势地位。因此，在上述三种作用下，参与全球价值链能相对锁定一国的产业生产与出口结构，而不同产业类型的能源与排放特征存在较大差异，从而会对碳排放产生影响。

考虑不同的全球价值链分工环节的产业类型特征，前向与后向生产环节锁定的行业存在差异，进而会对碳排放产生不同影响。一般来说，参与前向生产环节需要更大的资本和技术支持，这可以积累比较优势，以更少的环境成本获得更多的贸易利益,因此前向生产环节更有利于资本与密集型行业的生产集聚。同时,全球价值链参与国将采取措施提高自身的比较优势,甚至设置多种贸易壁垒,以减缓下游国家的追赶速度,从而保持自身在全球价值链中的垄断地位。相反,后向生产环节中更多为劳动和资源密集型行业。相对较弱的比较优势导致下游参与国从上游国家获得更多的生产和排放转移,并成为"污染天堂"。[201] 此外,由于生产惯性或捕获效应[182],下游参与国在长期固定垂直分工后形成了相对稳定的落后生产优势。同时,受前沿国家专利、知识产权保护等各种贸易壁垒的制约,后向参与国需要较长时间培育自主创新竞争优势,从而锁定了低附加值和高排放的低端环节。[202]

2. 产业结构升级效应

产业结构升级效应是指,为了提升全球价值链地位与获得更多的高质量增加值收益,参与国将不断调整国内生产结构,向更加清洁、高质量的方向发展,进而对碳排放产生影响。

通常而言,从不同行业的生产与能源消费特征来看,服务业和技术密集型行业具有较强的增加值创造能力和清洁生产能力,此类行业在产品生产过程中往往需要较少的能源投入且产生较少的碳排放;而制造业或劳动与资源密集型行业在生产过程中则需要较多的劳动力与资源能源等投入,具有较为突出的高能源消费与高排放特征。[130] 因而,产业结构的升级调整一般表现为从第一产业和第二产业向第三产业转变,或从劳动和资源密集型低技术产业向资本和技术密集型高技术产业转变。[152]。而全球价值链嵌入可以使参与国通过学习效应和倒逼机制推动国内产业结构升级调整。从学习效应来看,全球价值链参与国一方面为了在全球价值链分工中获得更多的贸易利得,会主动吸收学习或通过技术溢出吸收掌握跨国公司带来的先进生产技术与管理经验等,进而实现本国行业生产效率与技术水平的提升。[182] 从倒逼机制来看,为了进入发达国家市场或者承担更多高质量的上游生产分工阶段,发展中国家或下游参与国会根据上游生产阶段的生产要求与环境标准,迫使本国企业加大研发力度与环保投入以追赶上游先进技术水平,进而推动产业结构的升级调整,改善能源与生产效率,推动绿色低碳生产进步。[146]

同样,不同全球价值链分工模式对产业升级的拉动作用存在差异,进而对碳排放产生异质性影响。考虑到全球价值链中不同生产环节的差异化生产特征和生产标准要求,前向生产阶段由于更高的技术与环境标准要求,可能会在参与国激发更多的行业创新和转型,以达到更为先进的绿色高技术生产水平。而对于长期参与后向生产环节的国家而言,一方面,加工装配作业所需的产业技术调整较少,而劳动力和能源投入较多;另一方面,相对成熟的生产工艺和设备支持很难打破,成本也很高,且由于上游国家对生产技术的垄断和贸易壁垒等因素的存在,赶超先进生产技术需要较长时间研发投入的支持,因而后向生产环节的产业升级调整能力较弱。[183] 因此,不同全球价值链生产环节对产业升级调整的拉动作用存在较大差别,对碳减排的作用也表现出非均衡性特征。

3.2.3 技术效应分析

全球价值链嵌入对碳排放影响的技术效应是指,通过参与全球价值链,参与国可以获得技术溢出,进而通过模仿吸收与再整合和再创新实现技术突破,促进本国技术进步,从而达到节能减排的效果。全球价值链嵌入对碳排放产生影响的技术效应主要体现为激发科研创新能力,提高生产与能源效率水平。

1. 技术创新效应

技术创新效应是指,由于技术溢出与"干中学"效应的存在,全球价值链分工能够给参与国带来生产链上更为先进的生产技术与管理经验,从而助推参与国的科研技术创新,提高清洁低碳生产能力。

一般而言,大多数全球价值链参与国主要通过外国直接投资和中间品进口促进技术创新。通过外国直接投资的全球布局,跨国企业将不可避免地带来先进的生产技术和管理经验,将优质、安全、环保等高标准要求传递到下游企业,并能为代工企业提供一定的技术支持与指导,以使其达到生产要求。因此,全球价值链参与国能够以较低的成本学习吸收先进技术,并加快学习国际生产标准和消费者偏好。[203] 通过进口中间品,全球价值链参与国可以获得先进的机器设备与高技术中间品投入,由于"干中学"效应的存在,参与国能够在完成产品生产的过程中,通过模仿和二次创新活动有效加速技术升级。[204-205] 因此，全球价值链的分离和整合，能够使原本不熟悉国际生产与跨国运作的参与国加快吸收国际生产要求与准则，快速融入全球生产分工体系，在获得技术溢出的同时，通过"干中学"推动技术创新。[206] 根据污染光环假说，全球价值链参与带来的技术创新将有效提高生产和能源效率，促使参与国向能源集约型与生产清洁型方向发展。

考虑全球价值链的不同参与模式，参与前向与后向生产环节对技术创新的促进作用是不均衡的。前向生产环节主要是产品设计和开发、高科技中间品生产和一些高附加值的服务等生产环节。[130] 同时，前向生产环节以发达国家参与为主，这些国家具有更高的科技水平以及更强的科研支持与研发能力。为了满足上游生产环节的生产与市场需求，前向生产环节的参与者将加大科技研发投入力度以加强技术开发，促进现有技术的升级与新技术的突破。此外，上游部门通常具有更高的生产和环境标准，波特假说表明，更强的环境规制约束可以通过倒逼机制刺激技术和创新进步。[207] 因此，前向全球价值链分工对科技创新的需求与驱动力更大，高质量技术的开发将更好地促进能源消费效率和产品附加值的提高。[208-209] 相比之下，后向生产环节以加工组装等低技术生产环节为主，技术附加值含量较低。一方面，后向参与国的技术标准与垄断性相对较低，较为容易模仿学习；另一方面，后向参与国以发展中国家为主，囿于经济发展水平与研发投入等的限制，其自主研发能力相对较弱，新技术研发与突破难度相对更大。此外，由于技术保护与技术壁垒的存在，虽然后向参与国也能从全球价值链分工中获得一定的技术溢出并实现技术再创造，但仍较难实现对发达国家的赶超。因此，通过后向生产环节获得的技术创新效应小于前向生产环节，对清洁与高效生产的推动作用也相对较弱。[210]

2. 生产效率提升效应

生产效率提升效应是指，通过参与全球价值链，参与国能够通过学习效应和竞争效应等，不断学习先进生产技术，从而提高生产与能源效率水平，提高全要素生产率，进而减少碳排放。

一般而言，全球价值链嵌入对生产效率的拉动是伴随对技术创新的推动同步进行的，全要素生产率的提升是技术升级创新作用的一种体现。通过进口学习效应，参与国通过对高技术中间品的进口使用，企业能够以较低的学习成本学习先进技术，提高企业的生产效率。[211-212] 同时，国际市场的竞争效应在一定程度上会冲击本国市场，为了应对国际竞争与满足全球生产分工的需求，国内企业将不得不提高生产与能源效率。[213-214] 根据企业异质性理论[215]，与非出口企业相比，参与全球生产分工与贸易的企业的生产效率更高，这主要是因为长期市场竞争的选择。参与全球生产分工与贸易的企业在国际市场竞争中将面临更高的国际市场标准与国际消费者的高质量要求，为了增强国际分工比较优势，提高国际市场竞争力，企业不得不改变传统高投入、高消耗、高排放的生产模式，同时在国内发挥领先示范和竞争效应，引领和刺激行业内生产技术的模仿与赶超[216]，从而提高整个行业的全要素生产率。

与对技术创新效应的异质性影响一致，前向与后向生产环节对生产效率的影响同样存在异质性。前向生产环节较高的生产技术水平与环境规制水平，能够刺激拉动更大的研发创新力度，进而极大地提升生产与能源效率，促进全要素生产率的较快提高。而后向参与国由于技术水平和研发能力的限制，通过参与全球价值链实现的技术创新与突破程度相对较低，对生产效率的拉动作用也相对较弱。

综合考虑技术创新效应与生产效率提升效应来看，两者之间同样存在一定的相关性，即全球价值链嵌入可以通过提升参与国的技术创新水平来提高其生产效率，从而影响碳排放。但从生产效率提升的路径来看，除了自主技术研发，由全球价值链带来的直接生产技术与先进管理经验的溢出学习或产业集聚效应和规模效应的存在，都有助于参与国际分工的国家或行业提升生产效率。因此，在技术效应的实证检验中，本书主要检验全球价值链嵌入通过对技术创新效应、生产效率提升效应的直接影响从而影响碳排放。

综上所述，全球价值链嵌入将通过规模效应、结构效应与技术效应对碳排放产生影响。图3.1刻画了全球价值链嵌入对碳排放影响的作用机制。在规模效应方面，全球价值链嵌入将通过影响生产贸易规模与能源消费规模来影响碳排放；在结构效应方面，全球价值链嵌入将通过产业分工锁定与产业结构升级效应对碳排放产生影响；在技术效应方面，全球价值链嵌入将通过提升技术创新水平与生产效率对碳排放产生影响。同时，考虑参与模式的异质性，前向与后向参与模式对三种效应的影响存在差异，进而对碳排放产生异质性影响。

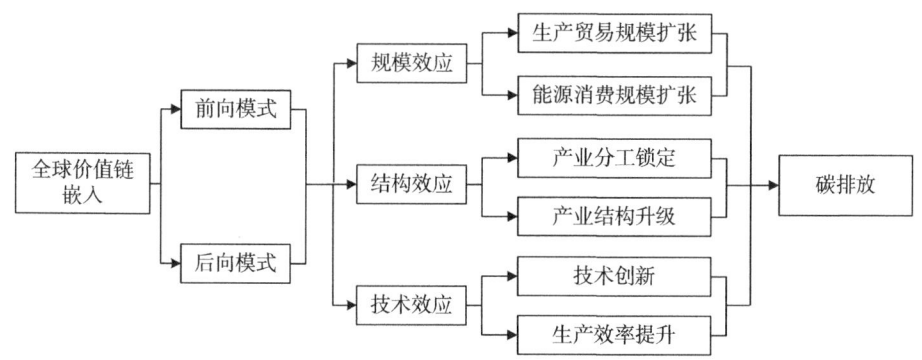

图 3.1　全球价值链嵌入对碳排放影响的作用机制

3.3　本章小结

本章主要从理论层面对国际贸易与气候变化相关理论进行总结分析，并构建了全球价值链嵌入对碳排放影响的作用机制，为后续实证研究提供了理论支持。具体来说，本章介绍了国际贸易与气候变化的相关理论基础，主要包括环境要素禀赋理论和污染避难所假说。从规模效应、结构效应与技术效应三个方面分析全球价值链嵌入对碳排放的影响机制，并选取不同视角对各种效应展开具体分析。针对规模效应，主要从生产贸易规模扩张与能源消费规模扩张视角展开分析；针对结构效应，主要分析产业分工锁定效应与产业结构升级效应；针对技术效应，主要从技术创新效应与生产效率提升效应两个方面进行论述。同时，在对各种效应进行分析的过程中，进一步论述了不同全球价值链嵌入模式会通过对规模效应、结构效应与技术效应的不同影响，进而对碳排放产生差异化影响。

第4章 "一带一路"共建国家全球价值链嵌入与碳排放的特征分析

在全球价值链模式下,产品的生产和分工分布在不同的国家或区域间进行。生产的碎片化极大地降低了参与全球价值链的门槛,其中"一带一路"共建国家是全球价值链的重要参与国。同时,"一带一路"共建国家近年来经济的快速发展不但提高了各国的经济收益,也产生了较多的碳排放,使其成为全球碳排放的重要来源。"一带一路"共建国家间在经济发展水平、能源资源禀赋等方面存在较大差异,这也决定了各国比较优势的差异,从而承担了不同的生产分工;经济发展水平与产业结构等方面的差异也使"一带一路"共建国家表现出不同的碳排放特征。因此,本章一方面构建不同全球价值链嵌入测度指标,从国家(宏观)与行业(微观)视角分析"一带一路"共建国家全球价值链嵌入的特征;另一方面全面分析"一带一路"共建国家整体与行业层面近年来碳排放的演变特征和趋势,为后续的实证分析提供数据基础。

4.1 全球价值链嵌入测度指标模型构建

4.1.1 多区域投入产出模型介绍

1936年,美国经济学家瓦西里·里昂惕夫(Wassily Leontief)提出投入产出分析方法,通过构建投入产出模型,将不同国家与部门之间的投入产出关系通过棋盘的形式表现出来,又称为投入产出表,用于分析国家部门间的经济产业联系。[217] 本书主要以"一带一路"共建国家为研究对象,多区域投入产出模型更适用于本书的研究。基于统一的多区域投入产出模型进行全球价值链嵌入相关指标的测度与分析,能够较好地避免采用不同国家单区域投入产出表存在的形式与标准不统一问题,使各个国家间的结果具有较好的可比性。

在多区域投入产出表中,假设有 G 个经济体,每个经济体中有 N 个行业,则多区域投入产出模型的基本形式如表 4.1 所示。

表 4.1 多区域投入产出模型的基本形式

产出 投入		中间使用			最终使用			总产出
		国家 1	国家 2	国家 G	国家 1	国家 2	国家 G	
中间投入	国家 1	Z_{11}	Z_{12}	Z_{1G}	Y_{11}	Y_{12}	Y_{1G}	X_1
	国家 2	Z_{21}	Z_{22}	Z_{2G}	Y_{21}	Y_{22}	Y_{2G}	X_2
	国家 G	Z_{G1}	Z_{G2}	Z_{GG}	Y_{G1}	Y_{G2}	Y_{GG}	X_G
增加值		VA_1	VA_2	VA_G				
总投入		$(X_1)'$	$(X_2)'$	$(X_G)'$				

根据表 4.1,各国行业间投入产出关系或者里昂惕夫等式可以表示为

$$\begin{bmatrix} X_1 \\ X_2 \\ \vdots \\ X_G \end{bmatrix} = \begin{bmatrix} 1-A_{11} & -A_{12} & \cdots & -A_{1G} \\ -A_{21} & 1-A_{22} & \cdots & -A_{2G} \\ \vdots & \vdots & \vdots & \vdots \\ -A_{G1} & -A_{G2} & \cdots & 1-A_{GG} \end{bmatrix}^{-1} \begin{bmatrix} \sum_1^G Y_{1r} \\ \sum_1^G Y_{2r} \\ \vdots \\ \sum_1^G Y_{Gr} \end{bmatrix}$$

$$= \begin{bmatrix} B_{11} & B_{12} & \cdots & B_{1G} \\ B_{21} & B_{22} & \cdots & B_{2G} \\ \vdots & \vdots & \vdots & \vdots \\ B_{G1} & B_{G2} & \cdots & B_{GG} \end{bmatrix} \begin{bmatrix} Y_1 \\ Y_2 \\ \vdots \\ Y_G \end{bmatrix} \quad (4.1)$$

用矩阵的形式可以简写为

$$X = (1-A)^{-1}Y = BY \tag{4.2}$$

式中，$X = \begin{bmatrix} X_1 \\ X_2 \\ \vdots \\ X_G \end{bmatrix}$ 代表总产出，每个国家有 N 个行业，因此 X 为 $GN \times 1$ 维矩阵，

$X_s(s=1,2,\cdots,G)$ 是 $N \times 1$ 维矩阵，代表国家 s 中 N 个部门的产出。

$A = \begin{bmatrix} A_{11} & A_{12} & \cdots & A_{1G} \\ A_{21} & A_{22} & \cdots & A_{2G} \\ \vdots & \vdots & \vdots & \vdots \\ A_{G1} & A_{G2} & \cdots & A_{GG} \end{bmatrix}$ 是 $GN \times GN$ 维矩阵，代表直接投入系数，由中间

投入 Z 与总产出 X 的比值计算得到；其中 $A_{sr}(s,r=1,2,\cdots,G)$ 是 $N \times N$ 维矩阵，代表从 s 国到 r 国的 n 个部门间的直接投入。$B = (1-A)^{-1}$ 是里昂惕夫逆矩阵，$B_{sr}(s,r=1,2,\cdots,G)$ 是 $N \times N$ 维矩阵，代表国家 r 一单位最终需求对国家 s 总产出的拉动作用。$Y = \begin{bmatrix} Y_1 \\ Y_2 \\ \vdots \\ Y_G \end{bmatrix}$ 是 $GN \times 1$ 维矩阵，代表最终需求。

表4.1为国家—行业二维层面的多区域投入产出模型，在此基础上，考虑研究问题的需求，可以对行业进行进一步划分。例如，本书在后续研究中考虑不同行业的所有权差异，将同一行业企业划分为内资企业与外资企业，进而可以形成国家—行业—企业所有权三维层面的投入产出模型。在此情况下，虽然投入产出模型的划分更为细致，但整体的投入产出关系保持不变，即仍然满足式（4.1）和式（4.2），只是在计算矩阵维度上有所改变。

4.1.2 全球价值链嵌入测度指标构建

Wang 等[218] 以 Koopman 等[77] 提出的基于前向增加值分解框架和基于后

向总产出分解框架为基础，实现了对增加值和总产出从国家、双边与行业层面的分解。基于增加值与总产出分解框架，Wang 等[82-83]进一步改进传统的价值链测度指标，提出一系列基于前向与后向分解框架的全球价值链嵌入测度指标，包括前向/后向参与度、前向/后向生产长度和位置指数等，为本书的全球价值链嵌入测度工作提供了方法参考。各测度指标的具体计算公式如下。

1. 全球价值链参与度相关指标

全球价值链前向参与度：

$$gvc\_f = \frac{V\_gvc}{Va'} = \frac{V\_gvc\_r}{Va'} + \frac{V\_gvc\_d}{Va'} + \frac{V\_gvc\_f}{Va'} \tag{4.3}$$

式中，gvc_f 表示全球价值链前向参与度，即一国或部门中间品出口中的国内增加值（V_gvc）与该国或部门所有出口国内增加值（Va'）的比值；V_gvc_r 表示中间品出口中的国内增加值部分，该产品用于进口商的生产，并直接在进口经济体中消费；V_gvc_d 表示由进口经济体加工并最终返回国内消费的中间品中所包含的国内增加值；V_gvc_f 表示通过进口经济体的加工并最终吸收，且在国外消费的出口中间品所体现的国内增加值。

全球价值链后向参与度：

$$gvc\_b = \frac{Y\_gvc}{Y'} = \frac{Y\_gvc\_r}{Y'} + \frac{Y\_gvc\_d}{Y'} + \frac{Y\_gvc\_f}{Y'} \tag{4.4}$$

式中，gvc_b 表示全球价值链后向参与度，用于衡量一国或部门的最终产品生产中来自全球价值链相关生产和贸易活动的比重；Y_gvc_r 表示国家 r 中间品进口中的增加值，此部分中间品由 s 国从 r 国进口，最终在 s 国生产成最终产品并消费；Y_gvc_d 表示中间品出口所体现的国内增加值，这些中间品首先在国外出口和加工，然后再次进口到国内生产加工成最终产品以满足国内消费或再出口需求；Y_gvc_f 表示国家 s 用于生产其最终产品（供国内使用和出口）的中间品进口所体现的外国附加值。

参考相关研究[185]，本书构建全球价值链总参与度指数（gvc_t）为前向参与度与后向参与度之和，具体计算公式为：

$$gvc\_t = gvc\_f + gvc\_b \qquad (4.5)$$

全球价值链参与度指标主要从参与度方面反映全球价值链的特征，或全球价值链所涉及的附加值在多大程度上是总增加值（前向）或最终需求（后向）的内容。因此，总参与度数值越大，意味着一国参与全球价值链的程度越高；较大的全球价值链前向参与度意味着一个国家参与更多的上游生产环节，而全球价值链后向参与度越高的国家将承担越多的下游生产环节。在整个生产环节中，上游生产环节主要包括产品设计、材料和中间品供应等，下游生产环节主要包括采购和制造、市场营销等。前向和后向或者上游和下游生产环节之间并没有确切的生产环节划分，一个国家或行业在全球价值链中所处的具体生产环节在很大程度上取决于由其资源优势、产业优势和技术水平等决定的比较优势。

2. 全球价值链生产长度与位置指数相关指标

全球价值链生产长度是指在全球生产分工中生产阶段的数量，可以总体反映一国或行业所处的上下游情况。s 国 i 部门的增加值到 r 国 j 部门的最终产品的平均生产长度可以定义为：

$$plvy_{ij}^{sr} = \frac{v_i^s \sum_{T,K}^{G,N} b_{st}^{ik} b_{kj}^{tr} y_j^r}{v_i^s b_{ij}^{sr} y_j^r} \qquad (4.6)$$

将 s 国 i 部门的所有下游部门求和，r 国 j 部门的所有上游产品求和，可以分别得到前向平均生产长度和后向平均生产长度，通过计算前向与后向平均生产长度的比值，可以得到全球价值链位置指数，具体计算公式如下。

全球价值链前向生产长度：

$$plv\_f = plvd\_gvc + plvi\_gvc = \frac{Xv\_gvc}{V\_gvc} \qquad (4.7)$$

全球价值链后向生产长度：

$$ply\_b = plyd\_gvc + plyi\_gvc = \frac{Xy\_gvc}{Y\_gvc} \qquad (4.8)$$

全球价值链位置指数：

$$gvc\_p = \frac{plv\_gvc}{ply\_gvc} \quad (4.9)$$

式中，plv_f 表示全球价值链前向生产长度，用于衡量出口中间品从首次使用到被最终产品吸收的国内增加值经过的平均生产长度；V_gvc 表示出口中间品部分带来的国内增加值；Xv_gvc 表示出口中间品带来的增加值所创造的总产出；ply_b 表示全球价值链后向生产长度，用于衡量从第一次跨境使用到被吸收为一国最终产品的中间品进口所体现的国外增加值的平均生产长度；Y_gvc 表示进口中间品的国外增加值；Xy_gvc 表示进口中间品的国外增加值在国内创造的最终产出；gvc_p 表示全球价值链位置指数，该指数综合考虑了生产长度，是对生产位置的综合衡量。

全球价值链生产长度与位置指数主要从全球价值链生产阶段或所处位置的角度反映一国参与全球价值链的特征。前向生产长度越大或者位置指数越大于1，说明一国或行业主要处于全球价值链的上游位置；后向生产长度越大，说明一国或行业主要处于全球价值链的后向生产环节。

4.2 "一带一路"共建国家与行业范围界定

随着"一带一路"倡议的提出与发展，"一带一路"框架的开放性与包容性吸引了全球众多国家与组织的合作。根据"中国一带一路网"相关数据，截至2024年12月，"一带一路"倡议已吸引150多个国家加入合作，这些国家涵盖范围广泛，既包含新加坡、韩国与奥地利等发达国家，也包含广泛的发展中国家。由于国家间经济发展水平的差距，各个国家国内和国际对其相关统计工作的发展也不均衡。因此，本书根据"中国一带一路网"中涉及的"一带一路"共建国家确定对象范围，综合考虑数据的可获得性，从国家、行业和企业所有权异质性层面对"一带一路"共建国家与行业研究范围的选择列于表4.2中。

具体而言，本书对"一带一路"共建国家碳排放进行分析的数据来源主要为：(1) 国家层面的碳排放数据主要来自世界银行 WDI 数据库，该数据库提供了 1996—2018 年 265 个国家与世界组织的经济发展及能源环境等相关数据；(2) 行业层面的碳排放数据主要来自世界投入产出数据库（WIOD）和国际能源署区分国家与行业层面的能源燃烧相关碳排放数据；(3) 企业所有权异质性层面的碳排放主要由本书计算而得，将各行业的总碳排放按照内资与外资企业在投入产出表中对能源部门的消费比例进行拆分，最终得到各行业内资与外资企业的碳排放。由于 WIOD 和投入产出表以及国际能源署的国家与行业数据方面不匹配的问题，且考虑后文实证分析中其他数据的可获得性，本书对相关国家与行业进行了匹配，最终在第 4~7 章的实证研究中，形成不同的研究时期与国家、行业范围，具体见表 4.2。

同时，在国家层面，为了后续进行国家异质性研究，本书按照国际货币基金组织（IMF）分类标准将所选"一带一路"共建国家分为发达国家与发展中国家。在行业层面，根据国际标准产业分类标准 ISIC Rev.4，对所研究的行业进行了行业匹配与分类。同时，参考赵玉焕等[21] 和 Shi 等[14] 的划分标准，将不同类型行业进一步划分为劳动、资本与技术密集型行业。国家与行业研究范围的界定分别列于附录 A 的表 A1 与表 A2 中。

表 4.2　本书研究对象与时间范围匹配界定

层次	研究对象	国家数量	行业数量	时间范围
国家层面	全球价值链嵌入	42	—	1996—2018 年
国家层面	碳排放	42	—	1996—2018 年
行业层面	全球价值链嵌入	22	33	2000—2018 年
行业层面	碳排放	22	33	2000—2018 年
企业层面	全球价值链嵌入	22	33	2005—2016 年
企业层面	碳排放	22	33	2005—2016 年

"一带一路"共建国家涵盖范围较广，由于数据统计工作的不均衡，本书在国家层面主要集中于对 42 个"一带一路"共建国家的研究，行业层面的研究主要以 22 个"一带一路"共建国家的数据为基础，所选的"一带一路"共建国家具有较强的代表性。为从样本选择维度论证本书样本范围选择的合理性，本部分内容主要选取近年来"一带一路"共建国家碳排放与相关经济指

第4章 "一带一路"共建国家全球价值链嵌入与碳排放的特征分析

标,聚焦从总体层面分析所选样本的现状特征,后续章节将进一步对"一带一路"共建国家全球价值链嵌入与碳排放的变化特征及趋势展开多维分析。从国家涵盖范围来看,所选国家涵盖了广泛的发达国家与发展中国家,综合考虑了"一带一路"倡议在加入国家方面的开放性与广泛性以及不同国家的经济发展水平;且所选国家的经济与碳排放体量在所有"一带一路"共建国家中占比较大,能较好地反映"一带一路"共建国家的总体水平。

如图4.1所示,从碳排放水平来看,本书所选国家层面42个"一带一路"共建国家2005—2018年的碳排放,占世界银行所给的143个"一带一路"共建国家总碳排放的81.77%~83.65%,均值为81.29%;行业层面所选22个"一带一路"共建国家碳排放占比均值为62.10%。从经济总量来看,42个"一带一路"共建国家2005—2018年的GDP占世界银行所给143个"一带一路"共建国家总GDP的比例始终保持在80%以上,均值为81.29%;行业层面所选22个"一带一路"共建国家的GDP占比均值为60.03%。从贸易总量来看,所选42个"一带一路"共建国家2005—2018年贸易额占比均值为81.38%,所选22国的贸易额占比均值为53.77%。因此,总体来看,所选"一带一路"共建国家在涵盖范围与经济、排放体量上都具有较好的代表性,能够保证本书研究结果的可靠性与适用性。

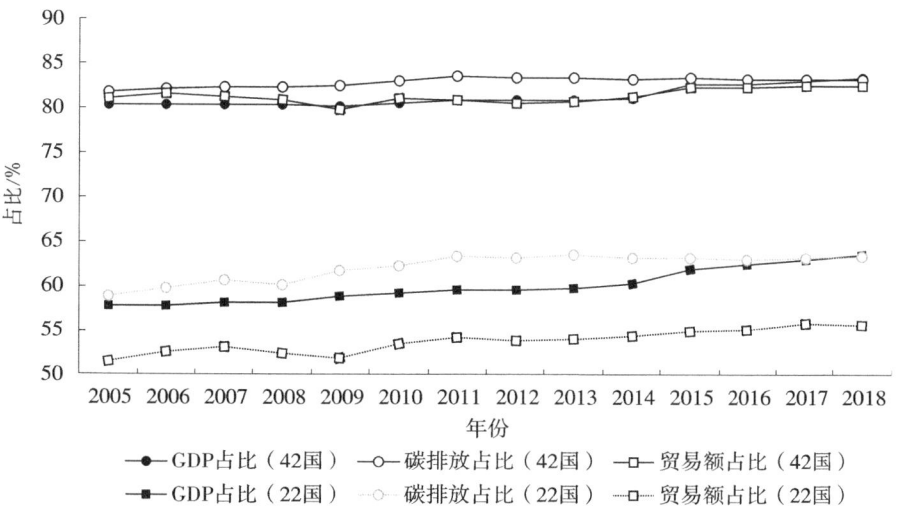

图 4.1 2005—2018年本书所选"一带一路"共建国家经济与排放占比情况

数据来源:根据世界银行数据整理。

4.3 数据来源与处理

对于全球价值链嵌入指标，本书主要从国家整体与行业层面对"一带一路"共建国家全球价值链嵌入指标进行测算与特征分析，所需的主要数据基础为多区域投入产出表。本书使用的国家—行业层面投入产出表主要是基于OECD数据库2021年发布的国家间投入产出表（ICIO），该数据库提供了1995—2018年67个国家与45个行业的投入产出表，以此为数据基础，可以进行国家整体与不同行业的全球价值链嵌入测度指标的测算和分析。此外，本书还从企业所有权异质性视角，考察了在区分内资与外资企业的情况下，不同类型行业全球价值链嵌入的特征，此部分计算所需的投入产出表主要来自OECD于2020年发布的考虑所有权或跨国公司（MNE）的MNE-ICIO，该投入产出表提供了2005—2016年60个国家和33个部门的投入产出数据。基于这些数据，可以测算分析内资与外资企业全球价值链嵌入指标的变化趋势。

对于碳排放，国家层面碳排放数据主要来自世界银行WDI数据库提供的2005—2018年国家总碳排放数据；行业层面碳排放数据主要来自WIOD与IEA提供的2000—2018年分行业碳排放数据；内资与外资企业碳排放主要由本书计算所得，具体操作为，以OECD提供的2005—2016年区分所有权异质性的投入产出表为数据基础，以其中内资与外资企业对能源行业的消费占比为权重，对"一带一路"共建国家33个行业层面的碳排放进行拆分，从而计算得到2005—2016年"一带一路"共建国家内资与外资企业细分行业层面的碳排放。

4.4 "一带一路"共建国家全球价值链嵌入特征分析

4.4.1 国家层面全球价值链嵌入特征分析

基于式（4.3）~式（4.9），本书从国家整体层面，对42个"一带一路"

共建国家 2005—2018 年的全球价值链嵌入系列指标进行测算,并据此从国家宏观层面对"一带一路"共建国家全球价值链嵌入特征进行分析,进一步按照经济发展水平将"一带一路"共建国家划分为发达国家与发展中国家,对比分析不同类型"一带一路"共建国家全球价值链嵌入特征的差异。2005—2018 年国家层面所选 42 个"一带一路"共建国家的全球价值链嵌入指标数据列于附录 B 的表 B1~表 B6 中。

1. "一带一路"共建国家整体全球价值链嵌入特征分析

从整体情况来看,"一带一路"共建国家全球价值链总参与度呈波动上升趋势,且主要以后向参与模式为主。图 4.2 展示了 1996—2018 年本书所选 42 个"一带一路"共建国家全球价值链参与度变化趋势。从图中可以看出,就总参与度情况而言,1996—2018 年"一带一路"共建国家参与全球生产分工的程度不断加深,42 个国家总参与度的平均值从 1996 年的 0.332 上升到 2008 年的 0.433,受金融危机影响,2009 年下降到 0.383,随后逐渐恢复到 2018 年 0.418 的水平。由此可以反映出,"一带一路"共建国家整体上具有较好的参与全球价值链的基础与趋势,是全球生产网络的重要组成部分。

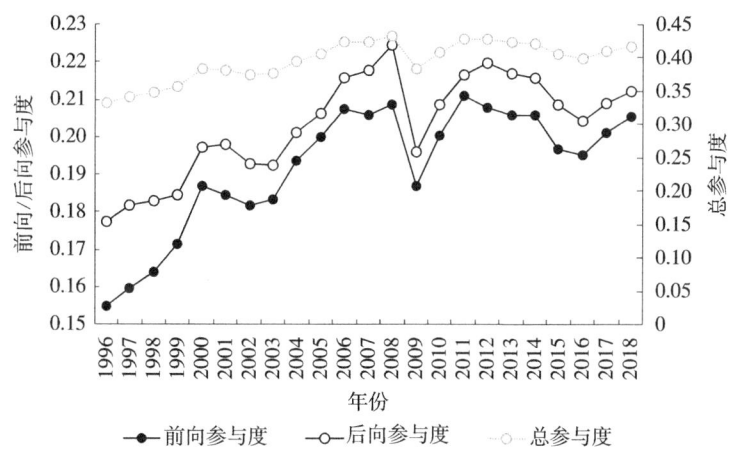

图 4.2 1996—2018 年本书所选"一带一路"共建国家全球价值链参与度变化趋势

从前向与后向参与模式来看,"一带一路"共建国家主要以后向模式参与全球价值链生产分工。"一带一路"共建国家全球价值链前向参与度的平均值从 1996 年的 0.155 上升到 2008 年的 0.209,受金融危机影响,在 2009 年下降幅度较大但在 2011 年恢复至 0.211 的水平，之后缓慢下降到 2016 年的 0.195，又逐渐回升至 2018 年的 0.205。"一带一路"共建国家前向参与度上升缓慢，一方面与金融危机后发达国家的制造业行业回流国内的政策有关，另一方面也受到逆全球化现象的一定影响。[128]

全球价值链后向参与度基本与前向参与度保持一致的变化趋势，但整体上，后向参与度始终高于前向参与度，从 1996 年的 0.177 波动上升到 2018 年的 0.212。由此也反映出，1996—2018 年"一带一路"共建国家主要以后向模式参与全球生产与分工，这种分工模式主要与"一带一路"共建国家的比较优势相关。得益于相对较低的劳动成本与环境规制水平，主要以发展中国家为主的"一带一路"共建国家承接了全球生产分工中较多的加工组装等后向生产环节。

"一带一路"共建国家在全球价值链中的位置呈波动上升趋势。图 4.3 展示了 1996—2018 年本节所选 42 个"一带一路"共建国家全球价值链生产长度与位置指数变化趋势。对位置指数来说，数值越大于 1，说明所处的前向位置越高。2009 年之前，"一带一路"共建国家在全球价值链中的总体位置呈波动下降趋势，位置指数从 1996 年的 1.007 下降到 2009 年的 0.993，金融危机后逐渐增长至 2018 年 1.015 的水平。位置指数的较大波动与"一带一路"共建国家参与全球生产分工的不同阶段有关，这也可以从"一带一路"共建国家生产长度指数的变化中反映出来。

2008 年之前，"一带一路"共建国家凭借劳动力竞争优势，承接了大量来自发达国家的下游生产分工环节，全球价值链后向生产长度增长较快，从 1996 年的 3.773 增长到 2008 年的 3.932。相对而言，全球价值链前向生产长度增长较慢，从 1996 年的 3.794 增长到 2008 年的 3.909。后向生产长度的快速增加导致了"一带一路"共建国家位置指数呈明显下降的趋势。金融危机后，随着全球经济结构的加速调整，一方面，包括"一带一路"共建国家中发达国家在内的大量发达经济体相继提出振兴制造业等经济发展战略，使得"一带一路"共建国家可参与的后向环节数量或后向生产长度增速变缓；另一方面，随着发展中经济体劳动力成本的提升与技术的发展，其可以承接更多的前向生产环节，"一带一路"共建国家的前向生产长度从 2010 年的 3.901 增长到 2015 年的 3.973，之后缓慢下降到 2018 年的 3.918；随着前向生产长度的增加，位置指数在金融危机后波动增长到 1.015 的水平。

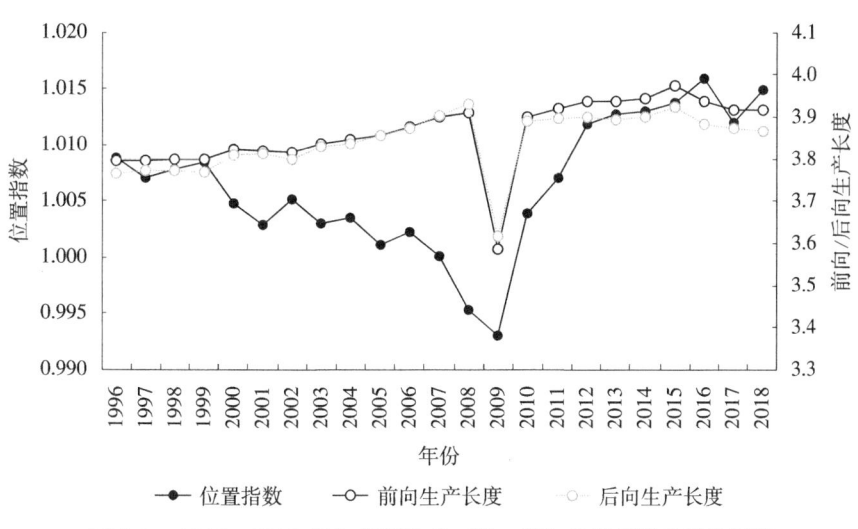

图 4.3　1996—2018 年本书所选"一带一路"共建国家全球价值链
生产长度与位置指数变化趋势

综合考虑全球价值链参与度与位置指数，1996—2018 年，"一带一路"共建国家的位置指数虽然增长较快，但仍维持在略大于 1 的水平。虽然从位置上相对处于较为落后的前向生产环节，但从参与度来看，主要后向生产环节创造的增加值更多，这种不同指数反映出的全球价值链分工上的差异，也与"一带一路"共建国家较为广泛的国家范围有关。因此，后文将进一步对"一带一路"共建国家进行分类，探讨不同类型国家在全球价值链嵌入特征方面的差异。

2. "一带一路"共建国家中发达国家与发展中国家全球价值链嵌入特征分析

为了研究不同经济发展水平的"一带一路"共建国家全球价值链嵌入的不同特征，本书将"一带一路"共建国家划分为发达国家与发展中国家，并对比分析两种类型国家全球价值链嵌入的不同特征与变化趋势。

从参与度来看，发达国家参与全球价值链的程度高于发展中国家。图 4.4 反映了 1996—2018 年"一带一路"共建国家中发达国家与发展中国家全球价值链参与度变化趋势。发达国家的总参与度平均值从 1996 年的 0.372 上升到 2018 年的 0.465，发展中国家的总参与度平均值从 1996 年的 0.305 上升到

2018年的0.386。由此可以看出，发达国家与发展中国家的总参与度都表现出波动上升的趋势，且发达国家的总参与度始终高于发展中国家。

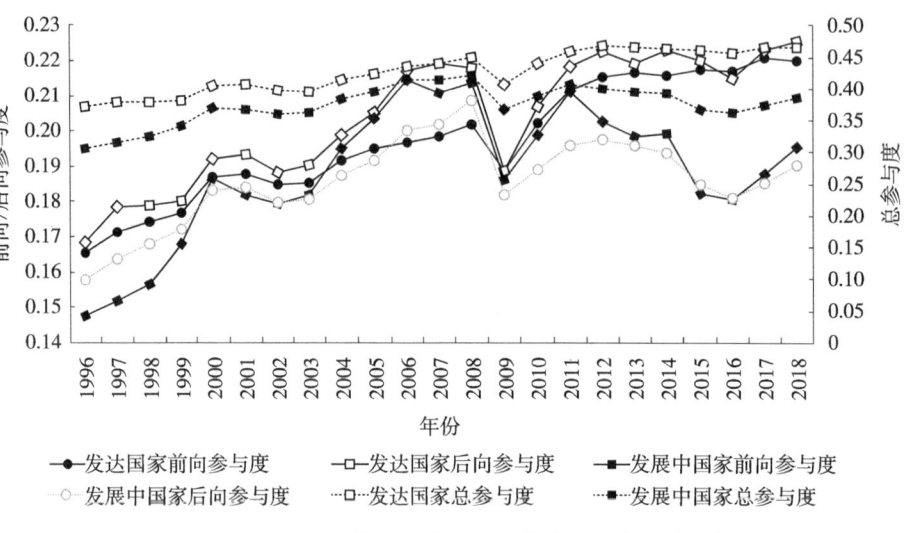

图4.4 1996—2018年"一带一路"共建国家中发达国家与
发展中国家全球价值链参与度变化趋势

进一步区分全球价值链前向与后向参与度，发达国家的前向与后向参与度水平同样高于发展中国家。从图4.4中可以看出，发达国家的前向参与度平均值从1996年的0.165增长到2018年的0.220，相对高于发展中国家2018年0.195的水平。发达国家的后向参与度平均值从1996年的0.168增长到2018年的0.226，而发展中国家的后向参与度平均值从1996年的0.158增长到2018年的0.190。由此可以看出，发达国家不论在前向还是后向生产环节都较为广泛地参与全球价值链。前向与后向参与度是通过前向与后向增加值的获得情况来衡量的。从分工情况来看，发达国家在前向生产环节更具优势，能够通过前向生产环节获得较多的高质量增加值，因而有较高的前向参与度；在后向生产环节，虽然发展中国家可能承担了更多的加工组装等生产环节，但发达国家同样参与后向生产环节，且往往是技术含量更高的生产阶段或服务业环节，因而通过后向参与模式，发达国家同样可以获得比发展中国家更高的增加值收益，因此，发达国家的后向参与度同样更高。

从"一带一路"共建国家在全球价值链中所处的位置来看，尽管发展中国家有较大的前向与后向生产长度，但发达国家的总体位置指数更高。图4.5反映了1996—2018年"一带一路"共建国家中发达国家与发展中国家全球价值链生产长度和位置指数变化趋势。2007年之前，"一带一路"共建国家中发达国家的全球价值链位置指数相对低于发展中国家，发达国家的位置指数从1996年的1.004下降到2007年的0.994，发展中国家的位置指数从1996年的1.012下降到2007年的1.004。2008年之后，发达国家的位置指数快速提升，从2009年的1.005增长到2018年的1.024；而发展中国家的位置指数恢复缓慢，从2009年的0.985波动增长到2018年的1.009，始终低于发达国家水平。这也与"一带一路"共建国家中发达国家与发展中国家前向与后向生产阶段的变动相关。

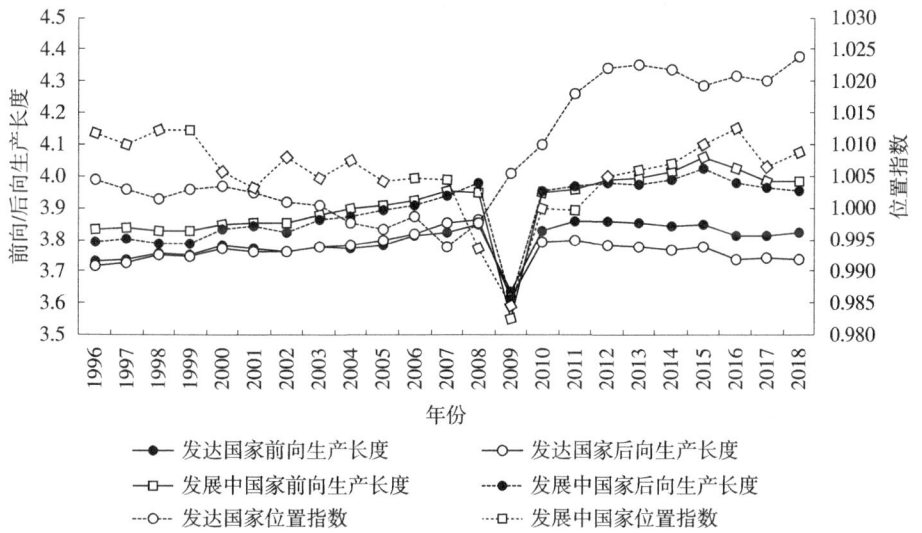

图4.5 1996—2018年"一带一路"共建国家中发达国家与发展中国家全球价值链生产长度与位置指数变化趋势

从全球价值链前向生产长度来看，"一带一路"共建国家中发达国家的前向生产长度相对低于发展中国家。发达国家的前向生产长度从1996年的3.734增长到2008年的3.861，2010年后波动较小，从3.828缓慢下降到2018年的3.823；发展中国家的前向生产长度从1996年的3.835增长到2008年的3.951，从2010年的3.951波动增长到2018年的3.983。"一带一路"共建国家中发展中国家的平均前向生产长度较大的原因可能是，"一带一路"共建国家中很多发展中国家具有丰富的能源资源储备,在全球价值链生产分工中扮演着原材料提供国的角色,如智利主要出口铜矿,印度尼西亚提供石油、天然气,秘鲁出口矿产等。这些国家作为原材料的上游供应商具有较大的前向生产长度,因而拉高了"一带一路"共建国家中发展中国家的整体前向生产长度。而大部分"一带一路"共建国家中发展中国家的主要优势集中在后向生产环节,发展中国家的后向生产长度从1996年的3.809波动增长到2018年的3.953;而发达国家的后向生产长度始终低于发展中国家,从1996年的3.719缓慢增长到2018年的3.739。因此,综合前向与后向生产长度,尽管发展中国家也参与较高的前向生产阶段,但更高的后向生产阶段导致其综合位置指数相对低于发达国家。

因此,综合全球价值链参与度与位置指数来看,"一带一路"共建国家中发达国家具有较大的全球价值链参与度,并处于更高的生产位置。相对而言,虽然发展中国家的前向生产长度较大,但由于前向环节中的分工差异,发展中国家可能主要扮演原材料提供国的角色,而发达国家在前向环节中主要承担产品的设计研发等高技术工作,虽然发达国家的前向生产长度较小,但其通过前向环节获得的增加值收益更大,前向参与度水平更高。

4.4.2 行业层面全球价值链嵌入特征分析

在微观行业层面,本书对2000—2018年22个"一带一路"共建国家细分33个行业的全球价值链嵌入系列指标进行测算,并据此分析"一带一路"共建国家不同行业全球价值链嵌入的特征与变化趋势;进一步按照产业类型与行业要素密集度对33个行业进行细分,对比研究不同类型行业全球价值链嵌入特征的差异。2000—2018年行业层面不同全球价值链嵌入指标数据列于附录B表B7~B12中。

从全球价值链总体参与度来看,"一带一路"共建国家所有行业的总参与度缓慢增长,且不同类型行业间差异较大。图4.6描述了2000—2018年"一带一路"共建国家整体与不同分类行业层面全球价值链总参与度变化趋势。从图中可以看出,"一带一路"倡议22个国家33个行业总参与度的平均值从2000年的0.436增长到2018年的0.550。由此可以看出,"一带一路"共建国家整体行业参与全球价值链分工的程度不断加深。

从不同行业类型来看，制造业比农矿业和服务业参与全球价值链的程度更深。制造业的总参与度平均值从 2000 年的 0.610 波动增长到 2018 年的 0.775，总体高于 2018 年农矿业 0.556 和服务业 0.324 的水平。由此说明，"一带一路"共建国家主要还是以制造业为主参与全球生产分工。

从不同要素密集度行业来看，技术密集型行业的全球价值链参与程度更高。技术密集型行业的总参与度平均值从 2000 年的 0.568 增长到 2018 年的 0.714，而资本和劳动密集型行业的总参与度水平较为接近且表现出相似的变化趋势，2018 年总参与度水平分别为 0.448 和 0.556。由此反映出，"一带一路"共建国家在全球价值链分工中的主要优势还是集中于以技术密集型行业为主的制造业。

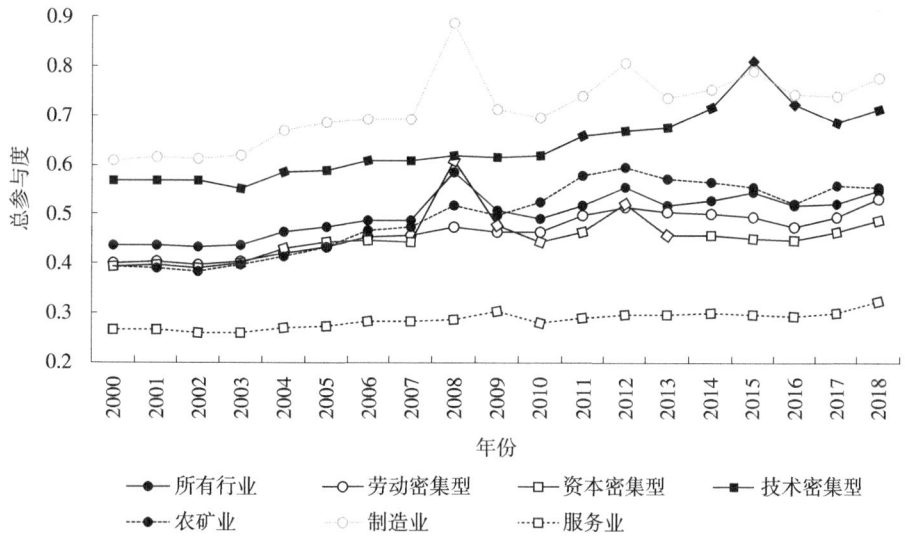

图 4.6 2000—2018 年"一带一路"共建国家行业层面全球价值链总参与度变化趋势

考虑不同的全球价值链前向、后向参与模式，"一带一路"共建国家所有行业的前向参与度相对高于后向参与度，且不同类型行业间差异较大。图 4.7 反映了 2000—2018 年"一带一路"共建国家行业层面全球价值链前向、后向参与度的变化趋势。由图可知，所有行业前向参与度的平均值从 2000 年的 0.203 逐渐增长到 2018 年的 0.289；而后向参与度的波动较小，从 2000 年的 0.234 增长到 2009 年的 0.279，金融危机后呈缓慢下降趋势，从 2011 年的 0.264 下降到 2018 年的 0.261。由此可以看出，金融危机后，随着全球经济与产业结构的调整,"一带一路"共建国家参与全球价值链前向分工的水平逐渐提高,相对地,由于发达国家制造业等行业的国内转移,参与后向分工的程度增长放缓。

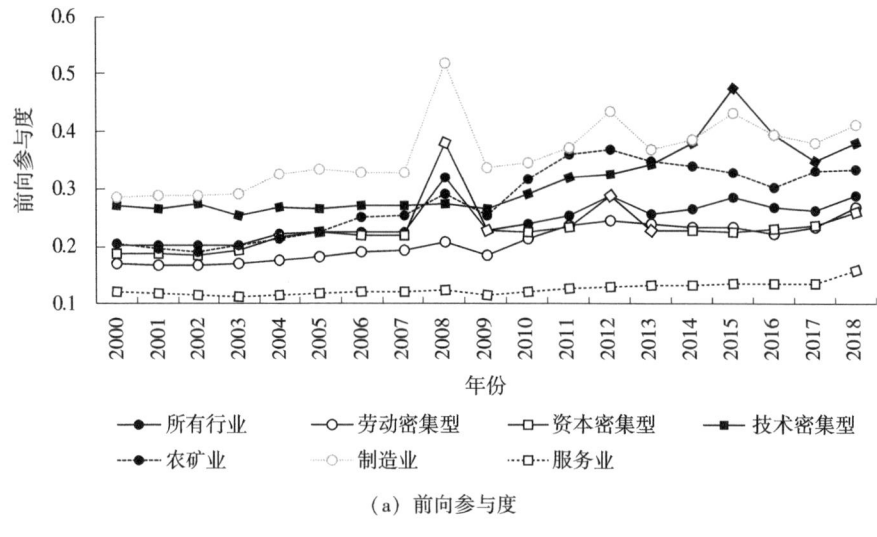

(a) 前向参与度

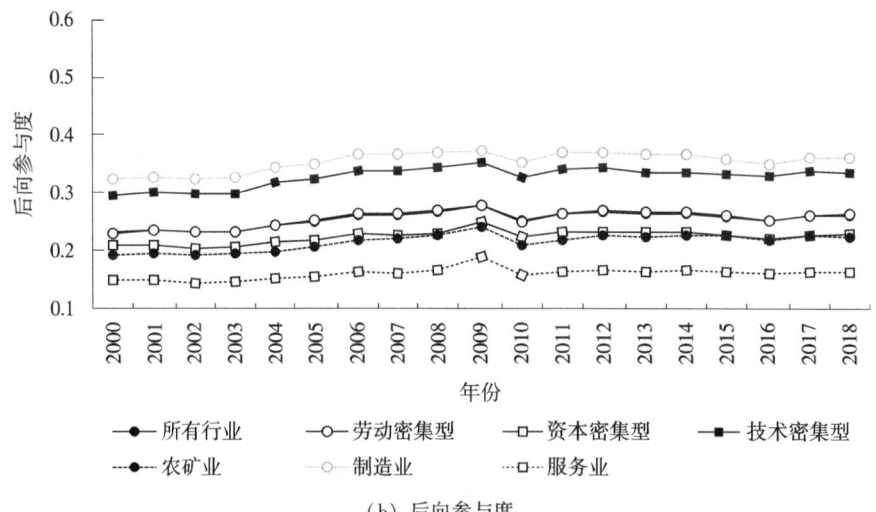

(b) 后向参与度

图 4.7 2000—2018 年"一带一路"共建国家行业层面全球价值链前向、后向参与度变化趋势

农矿业和制造业行业参与前向分工的程度相对高于后向分工,而服务业行业主要以参与后向分工为主。制造业行业的全球价值链前向参与度平均值从 2000 年的 0.286 波动增长到 2018 年的 0.413,相对高于后向参与度 2018 年

0.363 的水平。虽然"一带一路"共建国家制造业在前向生产环节的优势相对较弱,但制造业行业通过前向生产环节能获得更多的增加值。农矿业行业在全球价值链分工中主要提供生产原材料,因此其前向参与度整体高于后向参与度。

2000—2018 年,技术和资本密集型行业的全球价值链前向参与度相对高于后向参与度,劳动密集型行业则相反。技术密集型行业的前向参与度平均值从 2000 年的 0.286 增长到 2013 年的 0.341,此后超越后向参与度(0.335),并在波动中增长到 2018 年 0.379 的水平。资本密集型行业的前向与后向参与度都呈上升趋势,2000—2018 年,前向参与度从 0.186 增长到 0.259,后向参与度从 0.208 增长到 0.223。劳动密集型行业主要以后向参与为主,2018 年后向参与度为 0.263,高于前向参与度 0.259 的水平。

从全球价值链位置来看,除金融危机时期外,"一带一路"共建国家所有行业以及不同类型行业在全球价值链中所处的位置波动较小,但不同类型行业所处的位置差异较大。图 4.8 所示为 2000—2018 年"一带一路"共建国家行业层面全球价值链位置指数变化趋势。由图可知,"一带一路"共建国家所有行业位置指数的平均值除金融危机时期外,呈缓慢下降趋势,从 2000 年的 1.020 下降到 2018 年的 1.018。由此可以看出,"一带一路"共建国家所有行业在全球价值链分工中的位置近年来没有得到明显改善,参与的分工环节变化较小。

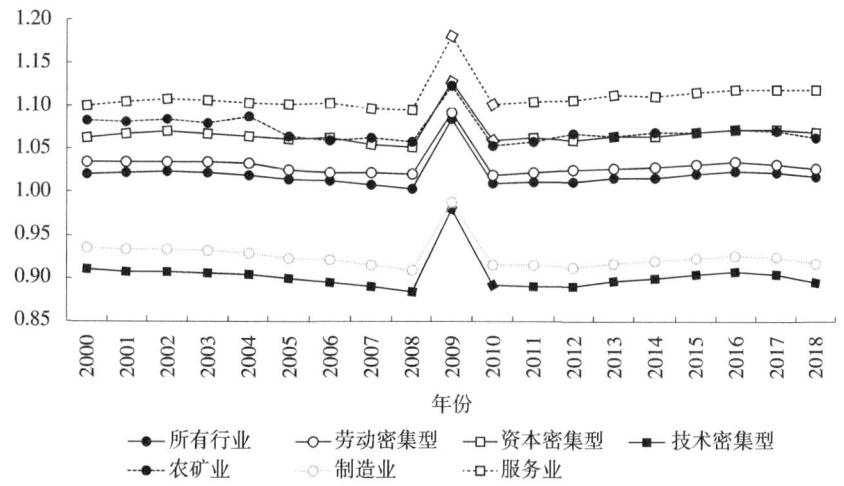

图 4.8 2000—2018 年"一带一路"共建国家行业层面全球价值链位置指数变化趋势

农矿业和服务业在全球价值链分工中处于较为前向的生产位置，而制造业处于较为后向的生产位置。根据图4.8，2000—2018年，农矿业全球价值链位置指数的平均值从1.084下降到1.063，而服务业行业的生产位置从1.100缓慢上升到1.119。相对而言，制造业行业的生产位置较低，从2000年的0.935下降到2018年的0.916。由此可以看出，"一带一路"共建国家制造业行业在全球价值链中的位置相对靠后，主要从事后向生产分工环节。同样地，以制造业为主的技术密集型行业也有较低的位置指数，从2000年的0.910下降到2018年的0.895；而以服务业为主的资本密集型行业的位置指数虽然波动较小，但相对来说保持较高的位置。

具体区分前向与后向生产长度，"一带一路"共建国家所有行业层面相对较大的前向生产长度决定了其较为靠前的分工位置。如图4.9所示，2000—2018年，所有行业的前向生产长度从3.804下降至3.793，后向生产长度从3.728增长至3.727。区分不同类型的行业，制造业的后向生产长度显著大于前向生产长度，而农矿业和服务业则相反。由图4.9可知，除2009年外，"一带一路"共建国家制造业的前向生产长度在2000—2018年波动较小，从3.531变化为3.490，而后向生产长度从3.777增长为3.811。对应的技术密集型行业与制造业基本保持相似的变动趋势，但技术密集型行业的后向生产长度更大，从3.468增长为3.857。除金融危机时期外，服务业的前向生产长度同样波动较小，从2000年的4.044变为2018年的4.077，后向生产长度由2000年的3.675变为2018年的3.645。由此可以看出，由于全球价值链不同环节的行业差异，农矿业和服务业主要位于上游生产阶段，而"一带一路"共建国家制造业的优势环节主要集中在下游生产阶段，具有较大的后向生产长度。

综合全球价值链参与度与位置指数来看，"一带一路"共建国家行业整体层面具有较高的参与度，且处于相对靠前的生产位置。具体从不同行业类型来看，部分类型行业的参与度和生产长度可能出现相悖的情况，如制造业的前向参与度较高，同时有较大的后向生产长度。这一现象可以解释为，当前"一带一路"共建国家的制造业行业所处的位置仍然在后向阶段，但从增加值的获得能力来看，参与前向生产环节获得的增加值更多，因而前向参与度高于后向参与度。同时,不同类型行业之间的全球价值链参与模式存在较大差异,需要后续进行进一步分析。

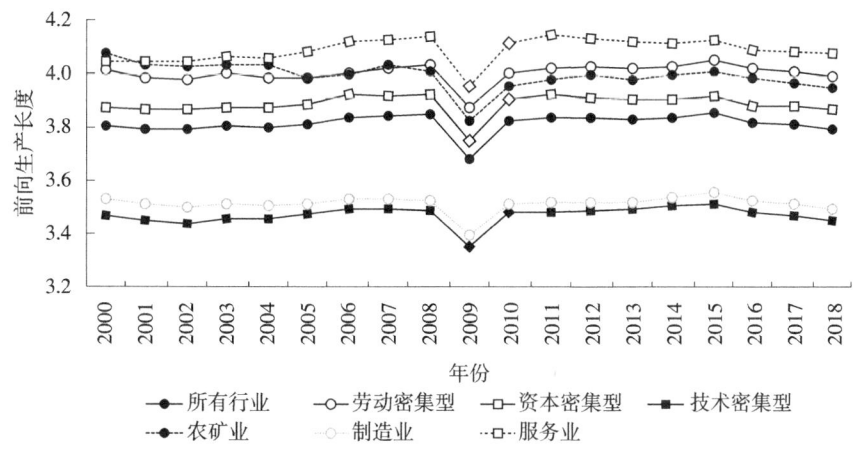

(a) 前向生产长度

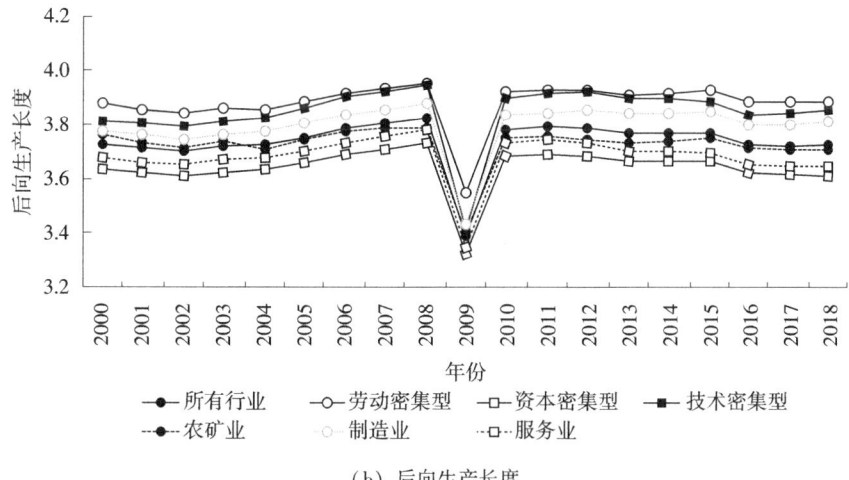

(b) 后向生产长度

图 4.9　2000—2018 年 "一带一路" 共建国家行业层面
全球价值链前向、后向生产长度变化趋势

4.4.3　内资与外资企业层面全球价值链嵌入特征分析

随着跨国分工与贸易的发展,跨国公司在全球价值链中扮演着日益重要的角色。通过在东道国投资设厂,外资公司与国内公司同样可以参与国际产品生产分工与提供服务，对促进一国融入全球价值链发挥了重要作用。为探究不同所有权形式下行业层面全球价值链嵌入特征的差异，本书将一国各行业进一步细分为内资企业与外资企业两个部分，测算并分析其全球价值链嵌入的各项指标并进行对比分析，部分测算结果列于附录 B 的表 B13 中。

2005—2016 年，"一带一路"共建国家内资与外资企业全球价值链参与度波动较小，且内资企业的总参与度相对高于外资企业，内资企业仍是一国参与全球生产分工的主体。如图 4.10 所示，内资企业全球价值链总参与度平均值从 2005 年的 0.486 略下降至 2016 年的 0.470；而外资企业的总参与度则从 2005 年的 0.541 下降至 2016 年的 0.509。由此可见，内资与外资企业参与全球生产分工的程度基本处于较为稳定的趋势。

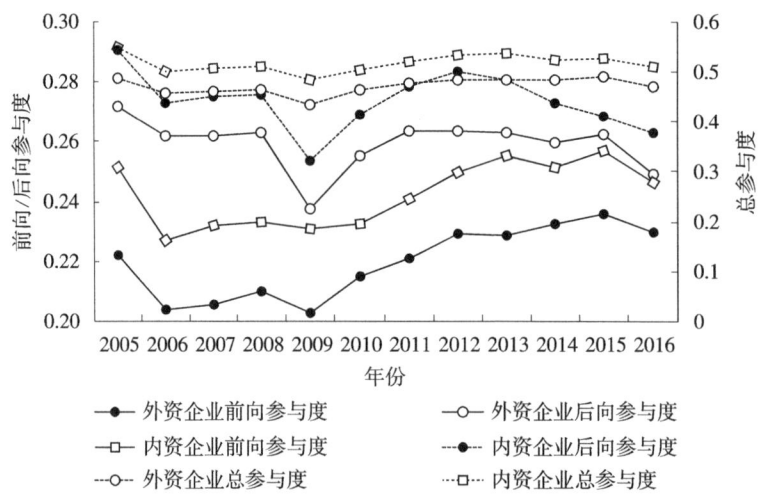

图 4.10 2005—2016 年"一带一路"共建国家内资与外资企业全球价值链参与度变化趋势

具体区分全球价值链前向与后向参与度，内资与外资企业主要以后向模式参与全球生产分工，且内资企业的前向与后向参与度更高。如图 4.10 所示，外资企业的前向参与度从 2005 年的 0.222 增长至 2016 年的 0.230，而后向参与度从 2005 年的 0.272 下降到 2016 年的 0.249。对比来看，内资企业的全球价值链参与度更高，其前向参与度在金融危机后，从 2010 年的 0.233 缓慢增长到 2016 年的 0.246；后向参与度在金融危机后先上升后下降，从 2010 年的 0.269 增长至 2012 年 0.283，随后下降至 2016 年的 0.263。由此可以看出,"一带一路"共建国家参与国际生产分工以内资企业为主,且主要承担后向生产环节;随着近年来产业结构的调整,后向参与度呈下降趋势。

从全球价值链位置来看,"一带一路"共建国家内资与外资企业的生产位置没有出现较大波动,近年来,外资企业的生产位置相对高于内资企业。如图 4.11 所示,"一带一路"共建国家内资企业位置指数的平均值从 2005 年的 1.017 稍下降至 2016 年的 1.004,而外资企业位置指数的平均值从 2005 年的 1.017 稍下降至 2014 年的 1.007 后,之后上升至 2016 年的 1.013。由此可见,在全球生产分工中,"一带一路"共建国家中的外资企业在上游生产阶段的优势相对更大。

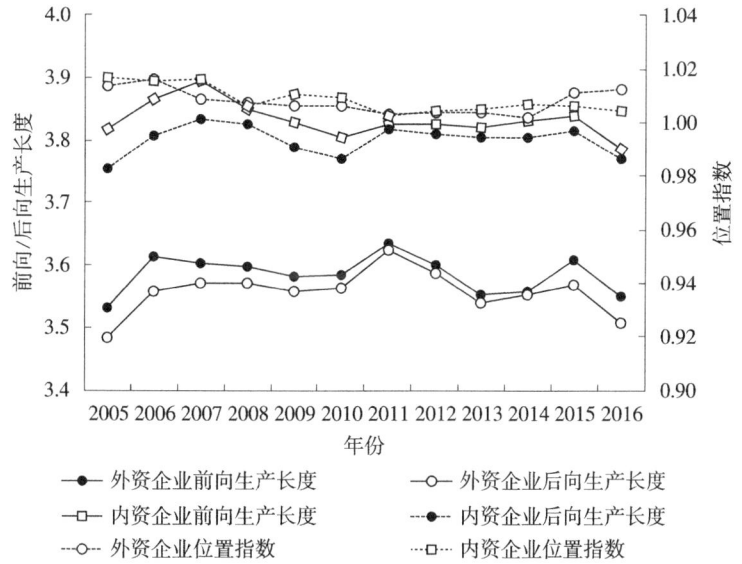

图 4.11 2005—2016 年"一带一路"共建国家内资与外资企业全球价值链生产长度与位置指数变化趋势

具体区分全球价值链前向与后向生产长度,内资与外资企业整体前向生产长度大于后向生产长度,且内资企业的前向、后向生产长度都相对高于外资企业。根据图 4.11,内资企业的前向与后向生产长度呈现相似的变动趋势,即都在波动中略有上升,2016 年分别为 3.551 和 3.507;同样,内资企业的前向、后向生产长度变化趋势类似,2016 年前向与后向生产长度分别为 3.787 和 3.770。

综合分析全球价值链参与度与位置指数可以发现,虽然内资与外资企业整体位于稍微前向的生产位置,但增加值来源于后向生产环节的更多,后向参与度更大。

4.5 "一带一路"共建国家碳排放特征分析

4.5.1 国家层面碳排放特征分析

基于世界银行 WDI 数据库国家层面碳排放数据,本书从国家整体层面对所选 42 个"一带一路"共建国家 1996—2018 年碳排放特征与变化趋势进行分析;进一步将"一带一路"共建国家分为发达国家与发展中国家,研究不同经济发展水平国家碳排放的差异化特征。

1996—2018 年,"一带一路"共建国家整体碳排放呈上升趋势,且不同类型国家间碳排放差异较大。图 4.12 反映了 1996—2018 年"一带一路"共建国家国家层面碳排放变化趋势。由图可知,"一带一路"共建国家整体碳排放经历了不同时期的变化,总碳排放在 2001 年之前增长较缓慢,从 1996 年的 8166.86Mt 增长到 2001 年的 8781.7.86Mt。经济发展早期,"一带一路"共建国家经济增速较慢,对能源资源的消耗相对较少,因而碳排放总量较少、增速较缓。2001—2008 年,随着中国加入 WTO,中国外贸发展带动国内生产与能源消耗的增长,加之"一带一路"共建国家经济开始增长,该时期"一带一路"共建国家碳排放保持较高的增长速度,2011 年已达到 15827.236Mt。金融危机后,随着经济的复苏,2010—2011 年,全球与"一带一路"共建国家经济开始恢复增长,进而拉动碳排放开始快速增长。后危机时代全球经济结构发生调整,"一带一路"共建国家加快产业结构调整与经济转型,加上生产技术的提高、能源效率的改善,"一带一路"共建国家碳排放增速放缓,逐渐增长到 2018 年 17268.48Mt 的水平。

从不同类型国家的碳排放变化趋势来看,"一带一路"共建国家中发展中国家的碳排放量明显高于发达国家。根据图 4.12,"一带一路"共建国家中发达国家的碳排放从 1996 年的 1373.41Mt 增长到 2018 年的 1478.36Mt。由此可以看出,发达国家的碳排放基本维持在较为稳定的状态,这主要是因为发达国家经济发展较早,较早完成了工业革命与产业发展,较为成熟的生产技术决定其相对清洁的生产与较缓慢的碳排放增长。[185] 相对而言,发展中国家总碳排放增长较快,从1996年的6793.45Mt增长到2018年的15790.12Mt;而发展中国家碳排放的增长主要来自中国,1996—2018年中国的总碳排放从3064.88Mt增长到10313.46Mt,其他发展中国家的碳排放从3728.57增长到5476.66Mt。由此可以看出,中国贡献了"一带一路"共建国家中发展中国家主要的碳排放增长,这主要是由中国改革开放以及加入WTO以来快速的经济增长拉动的;随着经济发展的提速,其他发展中国家的碳排放也呈现明显的增长趋势。

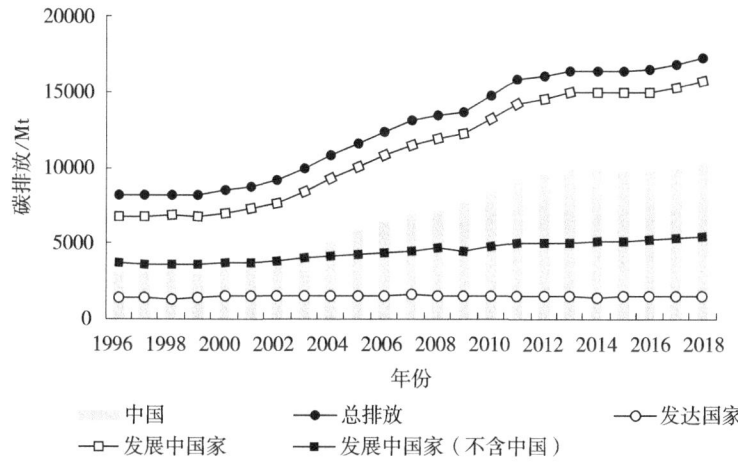

图4.12 1996—2018年"一带一路"共建国家国家层面碳排放变化趋势

4.5.2 行业层面碳排放特征分析

从微观行业层面,本书对2000—2018年22个所选"一带一路"共建国家33个行业的碳排放特征与变化趋势进行分析;进一步按照产业类型与行业要素密集度对33个行业进行细分,对比研究不同类型行业碳排放的差异。

"一带一路"共建国家所有行业中,不同行业的碳排放差异较大。按照不同产业类型分类,服务业行业的碳排放相对高于制造业和农矿业。如图4.13(a)所示,"一带一路"共建国家服务业行业碳排放从2000年的3839.34Mt增长到2018年的9106.22Mt,增长了137.18%;制造业行业碳排放在2000—2018年从1296.88Mt增长到2985.87Mt,增长了130.23%;相对而言,农矿业行业碳排放较少,从130.73Mt增长到190.74Mt,增长了45.91%。服务业行业碳排放较多的主要原因是电热水供应部门，尤其是中国该服务业部门产生了大量碳排放，"一带一路"共建国家该部门整体碳排放从 2000 年的 2562.14Mt 增长到 2018 年的 6503.52Mt，占 2018 年服务业总排放的 71.42%。不考虑电热水供应部门，制造业行业是"一带一路"共建国家碳排放的主要来源，由此反映出工业产品生产中需要更多的能源资源消耗，进而会产生较多碳排放。

从不同要素密集度行业来看，劳动密集型行业的碳排放高于资本与技术密集型行业。如图 4.13（b）所示，"一带一路"共建国家劳动密集型行业碳排放总量从 2000 年的 2872.44Mt 增长到 2018 年的 6900.63Mt，其中电热水行业碳排放占比同样较大；资本密集型行业碳排放从 2000 年的 1555.96Mt 增长到 2018 年的 3526.29Mt，这主要来源于"一带一路"共建国家中资本密集型为主的制造业行业；技术密集型行业相对更为清洁，其碳排放从 2000 年的 838.55Mt 增长到 2018 年的 1855.91Mt。

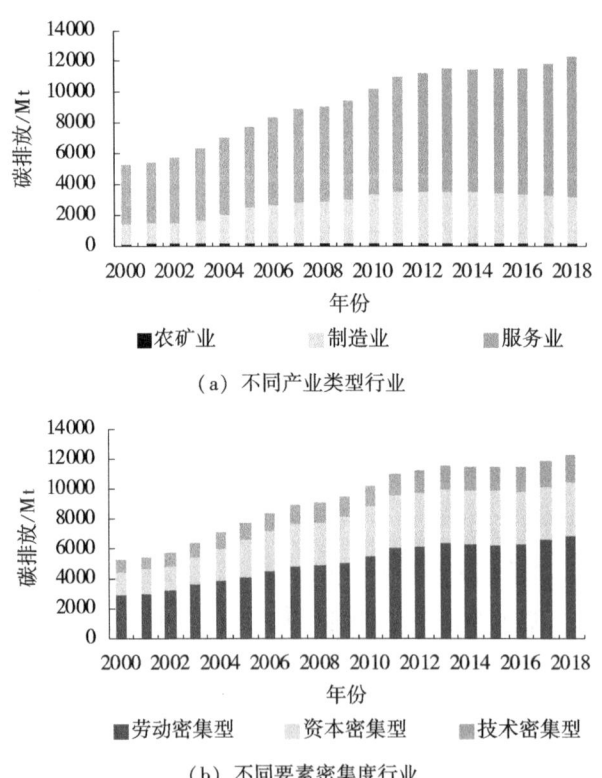

(a) 不同产业类型行业

(b) 不同要素密集度行业

图 4.13 2000—2018 年"一带一路"共建国家行业层面碳排放变化趋势

4.5.3 内资与外资企业层面碳排放特征分析

内资与外资企业是一国国内生产、消费以及进行对外贸易的重要组成部分，本小节分析了"一带一路"共建国家内资与外资企业碳排放的差异。"一带一路"共建国家内资企业碳排放显著高于外资企业碳排放，且不同类型行业碳排放差异较大。如图 4.14（a）所示，内资企业总碳排放从 2005 年的 7191.83Mt 较快增长到 2012 年的 10488.94Mt，随后增速放缓，直至增长到 2016 年的 10836.78Mt。从不同类型行业碳排放来看，与整体层面相似，电热水供应部门较高的碳排放导致服务业内资企业较高的碳排放，从 2005 年的 4986.81Mt 增长到 2016 年的 7760.07Mt。制造业内资企业的碳排放体量同样较大，2005—2016 年从 2032.30Mt 增长到 2884.67Mt；相对地，农矿业行业内资企业的碳排放占比较小。

与内资企业的碳排放相比，"一带一路"共建国家外资企业碳排放总量较少，且近年来呈下降趋势。如图 4.14（b）所示，外资企业的总碳排放从 2005 年的 553.90Mt 增长到 2011 年最高 807.24Mt，随后下降到 2016 年的 666.85Mt，仅为内资企业 2016 年碳排放的 6.15%。外资企业较少的碳排放与其相对较少的能源消耗直接相关。一般而言，外资企业或者能形成跨国经营的跨国公司，往往具有较为领先的产业优势与先进技术，因而相对国内行业可能具有较高的清洁生产能力，进而产生的碳排放也相对较少。从不同类型行业碳排放来看，服务业外资企业同样是碳排放的主要来源，从 2005 年的 303.58Mt 增长到 2016 年的 440.30Mt；制造业行业的碳排放近年来增速放缓，从 2005 年的 247.97 波动下降至 2016 年的 224.49Mt。

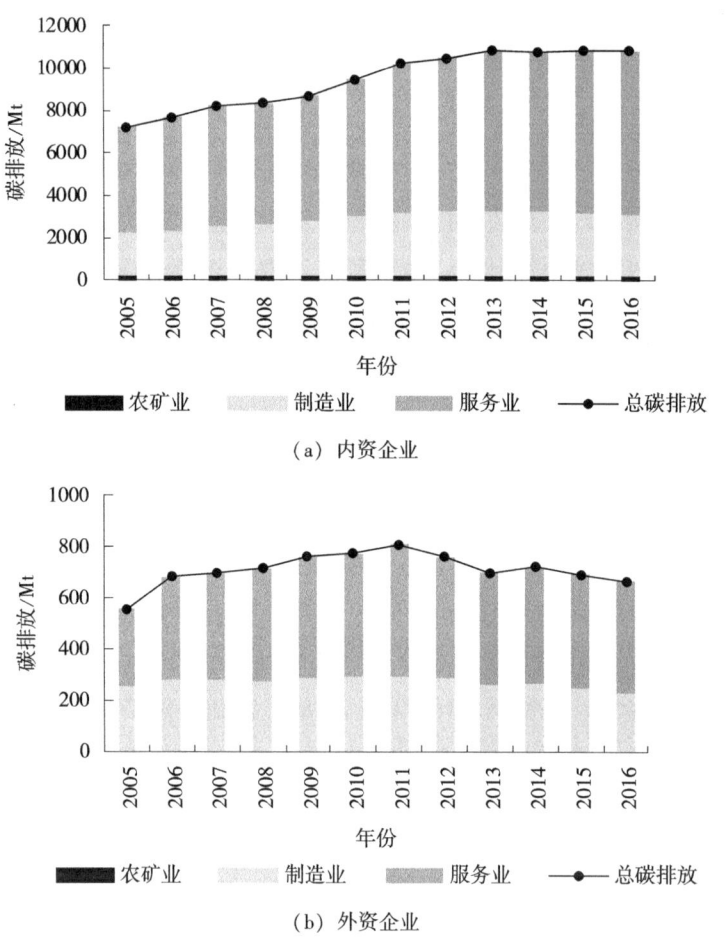

图 4.14　2005—2016 年 "一带一路" 共建国家内资与外资企业碳排放变化趋势

4.6　本章小结

本章主要对 "一带一路" 共建国家全球价值链嵌入与碳排放的特征和变化趋势进行分析。首先，基于增加值与总产出分解框架，综合测算 "一带一路" 共建国家全球价值链参与度、生产长度与位置指数等指标；其次，以 "一带一路" 共建国家碳排放数据为基础，综合分析 "一带一路" 共建国家宏观国家层面以及微观行业层面全球价值链嵌入与碳排放的特征。

从全球价值链嵌入特征来看,在国家层面,"一带一路"共建国家全球价值链总参与度缓慢上升,整体处于较低的前向生产位置,但从参与度来看,主要后向环节创造的增加值更多,后向参与度更大。区分不同类型国家来看,"一带一路"共建国家中发达国家具有较高的全球价值链参与度,并处于更高的生产位置。相对而言,发展中国家的前向生产长度同样较大,但由于生产分工的差异,虽然发达国家的前向生产长度较小,但其通过前向环节获得的增加值收益更大,前向参与度更高。从行业层面来看,"一带一路"共建国家所有行业参与全球价值链分工的程度不断加深,但位置指数呈缓慢下降趋势;制造业行业比农矿业行业和服务业行业参与全球价值链的程度更深,但处于后向生产位置,技术密集型行业的全球价值链参与程度更高,且同样处于后向生产位置。在企业所有权层面,"一带一路"共建国家内资企业的全球价值链参与度相对高于外资企业,但外资企业的生产位置相对高于内资企业。

从碳排放变化特征来看,在国家整体层面,"一带一路"共建国家整体碳排放呈上升趋势;且"一带一路"共建国家中发展中国家的碳排放量明显高于发达国家。从行业层面来看,"一带一路"共建国家服务业行业的碳排放高于制造业和农矿业行业,服务业行业碳排放较多的主要原因是电热水供应部门,尤其是中国该服务业部门产生了大量碳排放。从不同要素密集度行业来看,劳动密集型行业的碳排放高于资本与技术密集型行业。从细分制造业来看,资本密集型制造业碳排放相对高于劳动与技术密集型制造业。从细分服务业来看,"一带一路"共建国家劳动密集型服务业碳排放整体高于资本与技术密集型服务业。在企业所有权层面,"一带一路"共建国家内资企业的碳排放显著高于外资企业的碳排放,且外资企业碳排放近年来呈下降趋势。

第 5 章 全球价值链嵌入对"一带一路"共建国家碳排放影响的实证分析：国家层面

第 4 章从宏观国家层面、微观行业层面以及企业所有权异质性层面对"一带一路"共建国家全球价值链嵌入和碳排放的特征与发展趋势展开分析，发现"一带一路"共建国家全球价值链嵌入和碳排放存在国家、行业与企业所有权层面的异质性特征，因此有必要从不同视角对全球价值链嵌入对"一带一路"共建国家碳排放的影响展开实证检验。本章聚焦宏观视角，从国家层面研究全球价值链嵌入对"一带一路"共建国家碳排放的影响：首先，多角度选取全球价值链嵌入指标，以综合分析不同全球价值链嵌入模式对碳排放的异质性影响；其次，进一步分析在区分国家经济发展水平情况下的国家异质性结果；最后，实证研究不同全球价值链嵌入模式如何通过规模效应、结构效应与技术效应对"一带一路"共建国家碳排放发挥作用。通过本章的分析，能够为"一带一路"共建国家在国家层面通过参与全球价值链促进碳减排的政策制定提供数据与经验支持。

5.1 模型构建与数据来源

5.1.1 基准模型构建与变量说明

借鉴 Jing 等[147]和 Ye 等[207]等构建的全球价值链嵌入的环境效应的实

第5章 全球价值链嵌入对"一带一路"共建国家碳排放影响的实证分析:国家层面

证模型,本书进一步拓展了全球价值链相关指标的选择范围,以"一带一路"共建国家为研究对象,全面研究全球价值链嵌入对"一带一路"共建国家碳排放的影响,具体实证模型构建如下:

$$\ln c_{it} = \alpha_0 + \alpha_1 gvc_{it} + \alpha_2 z_{it} + \delta_i + \mu_t + \varepsilon_{it} \tag{5.1}$$

式中,c_{it} 表示碳排放,是模型的主要被解释变量,并对其进行对数处理;i 和 t 分别表示国家和年份;gvc_{it} 表示不同全球价值链嵌入指标,是本书的主要解释变量;z_{it} 表示控制变量{$\ln pop_{it}$, $\ln pergdp_{it}$, $shfdi_{it}$, $coal_{it}$, cie_{it}},主要包括人口、人均 GDP、FDI、能源结构、能源效率等;α_0、α_1、α_2 为调整系数;δ_i 和 μ_t 分别表示国家和时间固定效应;ε_{it} 表示随机误差项。

各解释变量的具体说明如下:

gvc_{it} 代表{gvc_f_{it}, gvc_b_{it}, gvc_t_{it}, plv_gvc_{it}, ply_gvc_{it}, gvc_p_{it}},是一系列全球价值链嵌入指标,主要包括从增加值视角衡量的参与度系列指标,即总参与度(gvc_t)、前向参与度(gvc_f)、后向参与度(gvc_b);以及从全球价值链分工位置衡量的系列指标,即位置指数(gvc_p)、前向生产长度(plv_f)、后向生产长度(ply_b)。根据第4章的分析,"一带一路"共建国家表现出不同的全球价值链嵌入特征,同时,相关研究发现,不同的全球价值链嵌入指标对碳排放等环境问题的作用存在差异。[219] 因此,在研究全球价值链嵌入的碳排放效应时,有必要充分考虑不同全球价值链嵌入模式的差异化影响。

z_{it} 包含的主要控制变量解释如下:

$\ln pop_{it}$ 是总人口的对数形式,人口的增加意味着对生产与消费需求的增长,因而会拉动国内经济与生产的扩张,其中必然伴随着能源消费的增长,进而导致更多的碳排放。[220-221]

$\ln pergdp_{it}$ 是人均 GDP 的对数形式,该变量主要用于衡量一国经济发展水平。关于经济发展与环境排放之间关系的研究开始得较早,研究者发现两者之间存在显著相关性,并发现两者之间的关系由于研究对象的差异而存在不确定性。[222-223] 因此,本书将该指标纳入控制变量,以便发现"一带一路"共建国家当前经济发展与碳排放之间的具体关系。

$shfdi_{it}$ 表示外国直接投资占 GDP 的比例。随着跨国生产与经营的发展,

FDI 对东道国的环境效应受到广泛关注。对东道国来说，如果 FDI 主要流入污染密集型行业，则会带来更多的环境污染，造成污染天堂效应;[224-226] 相反地，如果 FDI 流入绿色与高技术行业，则能有效减少环境污染，带来污染光环效应。[227-228] 考虑 FDI 对环境的复杂作用，有必要具体探讨 FDI 对"一带一路"共建国家碳排放的具体作用。

$coal_{it}$ 表示化石能源消费占总能源消费的比重，该指标在碳排放相关研究中被广泛用来衡量能源消费结构。[229] 化石能源消费比例的提高，尤其是煤炭的大量使用，将会显著提高碳排放；而更加清洁的可再生能源的使用则有助于降低碳排放。[152] 本书选取化石能源消费占比具体研究能源消费结构对"一带一路"共建国家碳排放的影响。

cie_{it} 表示能源效率，用单位能源消费的碳排放水平表示。能效的提高是应对气候变化和减少碳排放的有效的方法。[230] 该变量是反向变量，即其数值越小，说明能源效率越高。

5.1.2 国家异质性检验模型构建

"一带一路"共建国家覆盖范围较广，其整体经济发展水平与碳排放特征等存在较大差异。为了研究国家异质性的影响，本书进一步将"一带一路"共建国家按照经济发展水平划分为发达国家与发展中国家，通过设定虚拟变量来构建交互项模型，研究全球价值链嵌入对不同类型"一带一路"共建国家碳排放的差异化影响。本书设置虚拟变量 dev，dev 取 1 代表"一带一路"沿线发展中国家，取 0 代表"一带一路"沿线发达国家，构建交互项模型如下：

$$\ln c_{it} = \varphi_0 + \varphi_1 gvc_{it} + \varphi_2 gvc_{it}^* dev + \varphi_3 dev + \varphi_4 z_{it} + \delta_i + \mu_t + \varepsilon_{it} \quad (5.2)$$

5.1.3 影响机制检验模型构建

以第 3 章理论分析为基础，本章同样从规模效应、结构效应与技术效应三个层面对影响机制进行检验，同时每个效应层面根据理论分析从不同视角选取表征变量，多角度研究三种效应在全球价值链嵌入对碳排放影响中发挥的作用。

参考 Ye 等[207] 与蔡宏波等[231] 等相关研究的影响机制检验模型构建思路，本书构建实证模型来研究全球价值链嵌入对碳排放影响的规模效应、结构效应与技术效应。具体模型构建如下：

（1）规模效应。

$$\ln indval_{it} = \alpha_0 + \alpha_1 gvc_{it} + \alpha_2 z_{it} + \delta_i + \mu_t + \varepsilon_{it} \qquad (5.3)$$

$$\ln goser_{it} = \alpha_0 + \alpha_1 gvc_{it} + \alpha_2 z_{it} + \delta_i + \mu_t + \varepsilon_{it} \qquad (5.4)$$

$$\ln elctot_{it} = \alpha_0 + \alpha_1 gvc_{it} + \alpha_2 z_{it} + \delta_i + \mu_t + \varepsilon_{it} \qquad (5.5)$$

（2）结构效应。

$$shmanval_{it} = \alpha_0 + \alpha_1 gvc_{it} + \alpha_2 z_{it} + \delta_i + \mu_t + \varepsilon_{it} \qquad (5.6)$$

$$shmanexp_{it} = \alpha_0 + \alpha_1 gvc_{it} + \alpha_2 z_{it} + \delta_i + \mu_t + \varepsilon_{it} \qquad (5.7)$$

$$shserval_{it} = \alpha_0 + \alpha_1 gvc_{it} + \alpha_2 z_{it} + \delta_i + \mu_t + \varepsilon_{it} \qquad (5.8)$$

$$shmhtval_{it} = \alpha_0 + \alpha_1 gvc_{it} + \alpha_2 z_{it} + \delta_i + \mu_t + \varepsilon_{it} \qquad (5.9)$$

（3）技术效应。

$$shrd_{it} = \alpha_0 + \alpha_1 gvc_{it} + \alpha_2 z_{it} + \delta_i + \mu_t + \varepsilon_{it} \qquad (5.10)$$

$$\ln pat_{it} = \alpha_0 + \alpha_1 gvc_{it} + \alpha_2 z_{it} + \delta_i + \mu_t + \varepsilon_{it} \qquad (5.11)$$

$$\ln gdpene_{it} = \alpha_0 + \alpha_1 gvc_{it} + \alpha_2 z_{it} + \delta_i + \mu_t + \varepsilon_{it} \qquad (5.12)$$

模型（5.3）~模型（5.12）分别为检验三个效应的实证模型。其中，对于规模效应，为了从不同视角检验规模效应发挥作用的方式，本书进一步选取工业增加值（lnindval）代表生产规模效应，用货物与服务出口总额（lngoser）衡量贸易规模效应，用耗电量（lnelctot）表示能源消费规模效应，且均为对数形式。对于结构效应，考虑"一带一路"共建国家制造业的生产与贸易发展相对快于服务业，且"一带一路"共建国家制造业全球生产分工长期主要以后向生产环节为主，因此，本书选择制造业增加值占总行业增加值的比重（shmanval）以及制造业出口占商品出口的比重（shmanexp）代表产业分工锁定效应；选择服务业增加值占比（shserval）以及中高技术制造业出口占总制造业出口的比重（shmhtval）代表产业结构升级效应。对于技术效应，本书选取研发支出占GDP比重（shrd）与专利申请数量的对数（lnpat）代表技术创新效应，用单位产出的能源消耗的对数（lngdpene）衡量生产效率效应。

在模型（5.3）~模型（5.5）中，gvc_{it} 代表全球价值链嵌入指标。本章对影响机制的实证研究中，对全球价值链嵌入指标的选取主要集中于前向参与度、后向参与度与位置指数。一方面，这三个指标在当前研究中应用相对更广，提供了较多的经验支持；另一方面，这三个指标能涵盖参与度与生产位置视角，同时兼顾了前向与后向两个环节。因此，选取这三个指标能较好地反映不同全球价值链嵌入模式对碳排放的影响机制。其他变量的含义与模型（5.1）的设定相同。

5.1.4 数据来源与处理

本章研究所使用的样本数据主要为1996—2018年42个"一带一路"共建国家面板数据。本书中被解释变量所使用的国家层面"一带一路"共建国家碳排放数据主要来自世界银行WDI数据库；主要解释变量即国家层面全球价值链各测度指标——总参与度、前向参与度、后向参与度、位置指数、前向生产长度和后向生产长度，主要由本书计算所得；其他控制变量，包括总人口、人均GDP、FDI占GDP比重、化石能源消费占比、单位能源消费碳排放，以及规模效应、结构效应与技术效应中选取的不同指标等数据同样来自世界银行WDI数据库；相关价格变量按照2010年不变价美元进行平减处理。本书相关变量的描述性统计如表5.1所示。

表5.1 变量描述性统计：国家层面

变量名称	变量代码	样本量	均值	中位数	标准差	最小值	最大值
碳排放	lnc_w	966	10.90	10.88	1.73	6.62	16.15
总参与度	gvc_t	966	0.40	0.36	0.16	0.15	1.01
前向参与度	gvc_f	966	0.19	0.17	0.10	0.04	0.58
后向参与度	gvc_b	966	0.20	0.19	0.09	0.07	0.54
位置指数	gvc_p	966	1.01	1.00	0.06	0.72	1.21
前向生产长度	plv_f	966	3.86	3.84	0.29	2.69	4.92
后向生产长度	ply_b	966	3.84	3.81	0.26	3.19	5.07
化石能源消费占比	$coal$	784	0.77	0.81	0.19	0.13	1.00
单位能源消费碳排放	cie	966	2.37	2.36	0.63	0.53	3.55

续表

变量名称	变量代码	样本量	均值	中位数	标准差	最小值	最大值
总人口	lnpop	966	16.35	16.19	1.71	12.63	21.05
人均 GDP	lnpergdp	919	9.07	9.24	1.24	5.58	11.63
FDI 占 GDP 比重	shfdi	794	0.12	0.03	0.56	-0.58	9.82
工业增加值	lnindval	870	24.14	24.31	1.77	18.89	29.22
货物与服务出口总额	lngoser	916	24.57	24.75	1.48	19.64	28.16
耗电量	lnelctot	783	24.29	24.41	1.63	19.21	29.34
制造业增加值占总行业增加值的比重	shmanval	933	0.16	0.16	0.06	0.00	0.32
制造业出口占商品出口的比重	shmanexp	924	0.62	0.71	0.26	0.00	0.97
服务业增加值占比	shserval	954	0.55	0.56	0.1	0.25	0.79
中高技术制造业出口占总制造业出口的比重	shmhtval	966	0.30	0.28	0.17	0.00	0.88
研发投入占 GDP 比重	shrd	723	1.04	0.78	0.90	0.02	4.95
专利申请数量	lnpat	851	6.04	5.93	2.27	0.00	14.15
单位产出的能源消耗	lngdpene	794	0.10	0.09	0.04	0.03	0.21

5.2 基准回归结果与稳健性分析

5.2.1 基准回归结果分析

基准回归主要是基于模型（5.1），本书从全球价值链参与度与生产位置两个主要视角研究不同全球价值链嵌入模式对"一带一路"共建国家碳排放的影响。其中，参与度视角包括总参与度、前向与后向参与度；生产位置视角包括位置指数、前向生产长度和后向生产长度。除主要解释变量外，本书同时分析了其他控制变量的影响。在进行面板数据回归之前，本书首先进行了豪斯曼（Hausman）检验以进行模型选择，结果表明本书适用固定效应回归模型。

1. 基于全球价值链参与度视角的分析

总参与度指数能够较好地反映一国总体参与全球生产分工的程度，本书首先实证研究全球价值链总参与度对"一带一路"共建国家碳排放的影响，基于固定效应回归的基准回归结果列于表5.2中。表中第（1）、第（2）列报告了模型仅考虑全球价值链总参与度的估计结果，第（3）、第（4）列报告了添加其他控制变量的结果。

表5.2 国家层面基准回归结果：总参与度对碳排放的影响

参数	(1) lnc	(2) lnc	(3) lnc	(4) lnc
gvc_t	0.787***	0.613***	0.008	0.012**
	(0.173)	(0.186)	(0.076)	(0.006)
$coal$			1.406***	1.203***
			(0.134)	(0.149)
cie			0.337***	0.331***
			(0.034)	(0.034)
$lnpop$			1.418***	1.555***
			(0.055)	(0.071)
$lnpergdp$			0.364***	0.437***
			(0.018)	(0.034)
$shfdi$			−0.008	−0.091
			(0.006)	(0.090)
$\_cons$	10.587***	10.893***	−17.549***	−20.276***
	(0.069)	(0.073)	(0.863)	(1.283)
国家固定效应	是	是	是	是
年份固定效应	否	是	否	是
R^2	0.022	0.243	0.806	0.812
N	966	966	737	737

注：括号内为系数估计的稳健标准误，***、**、*分别表示系数在1%、5%和10%水平下显著。

根据表5.2的回归结果，全球价值链总参与度与"一带一路"共建国家的碳排放负相关，在固定效应回归下，不考虑控制变量时，第（2）列中的相关系数为0.613；考虑控制变量时，第（4）列中的相关系数为0.012。这一结果说明，全球价值链参与度的提高将会拉动碳排放增加。主要的原因可能是，随着全球价值链参与度的提高，"一带一路"共建国家将参与更多的国际分工与贸易，进而拉动国内产品的生产与能源消费，虽然在参与全球分工中也能学习更多的先进生产技术与管理经验，但总体能源消费带来的碳排放增长可能会超过技术创新带来的碳减排效应。因此，整体全球价值链参与度提高对"一带一路"共建国家碳排放产生正向拉动作用。[207]

在控制变量中，能源结构（$coal$）和能源效率（cie）与碳排放之间主要呈正相关关系，这意味着不断增长的化石能源消费将显著增加"一带一路"共建国家的碳排放，而提高能源效率是碳减排的有效手段。这一发现与许多从国家或全球角度关注能源消费和碳排放的研究结论一致。[232] 因此，改善能源结构与提高能源效率将是"一带一路"共建国家减少碳排放的有效措施。总人口（$lnpop$）增长将显著增加"一带一路"共建国家的碳排放，许多研究都证实了这一普遍发现，即人口与碳排放之间呈正相关关系。[233-234] "一带一路"共建国家人口的增加导致更多的能源消耗、城市地区的扩张和森林砍伐，最终增加了环境污染和碳排放。[235-236] 人均GDP（$lnpergdp$）与"一带一路"共建国家碳排放呈显著正相关关系。这一发现表明，人均收入或经济发展水平的提升，将会增加"一带一路"共建国家的碳排放。这可能是因为，"一带一路"共建国家包含广泛的发展中国家，其当前仍处于较为落后的发展阶段，随着经济水平的提升，目前仍需要相对较多的能源尤其是化石能源的投入，虽然技术水平与社会的环境保护意识也在提高，但整体较难实现生产效率的质变式提升，经济发展仍会带来较多碳排放增长。

进一步区分全球价值链前向与后向参与度，本书研究不同全球价值链嵌入模式对碳排放的异质性影响。对前向与后向参与度的回归结果列于表5.3中，其中第（1）~（4）列是前向参与度的回归结果，第（5）~（8）列是后向参与度的回归结果。根据表5.3中的结果，不论前向与后向参与度，都与"一带一路"共建国家碳排放呈正相关关系，说明前向与后向参与模式都会拉动"一带一路"共建国家整体碳排放增加，但后向参与模式的拉动作用更大。

对于全球价值链前向参与度，在考虑控制变量的双固定回归中，第（4）列中的前向参与度系数为0.329。由此表明，前向生产联系的加深，将在一定程度上拉动"一带一路"共建国家的碳排放增长。可能的原因是,"一带一路"共建国家整体在前向生产环节的优势较弱,也较难承担技术含量较高的设计研发等核心环节,而是主要以中间品进口加工制造业等为主,因此前向参与度的提高在给"一带一路"共建国家带来增加值收益的同时,其承担的前向生产阶段的相对落后也会拉高对资源能源等的投入,从而在一定程度上拉动碳排放增长。[229]

表5.3 国家层面基准回归结果:前向与后向参与度对碳排放的影响

参数	(1) lnc	(2) lnc	(3) lnc	(4) lnc	(5) lnc	(6) lnc	(7) lnc	(8) lnc
	前向参与度				后向参与度			
gvc_f	1.478*** (0.285)	0.487 (0.299)	0.335*** (0.034)	0.329*** (0.034)				
gvc_b					0.795** (0.314)	1.180*** (0.311)	1.404*** (0.134)	1.206*** (0.147)
$\_cons$	10.615*** (0.055)	10.765*** (0.060)	−17.589*** (0.861)	−20.078*** (1.273)	10.737*** (0.065)	10.899*** (0.067)	−17.505*** (0.860)	−20.277*** (1.272)
控制变量	否	否	是	是	否	否	是	是
国家固定效应	是	是	是	是	是	是	是	是
年份固定效应	否	是	否	是	否	是	否	是
R^2	0.028	0.236	0.806	0.811	0.007	0.246	0.806	0.812
N	966	966	737	737	966	966	737	737

注:括号内为系数估计的稳健标准误,***、**、*分别表示系数在1%、5%和10%水平下显著。

对于全球价值链后向参与度,表5.3中第(6)列和第(8)列的后向参与度系数分别为1.180和1.206,且在1%的水平上显著,表明后向参与度的增加将推高碳排放水平,损害环境的可持续发展。吕越和吕云龙[150]的研究也发现了全球价值链后向参与的"环境污染"效应。其背后的原因可能是,全球价值链下游部门主要由低附加值和高能耗环节组成。受相对落后的生产结构和研发能力的制约,下游发展中国家的能源效率和生产技术落后于发达国家。随着深度融入后向生产部门,获得单位增加值收益将产生更多的碳排放。此外,对进口上游高科技中间品的高度依赖也促使下游参与国将要素投入分配给后向生产环节。[237] 这些低效率的要素分配进一步巩固了发展中国家

第5章　全球价值链嵌入对"一带一路"共建国家碳排放影响的实证分析：国家层面

基于劳动力和资源的比较优势，使其实现技术突破和绿色生产转型更加困难。[238]

前向参与度比后向参与度对碳排放相对较小的拉动作用可能主要源于其较为清洁高效的生产模式。除了最初的生产要素投入，上游环节主要涉及产品设计和开发，并提供高科技中间品。前向参与度的提高虽然带动了参与国生产规模与能源消费规模的扩张，但同时可以有效提高参与国的增值盈利能力和清洁生产能力。此外，上游阶段通常由跨国公司和大型国际买家主导，对环境保护和质量标准的要求更高。[239] 为了满足这些要求，参与国，尤其是发展中国家必须加快技术研发，以加强在追求高质量生产环节方面的比较优势，相对后向参与度更有利于控制碳排放的增长。

2. 基于全球价值链生产位置视角的分析

表5.4汇报了基于固定效应的回归结果，全球价值链位置指数与"一带一路"共建国家的碳排放呈负相关关系，在固定效应回归下，系数基本呈负显著性关系。具体而言，不考虑控制变量时，第（2）列中的系数为-0.922，且在1%的水平上显著；加入控制变量后，第（4）列中的相关系数为-0.389，这意味着全球价值链位置的改善将显著减少碳排放。目前，大多数"一带一路"共建国家在全球价值链中的地位较低，随着在全球价值链中地位的提高，"一带一路"共建国家可以在国际生产部门从事更清洁和更高端的生产，从而减少碳排放。[207] 孙华平和杜秀梅[152]的研究也证明了全球价值链地位提升对环境减排的积极影响。

表5.4　国家层面基准回归结果：位置指数对碳排放的影响

参数	(1)	(2)	(3)	(4)
	lnc	lnc	lnc	lnc
gvc_p	-0.520 (0.351)	-0.922*** (0.318)	-0.412*** (0.139)	-0.389*** (0.143)
$coal$			1.453*** (0.139)	1.300*** (0.143)
cie			0.321*** (0.134)	0.313*** (0.147)

续表

参数	(1) lnc	(2) lnc	(3) lnc	(4) lnc
lnpop			(0.034) 1.446***	(0.034) 1.556***
lnpergdp			(0.055) 0.356***	(0.070) 0.416***
shfdi			(0.017) -0.010*	(0.034) -0.013**
_cons	11.422*** (0.353)	11.620*** (0.323)	(0.006) -17.528*** (0.848)	(0.006) -19.716*** (1.247)
国家固定效应	是	是	是	是
年份固定效应	否	是	否	是
R^2	0.002	0.241	0.808	0.813
N	966	966	737	737

注：括号内为系数估计的稳健标准误，***、**、*分别表示系数在1%、5%和10%水平下显著。

为了考察生产位置视角下不同全球价值链参与模式对碳排放的异质性影响，本书进一步考察了全球价值链前向与后向生产长度对"一带一路"共建国家碳排放的影响，实证结果列于表5.5中。总体来看，前向生产长度对"一带一路"共建国家碳排放的影响不显著，后向参与度提高则会显著拉动"一带一路"共建国家碳排放增加。

根据表5.5中的实证结果，在考虑控制变量的情况下，全球价值链前向生产长度增加对"一带一路"共建国家的碳减排作用不显著，结果没有汇报在表中。可能的原因是，对于前向生产环节，由于"一带一路"共建国家间经济发展水平的差异，在前向生产阶段承担分工环节的差异，在国家层面上对碳排放的影响存在差异，因此，本书在后续分析中将进一步考虑国家异质性的差异化影响。

相对地，与后向参与度类似，全球价值链后向生产长度的提高与"一带一路"共建国家的碳排放显著正相关，表5.5中第（8）列的回归系数为0.083。后向生产长度的提高说明"一带一路"共建国家更深入地融入后向生产环节,但受限于相对落后的生产与服务发展水平,"一带一路"共建国家在后向生产环节深入的生产阶段主要还是集中在高投入、高排放的加总组装等环节,后向服务业环节涉及得较少,因而后向生产长度的提高将进一步引致更多的碳排放。

表5.5 国家层面基准回归结果:前向与后向生产长度对碳排放的影响

参数	(1) lnc	(2) lnc	(3) lnc	(4) lnc	(5) lnc	(6) lnc	(7) lnc	(8) lnc
	前向生产长度				后向生产长度			
plv_f	0.756*** (0.060)	0.634*** (0.068)	−0.010 (0.028)	−0.024 (0.034)				
ply_b					1.140*** (0.066)	1.137*** (0.074)	0.069** (0.032)	0.083** (0.041)
$\_cons$	7.977*** (0.234)	8.285*** (0.261)	−17.567*** (0.858)	−20.007*** (1.250)	6.518*** (0.254)	6.408*** (0.281)	−17.564*** (0.851)	−19.958*** (1.246)
控制变量	否	否	是	是	否	否	是	是
国家固定效应	是	是	是	是	是	是	是	是
年份固定效应	否	是	否	是	否	是	否	是
R^2	0.145	0.301	0.806	0.811	0.244	0.393	0.807	0.812
N	966	966	737	737	966	966	737	737

注:括号内为系数估计的稳健标准误,***、**、*分别表示系数在1%、5%和10%水平下显著。

5.2.2 内生性分析

如果不考虑内生性,估计结果可能会出现偏差和不一致。为了避免内生性问题对实证结果的影响,本书选取以下变量作为工具变量,采用两阶段最小二乘法对基准模型进行重新估计:(1)向高收入经济体的商品出口占商品总出口的比重;(2)铁路里程数;(3)城镇化率。具体来看,三个工具变量都与一国参与全球价值链有较大的相关性,但与碳排放没有直接关系。首先,向高收入经济体的商品出口占商品总出口的比重可以在一定程度上反映一国在国际市场中的商品优势程度,向高收入经济体出口较多,说明一国商品的国际市场需求程度或参与国际分工的程度相对较高,但该指标的大小与碳排放没有直接关系。其次,铁路里程数和城镇化率的提高可以在一定程度上提高国家的贸易便利程度与夯实贸易产品生产基础,有利于促进参与全球生产分工,同样,这两个指标的大小与碳排放没有直接关系。表 5.6 报告了国家层面内生性检验结果。对于参与度相关系数,总参与度、前向与后向参与度的系数大小及符号与表 5.2 和表 5.3 较为一致;同样,对于生产位置相关指标,位置指数与后向生产长度的系数在考虑内生性问题后的结果也与表 5.4 和表 5.5 相似。总体而言,内生性检验结果表明,本研究的估计结果和结论仍然有效。

表 5.6 国家层面内生性检验结果

参数	(1) lnc	(2) lnc	(3) lnc	(4) lnc	(5) lnc
gvc_t	10.698** (4.716)				
gvc_f		4.505*** (0.941)			
gvc_b			0.841*** (0.223)		
gvc_p				−3.609*** (1.058)	
plv_f					
ply_b					0.180 (0.406)
_cons	24.781 (20.705)	−9.389*** (2.953)	−23.789*** (3.119)	−16.999*** (1.978)	−20.052*** (1.437)
控制变量	是	是	是	是	是
国家固定效应	是	是	是	是	是
年份固定效应	是	是	是	是	是
克莱贝根-帕普秩 LM 检验	12.397	17.243	13.075	17.482	18.375
克莱贝根-帕普秩 Wald F 检验	19.753	52.673	39.796	48.236	28.507
N	685	685	685	685	685

注:括号内为系数估计的稳健标准误,***、**、* 分别表示系数在 1%、5% 和 10% 水平下显著。

5.2.3 稳健性分析

为了验证实证结果的稳健性，本书从两个方面设计了稳健性检验：（1）替换被解释变量的数据来源，基准回归使用的碳排放数据主要来自世界银行 WDI 数据库，稳健性检验中替换为 OECD 提供的生产性碳排放（lnc_oecd）数据；（2）替换能源结构控制变量，用化石能源消耗占可再生能源消耗的比重（lncoalren）代替基准回归中的能源结构变量（coal）。稳健性检验结果如表 5.7 和表 5.8 所示，表 5.7 为对全球价值链参与度系列指标的稳健性检验结果，表 5.8 为对生产位置系列指标的稳健性检验结果。

从表 5.7 中可以看出，在所有稳健性检验中，全球价值链总参与度以及前向、后向参与度的系数基本保持为正值，且至少在 10% 的水平上显著，回归结果与表 5.2 和表 5.3 相似。同样，根据表 5.8 的回归结果，由于基准回归中前向生产长度系数不显著，主要考虑位置指数与后向生产长度的稳健性。根据表 5.8 中的稳健性结果，位置指数的系数始终显著为负，后向生产长度的系数显著为正，与表 5.4 和表 5.5 中的基准回归结果相近。因此，以上结果证实了本书研究结果的稳健性，不同全球价值链嵌入模式对"一带一路"共建国家碳排放发挥相异而稳定的作用。

5.3 发达国家与发展中国家异质性结果分析

"一带一路"共建国家涵盖范围较广，本书在国家层面所选的 42 个"一带一路"共建国家由于经济发展水平和资源禀赋条件等的差异，其参与全球生产分工的阶段与位置也存在差异；同时，各国的碳排放水平和应对碳减排的努力也存在差异。为了研究全球价值链嵌入对"一带一路"共建国家碳排放是否存在国家异质性，本书将"一带一路"共建国家按照经济发展水平划分为发达国家与发展中国家，研究不同类型国家全球价值链嵌入对碳排放影响效应的差异。

表 5.7 国家层面稳健性检验结果：参与度视角

参数	(1) lnc_oecd 总参与度	(2) lnc_oecd 总参与度	(3) lnc_oecd 前向参与度	(4) lnc_oecd 前向参与度	(5) lnc_oecd 后向参与度	(6) lnc_oecd 后向参与度	(7) lncoalren 总参与度	(8) lncoalren 总参与度	(9) lncoalren 前向参与度	(10) lncoalren 前向参与度	(11) lncoalren 后向参与度	(12) lncoalren 后向参与度
gvc_t	0.540*** (0.056)	0.302*** (0.089)										
gvc_f			0.256*** (0.034)	0.247*** (0.034)					0.257* (0.141)	0.119*** (0.013)		
gvc_b					0.291** (0.135)	0.667*** (0.147)		0.433*** (0.027)			0.761*** (0.140)	0.913*** (0.151)
lncoalren					0.293*** (0.078)	0.404*** (0.088)	0.144*** (0.012)	0.131*** (0.013)	0.133*** (0.011)		0.155*** (0.012)	0.143*** (0.013)
_cons	−5.520*** (0.883)	−11.907*** (1.277)	−5.713*** (0.881)	−11.164*** (1.275)	−5.391*** (0.877)	−12.002*** (1.257)	−15.218*** (0.843)	−18.242*** (1.286)	−15.589*** (0.847)	−18.019*** (1.308)	−15.076*** (0.831)	−17.870*** (1.267)
控制变量	是	是	是	是	是	是	是	是	是	是	是	是
国家固定效应	是	是	是	是	是	是	是	是	是	是	是	是
年份固定效应	否	是	否	是	否	是	否	是	否	是	否	是
R^2	0.022	0.438	0.018	0.432	0.018	0.432	0.458	0.458	0.458	0.494	0.454	0.493
N	737	737	737	737	737	737	726	726	726	726	726	726

注：括号内为系数估计的稳健标准误，***、**、* 分别表示系数在 1%、5% 和 10% 水平下显著。

第5章 全球价值链嵌入对"一带一路"共建国家碳排放影响的实证分析：国家层面

表5.8 国家层面稳健性检验结果：生产位置视角

参数	(1) lnc_oecd	(2) lnc_oecd	(3) lnc_oecd	(4) lnc_oecd	(5) lncoalren	(6) lncoalren	(7) lncoalren	(8) lncoalren
	位置指数	位置指数	后向生产长度	后向生产长度	位置指数	位置指数	后向生产长度	后向生产长度
gvc_p	−0.357** (0.143)	−0.269* (0.144)			−0.433*** (0.027)	−0.417*** (0.028)		
ply_b			0.352*** (0.019)	0.513*** (0.035)			0.432*** (0.027)	0.418*** (0.028)
lncoalren					0.132*** (0.011)	0.118*** (0.013)	0.131*** (0.011)	0.118*** (0.013)
_cons	−5.604*** (0.870)	−10.736*** (1.254)	−5.614*** (0.874)	−10.918*** (1.253)	−15.722*** (0.840)	−17.753*** (1.301)	−15.736*** (0.841)	−17.700*** (1.302)
控制变量	是	是	是	是	是	是	是	是
国家固定效应	是	是	是	是	是	是	是	是
年份固定效应	否	是	否	是	否	是	否	是
R^2	0.702	0.721	0.699	0.720	0.817	0.822	0.817	0.822
N	737	737	737	737	726	726	726	726

注：括号内为系数估计的稳健标准误，***、**、*分别表示系数在1%、5%和10%水平下显著。

5.3.1 全球价值链参与度视角实证分析

本书首先考察了在经济发展水平存在差异的情况下，不同全球价值链参与度指标对碳排放影响的国家异质性结果。相关实证检验结果列于表5.9中，其中第（1）~（4）列为总参与度结果，第（5）~（8）列为前向参与度结果，第（9）~（12）列为后向参与度结果。

对于全球价值链总参与度，发展中国家通过提升全球价值链参与度拉动的碳排放增长大于发达国家。根据表5.9中第（2）列和第（4）中的实证检验结果，总参与度与国家类型交互项（$gvc\_t×dev$）的系数分别为2.688和0.788，且在1%的水平上显著，说明考虑交互项之后加强了总参与度对碳排放的影响效应。具体而言，与发达国家相比，发展中国家深入参与全球生产分工会引致更多的碳排放。可能的原因是，与"一带一路"共建国家中发达国家相比，发展中国家整体经济水平与绿色发展能力相对较低，在国际生产分工中处于相对弱势的分工地位；通过深入参与全球价值链，其虽然也能从全球生产分工中获得更多的边际技术增长，但总体受生产与能源效率的限制，相对低效的生产与贸易扩张需要更多能源投入的支持，进而引致了更多的碳排放。

进一步区分全球价值链前向与后向参与度，表5.9中第（6）列和第（8）列中的前向参与度交互项的系数显著为正，第（10）列与第（12）列中后向参与度交互项的系数同样显著为正。由此说明，相对于"一带一路"沿线发达国家，前向与后向参与度提高对发展中国家碳排放的拉动作用同样更大，发展中国家碳排放对全球价值链嵌入的变化更为敏感。可能的原因是，以中国、越南等为代表的"一带一路"共建国家中发展中国家参与全球分工的程度不断加深，凭借劳动力与资源等优势在后向生产环节优势更大，长期处于较为落后的生产分工位置。因此，在前向生产环节中，生产位置提升较慢，前向参与度的提高在很大程度上来源于相对固定分工位置的贸易规模的扩大，生产技术的进步速度难以弥补规模扩张带来的能源消费增长，从而引致前向生产环节碳排放的增长。[210] 同样地，在后向生产环节，发展中国家比发达国家承担的分工任务更为广泛，后向参与度的提高对发展中国家碳排放的拉动作用更大。

第5章 全球价值链嵌入对"一带一路"共建国家碳排放影响的实证分析：国家层面

表5.9 发达国家与发展中国家实证检验结果：参与度视角

参数	(1)	(2)	(3)	(4)	(5)	(6)	(7)	(8)	(9)	(10)	(11)	(12)
	lnc	lnc	lnc	lnc	lnc	lnc	lnc	lnc	lnc	lnc	lnc	lnc
	总参与度				前向参与度				后向参与度			
$gvc\_t×dev$	1.352*** (0.370)	2.688*** (0.332)	0.816*** (0.155)	0.788*** (0.158)								
$gvc\_f×dev$					2.649*** (0.688)	6.219*** (0.628)	1.541*** (0.295)	1.387*** (0.314)				
$gvc\_b×dev$									1.376** (0.631)	2.263*** (0.559)	1.113*** (0.258)	1.265*** (0.263)
_cons	10.651*** (0.071)	11.054*** (0.073)	−17.468*** (0.847)	−19.728*** (1.266)	10.717*** (0.061)	11.023*** (0.063)	−17.100*** (0.850)	−18.451*** (1.308)	10.740*** (0.064)	10.914*** (0.067)	−17.720*** (0.850)	−21.013*** (1.260)
控制变量	否	否	是	是	否	否	是	是	否	否	是	是
国家固定效应	是	是	是	是	是	是	是	是	是	是	是	是
年份固定效应	否	是	否	是	否	是	否	是	否	是	否	是
R^2	0.036	0.294	0.813	0.818	0.044	0.311	0.813	0.817	0.012	0.259	0.811	0.818
N	966	966	737	737	966	966	737	737	966	966	737	737

注：括号内为系数估计的稳健标准误，***、**、*分别表示系数在1%、5%和10%水平下显著。

5.3.2 全球价值链生产位置视角实证分析

从全球价值链生产位置视角，本书考察了不同全球价值链嵌入模式对不同经济发展水平"一带一路"共建国家碳排放的异质性影响。相关实证检验结果列于表5.10中，其中第（1）~（4）列为位置指数结果，第（5）~（8）列为前向生产长度结果，第（9）~（12）列为后向生产长度结果。

对于全球价值链生产位置而言，"一带一路"共建国家中发展中国家通过全球价值链地位提升带来的碳减排效应相对低于发达国家。根据表5.10中第（2）列和第（4）列的实证结果，全球价值链位置指数与国家类型交互项（$gvc\_p \times dev$）的系数分别为3.934和0.989，与基准结果中位置指数的系数符号相反。结果表明，与发达国家相比，提升全球价值链分工地位对发展中国家碳减排方面发挥的作用相对较小。相比之下，发达国家主要处于优势上游生产阶段，生产技术水平更高，技术突破或产业结构调整的全球价值链升级能为其带来更多的碳减排红利。而对于发展中国家而言，生产位置提升虽然同样能获得较多的技术溢出以及承担更多清洁生产分工环节，但由于贸易与技术壁垒的存在，难以实现生产技术的较大突破，因而对碳减排的作用受到限制，减排潜力仍有待进一步开发。

从全球价值链前向与后向生产长度来看，相对于"一带一路"共建国家中发达国家，发展中国家前向生产长度的提升带来的碳减排效应相对较小，而后向生产长度增加引致的碳排放相对更多。在基准回归中，虽然前向生产长度系数不显著，但在稳健性与内生性分析中，整体表现为负相关关系，由此反映出前向生产长度整体有助于"一带一路"共建国家碳减排。考虑交互项，表5.10中第（6）列和第（8）列的前向生产长度与交互项的系数分别为0.954与0.149，且在1%的水平上显著，由此反映出相对于发达国家，发展中国家前向生产长度的提高减弱了碳减排效应。第（10）列与第（12）列中后向生产长度与交互项的系数为正，说明后向生产长度对发展中国家碳减排的拉动作用增强。碳减排效应主要与两种类型国家的经济技术发展水平及其在全球生产分工中承担的生产环节相关。凭借生产与技术优势，发达国家占据较多的前向生产阶段，通过前向生产长度的进一步跃升，涉及更多高附加

第 5 章 全球价值链嵌入对"一带一路"共建国家碳排放影响的实证分析：国家层面

表 5.10 发达国家与发展中国家实证检验结果：生产位置视角

参数	(1) lnc	(2) lnc	(3) lnc	(4) lnc	(5) lnc	(6) lnc	(7) lnc	(8) lnc	(9) lnc	(10) lnc	(11) lnc	(12) lnc
	位置指数				前向生产长度				后向生产长度			
gvc_p×dev	1.384* (0.787)	3.934*** (0.709)	1.104*** (0.299)	0.989*** (0.318)								
ply_f×dev					0.839*** (0.156)	0.954*** (0.144)	0.096 (0.065)	0.149*** (0.067)				
ply_b×dev									0.873*** (0.163)	0.547*** (0.154)	0.337*** (0.070)	0.352*** (0.071)
_cons	11.608*** (0.368)	12.197*** (0.334)	−17.450*** (0.841)	−18.739*** (1.278)	8.692*** (0.266)	9.221*** (0.291)	−17.793*** (0.871)	−20.914*** (1.312)	7.186*** (0.280)	6.843*** (0.305)	−8.470*** (0.858)	−1.040*** (1.244)
控制变量	否	否	是	是	否	否	是	是	否	否	是	是
国家固定效应	是	是	否	是	是	是	否	是	是	是	否	是
年份固定效应	否	是	否	是	否	是	否	是	否	是	否	是
R^2	0.006	0.266	0.812	0.816	0.171	0.334	0.806	0.813	0.267	0.401	0.813	0.819
N	966	966	737	737	966	966	737	737	966	966	737	737

注：括号内为系数估计的稳健标准误，***、**、* 分别表示系数在 1%、5% 和 10% 水平下显著。

值、低排放的设计研发等优质生产环节，生产过程更加清洁；而发展中国家在前向生产位置中相对靠后，前向生产长度的提升带来的技术突破与碳减排效应相对较弱。在向后向生产阶段延伸的过程中，由于生产技术水平的差异，"一带一路"共建国家中发展中国家在高能耗、高排放的生产位置更有优势，而发达国家即使在后向生产环节中仍可以承担技术要求相对较高的生产环节或服务业环节。因此，后向生产长度的提高给发展中国家带来了更多的碳排放。

5.4 国家层面全球价值链嵌入对碳排放影响机制的实证分析

基于模型（5.3）~（5.12），本书主要运用固定效应模型从规模效应、结构效应与技术效应层面对全球价值链嵌入对"一带一路"共建国家碳排放的影响机制进行检验。一方面，验证本书第3章理论层面影响机制的合理性；另一方面，有助于更全面地探索全球价值链嵌入对碳排放产生影响的作用路径，以充分发挥参与全球价值链的环境治理减排效应。

5.4.1 规模效应的影响路径分析

一国经济的发展与产品生产贸易规模的扩张，必然也会同时拉动对资本能源等生产要素的投入，而化石能源消费是碳排放的主要来源，因此，一国生产贸易和能源消费规模的扩张将同步拉动碳排放的增长。从规模效应视角，本章主要从生产贸易规模与能源消费规模两个层面进行分析，集中考察不同的全球价值链参与模式如何通过对规模效应的差异化影响来影响碳排放。

1. 生产贸易规模扩张效应

从生产贸易规模视角，本书主要考察了全球价值链嵌入对工业增加值（lnindval）和货物与服务出口总额（lngoser）的影响，实证结果列于表5.11中。根据表中的实证结果，全球价值链前向与后向参与度对工业增加值和货物与服务出口总额的影响系数主要为正，而位置指数对两个规模效应指标的影响主要为负。由此说明，全球价值链参与度的加深整体上能拉动"一带一路"共建国家生产规模的扩张,而生产位置的提高对生产与贸易规模有一定的抑制作用。

"一带一路"共建国家主要以工业制造业为主参与全球价值链,在深入参与全球生产分工的过程中,为了满足国际市场的需求,国内将进一步扩大产品的生产规模,创造更多工业增加值,国际贸易总额也逐步提高。一般而言,在不考虑技术升级的情况下,产品生产规模的扩张一般会同步拉动更多的能源资源投入,进而会带来一定的环境污染排放等,因此,前向、后向参与度提高会通过拉动生产与贸易规模而增加碳排放。考虑不同的参与模式,后向参与度对生产与贸易规模的拉动作用相对高于前向参与度与位置指数。这主要是因为"一带一路"共建国家承担了较多的以高消耗、高排放为特征的后向分工环节,后向参与度的提高又将进一步带动生产规模扩张与能源消费的增加,从而进一步拉动碳排放增长。

相对而言,全球价值链位置指数的提高会抑制生产与贸易规模的扩张。前向参与度与位置指数提高都能带动参与国产业向更加清洁、高效的方向发展。虽然这两个指数的提升在一定程度上都可以反映全球价值链升级,但两者的视角存在差异,前向参与度提高可能是参与国加深了在某一特定前向生产环节的分工参与程度,从而获得了更多的前向增加值;而位置指数提高代表在生产阶段中实现了向更为前向的生产位置跃升,承担更多的高附加值分工阶段。对"一带一路"共建国家而言,由于生产技术水平的限制,其全球价值链位置指数提升受到限制,虽然高质量增加值的获利能力得到提高,但总增加值体量相对后向生产环节可能会出现下降,对生产与贸易的拉动作用减弱,从而促进碳减排。

2. 能源消费规模扩张效应

从能源消费规模视角,能源是产品生产与经济增长的必要投入,能源消费规模的扩张基本上是与经济增长同步进行的,因而全球价值链各指标对能源消费规模影响的大小和特征差异与其对生产贸易规模的影响较为一致。根据表5.12,第(1)~(4)列中全球价值链前向参与度对能源消费规模的拉动作用不显著,但整体表现为正相关,而第(5)~(8)列中后向参与度提高能显著拉动能源消费增长;第(9)~(12)列中全球价值链位置指数对能源消费的影响基本上显著为负。

对比全球价值链前向与后向参与度，后向生产环节产品生产过程中需要更多的能源投入，且"一带一路"共建国家的生产与能源效率相对较低，深入后向分工环节将会拉动更多的能源消费，进而增加碳排放。相对而言，生产位置的提高能显著减少生产过程中的能源投入。这主要是因为，前向生产环节，尤其是生产位置较高的产品设计研发等环节是典型的低能耗、高附加值的高质量生产环节，随着生产位置的提升，生产技术的提高能有效提升生产与能源效率，使产品的生产更加清洁、高效，对能源投入的需求下降，从而有助于减少碳排放。

5.4.2 结构效应的影响路径分析

从产业结构的视角，一国的碳排放与本国产业结构的调整具有较大的相关性。一般而言，一国产业结构升级较慢，长期以低端产业发展为主，则往往伴随高能耗、低效率的生产特征，不利于碳减排；相反，一国产业升级调整较快且注重高质量产业发展，则能加速产业生产与能源等技术的突破，更能支持一国环境治理与可持续发展。因此，从结构效应视角，本部分分析主要选取制造业增加值占总行业增加值比重（*shmanval*）和制造业出口占商品出口的比重（*shmanexp*）代表产业分工锁定效应，选择服务业增加值占比（*shserval*）以及中高技术制造业出口占总制造业出口的比重（*shmhtval*）代表产业结构升级效应，以此研究不同全球价值链嵌入模式如何通过结构效应影响"一带一路"共建国家整体碳排放。

1. 产业分工锁定效应

考虑"一带一路"共建国家主要以制造业行业为主参与全球生产分工，而且承担了较多发达国家转移的低附加值、高排放后向生产环节；同时，从产业生产特征来看，制造业行业的生产过程需要更多的能源消耗，产生更多碳排放，因而在研究产业分工锁定效应时，本书主要用制造业行业的生产与贸易相关指标进行衡量。全球价值链对产业分工锁定效应影响的实证检验结果见表5.13。

第5章 全球价值链嵌入对"一带一路"共建国家碳排放影响的实证分析：国家层面

表5.11 国家层面规模效应实证检验结果：生产与贸易规模效应

参数		(1) ln*indval*	(2) ln*indval*	(3) ln*indval*	(4) ln*indval*	(5) ln*indval*	(6) ln*indval*	(7) ln*indval*	(8) ln*indval*	(9) ln*indval*	(10) ln*indval*	(11) ln*indval*	(12) ln*indval*
		前向参与度				后向参与度				位置指数			
生产规模效应	gvc_f	2.800*** (0.333)	-0.193 (0.288)	0.370*** (0.140)	0.264* (0.136)								
	gvc_b					2.804*** (0.399)	-0.164 (0.329)	0.049 (0.162)	0.815*** (0.151)				
	gvc_p									-1.213*** (0.433)	-1.499*** (0.314)	-0.524*** (0.160)	-0.231* (0.140)
	_cons	23.617*** (0.063)	23.778*** (0.059)	5.778*** (0.962)	-8.088*** (1.228)	23.601*** (0.078)	23.776*** (0.068)	6.133*** (0.960)	-9.074*** (1.208)	25.363*** (0.436)	25.264*** (0.320)	6.117*** (0.951)	-7.420*** (1.206)
	R^2	0.079	0.500	0.889	0.922	0.056	0.500	0.888	0.925	0.009	0.513	0.890	0.922
	N	870	870	665	665	870	870	665	665	870	870	665	665

续表

参数	(13) lngoser	(14) lngoser	(15) lngoser	(16) lngoser	(17) lngoser	(18) lngoser	(19) lngoser	(20) lngoser	(21) lngoser	(22) lngoser	(23) lngoser	(24) lngoser
		前向参与度				后向参与度				位置指数		
gvc_f	7.393*** (0.388)	2.780*** (0.244)	2.888*** (0.236)	2.174*** (0.252)								
gvc_b					7.372*** (0.434)	2.776*** (0.260)	3.113*** (0.224)	2.621*** (0.233)				
gvc_p									−0.265 (0.546)	−0.835*** (0.274)	0.412 (0.258)	0.114 (0.246)
_cons	23.132*** (0.077)	23.430*** (0.050)	−0.003 (1.429)	12.476*** (2.130)	23.049*** (0.090)	23.369*** (0.057)	0.825 (1.394)	12.752*** (2.033)	24.840*** (0.551)	24.712*** (0.280)	−0.879 (1.579)	16.440*** (2.214)
R^2	0.294	0.799	0.853	0.867	0.249	0.796	0.861	0.876	0.000	0.771	0.820	0.852
N	916	916	700	700	916	916	700	700	916	916	700	700
控制变量	否	否	是	是	否	否	是	是	否	否	是	是
国家固定效应	是	是	是	是	是	是	是	是	是	是	是	是
年份固定效应	否	是	否	是	否	是	否	是	否	是	否	是

注：括号内为系数估计的稳健标准误，***、**、*分别表示系数在1%、5%和10%水平下显著。

第5章 全球价值链嵌入对"一带一路"共建国家碳排放影响的实证分析：国家层面

表5.12 国家层面规模效应实证检验结果：能源消费规模效应

参数	(1) lnelctot	(2) lnelctot	(3) lnelctot	(4) lnelctot	(5) lnelctot	(6) lnelctot	(7) lnelctot	(8) lnelctot	(9) lnelctot	(10) lnelctot	(11) lnelctot	(12) lnelctot
	前向参与度				后向参与度				位置指数			
gvc_f	3.244*** (0.335)	-0.398 (0.293)	0.270 (0.172)	0.192 (0.195)								
gvc_b					3.090*** (0.358)	-0.253 (0.292)	0.444** (0.178)	0.430** (0.201)				
gvc_p									-0.363 (0.423)	-0.478* (0.287)	-0.528*** (0.186)	-0.651*** (0.190)
$\_cons$	23.668*** (0.065)	23.992*** (0.055)	-15.780*** (1.160)	-13.253*** (1.723)	23.665*** (0.073)	23.975*** (0.060)	-15.688*** (1.154)	-13.677*** (1.724)	24.652*** (0.426)	24.412*** (0.292)	-16.015*** (1.144)	-12.528*** (1.685)
控制变量	否	否	是	是	否	否	是	是	否	否	是	是
国家固定效应	是	是	是	是	是	是	是	是	是	是	是	是
年份固定效应	否	是	否	是	否	是	否	是	否	是	否	是
R^2	0.112	0.573	0.841	0.844	0.091	0.573	0.842	0.845	0.001	0.574	0.843	0.847
N	783	783	721	721	783	783	721	721	783	783	721	721

注：括号内为系数估计的稳健标准误，***、**、*分别表示系数在1%、5%和10%水平下显著。

表 5.13 国家层面结构效应实证检验结果：产业分工锁定效应

参数	(1)	(2)	(3)	(4)	(5)	(6)	(7)	(8)	(9)	(10)	(11)	(12)
	shmanval	shmanval	shmanval	shmanval	shmanval	shmanval	shmanval	shmanval	shmanval	shmanval	shmanval	shmanval
	前向参与度				后向参与度				位置指数			
gvc_f	0.041 (0.033)	0.144*** (0.038)	0.096** (0.046)	0.285*** (0.049)								
gvc_b					0.041 (0.036)	0.135*** (0.040)	0.105** (0.048)	0.269*** (0.050)				
gvc_p									−0.109*** (0.040)	−0.078* (0.040)	−0.008 (0.050)	0.048 (0.049)
_cons	0.156*** (0.007)	0.149*** (0.008)	2.075*** (0.304)	−1.350*** (0.430)	0.156*** (0.007)	0.147*** (0.009)	2.091*** (0.305)	−1.144*** (0.427)	0.274*** (0.040)	0.249*** (0.041)	1.989*** (0.302)	−0.878** (0.434)
R^2	0.002	0.074	0.128	0.264	0.001	0.071	0.128	0.259	0.008	0.063	0.122	0.227
N	933	933	711	711	933	933	711	711	933	933	711	711

第5章 全球价值链嵌入对"一带一路"共建国家碳排放影响的实证分析：国家层面

续表

参数	(13) shmanexp	(14) shmanexp	(15) shmanexp	(16) shmanexp	(17) shmanexp	(18) shmanexp	(19) shmanexp	(20) shmanexp	(21) shmanexp	(22) shmanexp	(23) shmanexp	(24) shmanexp
	前向参与度				后向参与度				位置指数			
gvc_f	-0.284*** (0.066)	-0.023 (0.071)	-0.162* (0.087)	-0.003 (0.091)								
gvc_b					0.202*** (0.074)	0.146* (0.079)	0.092 (0.090)	0.119 (0.093)				
gvc_p									-0.583*** (0.084)	-0.556*** (0.080)	-0.488*** (0.092)	-0.401*** (0.089)
$\_cons$	0.676*** (0.013)	0.632*** (0.015)	2.771*** (0.566)	-1.002 (0.819)	0.663*** (0.015)	0.602*** (0.017)	2.830*** (0.566)	-1.188 (0.816)	1.208*** (0.084)	1.188*** (0.082)	2.807*** (0.552)	-0.788 (0.794)
R^2	0.020	0.154	0.114	0.227	0.008	0.158	0.111	0.229	0.052	0.199	0.146	0.250
N	924	924	719	719	924	924	719	719	924	924	719	719
控制变量	否	否	是	是	否	否	是	是	否	否	是	是
国家固定效应	是	是	是	是	是	是	是	是	是	是	是	是
年份固定效应	否	是	否	是	否	是	否	是	否	是	否	是

注：括号内为系数估计的稳健标准误，***、**、*分别表示系数在1%、5%和10%水平下显著。

制造业出口结构锁定

从全球价值链参与度指标来看，对于制造业生产结构，表 5.13 中第（1）~（8）列的回归系数表明，全球价值链前向与后向参与度能显著提高制造业行业增加值占比；从制造业出口贸易视角，第（13）~（16）列中前向参与度提高对制造业行业出口具有一定的抑制作用，而后向参与度提高则对其表现出一定的拉动作用。也即从整体来看，前向制造业环节相对较为清洁，通过低端产业结构锁定效应对碳排放增加的拉动作用较小。而深入后向分工环节能在一定程度上促进"一带一路"共建国家后向生产优势的锁定。一方面，由于生产与排放等环境规制的差异，"一带一路"共建国家承担了较多发达国家的高能耗、高排放的制造业环节转移，例如，孟加拉国、巴基斯坦等"一带一路"共建国家参与发达国家主导的国际产能合作后，分工地位一直陷于全球价值链底端而无法提高[241]；另一方面，规模经济效应进一步巩固了"一带一路"共建国家在后向生产环节中的优势，从而有可能陷入"低端锁定"陷阱，不利于生产质量的提升与碳排放治理。

全球价值链位置指数对制造业生产与出口占比的影响主要为负，表 5.13 中第（10）列与第（24）列中位置指数对制造业增加值占总行业增加值比重（$shmanval$）和制造业出口占商品出口的比重（$shmanexp$）系数分别为-0.078 和-0.401。位置指数的提升反映出参与国在全球生产分工中位置的前向升级，从而涉及更多的服务业、产品设计研发等工作，而制造业环节的生产工作则相对减少。因而，全球价值链位置的升级有利于参与国突破产业限制，一方面可以减少其在全球生产分工中对制造业行业的依赖，另一方面也能促进其承担更多高质量制造业生产环节，从而促进碳减排。

2. 产业结构升级效应

本章主要选择服务业增加值占比和中高技术制造业出口占总制造业出口的比重来衡量产业结构升级效应。总体而言，不论是生产性服务业还是生活性服务业，其在提供服务过程中所需能源资源投入相对低于制造业，且能带来更高的经济收益，因而一国服务业行业的高质量发展能在一定程度上反映该国产业结构的高级化。同时，对"一带一路"共建国家而言，制造业行业相对更为发达，较多的高技术制造业生产与贸易同样能为一国带来较多的高质量增加值收益，反映一国制造业发展的先进性。基于服务业与中高技术制造业的占比情况，全球价值链对产业升级效应影响的回归结果列于表5.14中。

从提高服务业行业占比的产业升级视角来看，前向与后向参与度对"一带一路"共建国家服务业增加值占比的影响系数主要为负，以第（4）列与第（8）列为例，全球价值链前向与后向参与度对服务业增加值占比的影响系数分别为-0.433与-0.117；位置指数提高有利于促进服务业增加值的提高，第（12）列中全球价值链位置指数的系数为0.113，且在1%的水平上显著。由此说明，全球价值链参与度提高主要对服务业行业发展起抑制作用，而生产位置的提高有利于服务业的发展。

这主要是因为"一带一路"共建国家整体服务业发展较为落后，在前向设计研发、金融保险等高端服务业环节参与较少，服务业增加值主要来自后向运输仓储等碳排放相对较高的部门，前向与后向增加值收益主要来自制造业行业。因而，随着前向与后向参与度的提高，比较优势的作用可能引导"一带一路"共建国家的生产要素流向更具优势的制造业行业等部门，从而限制了服务业发展，不利于低碳清洁生产。而位置指数提高对服务业增加值占比的影响显著为负，由此可见，生产位置的提升更有助于实现产业升级，分工位置的跃升可能需要更多的改革以及生产技术的积累与质变，从而带动上、下游产业链中服务业的协同发展，更清洁的产业结构会带来更好的碳减排效果。

从中高技术制造业产品出口升级的视角来看，表5.14中的前向参与度、位置指数与中高技术制造业产品出口占比主要呈正相关关系，后向参与度的影响不显著。这一结果反映出前向参与度的提高以及生产位置的升级更有助于发展高端制造业，促进技术密集型制造业在全球生产中承担更多的分工任务；而后向参与度提高则不利于中高技术制造业的升级突破。随着近年来"一带一路"共建国家对绿色可持续发展的探索与坚持，各国相继提出一系列产业升级调整的相关政策，如中国提出大力发展高端制造业行业，推动经济高质量发展等。随着承担前向生产环节能力的提高以及生产位置的前移，"一带一路"共建国家的产业升级调整步伐将进一步加快，将有能力承担更多前向高质量生产环节，在获得更多增加值收益的同时减少碳排放；而后向生产中的制造业环节相对来说技术门槛较低，附加值含量较少，后向参与度提高

表 5.14 结构效应实证检验结果：产业结构升级效应

		(1)	(2)	(3)	(4)	(5)	(6)	(7)	(8)	(9)	(10)	(11)	(12)
参数		shserval	shserval	shserval	shserval	shserval	shserval	shserval	shserval	shserval	shserval	shserval	shserval
		前向参与度				后向参与度				位置指数			
服务业产业升级	gvc_f	-0.176*** (0.032)	-0.465*** (0.027)	-0.332*** (0.032)	-0.433*** (0.032)								
	gvc_b					0.103*** (0.035)	-0.061* (0.033)	-0.089** (0.035)	-0.117*** (0.037)				
	gvc_p									0.279*** (0.038)	0.212*** (0.032)	0.136*** (0.036)	0.113*** (0.036)
	_cons	0.585*** (0.006)	0.596*** (0.005)	-0.487** (0.207)	1.694*** (0.288)	0.530*** (0.007)	0.534*** (0.007)	-0.262 (0.221)	1.183*** (0.321)	0.270*** (0.038)	0.309*** (0.033)	-0.198 (0.218)	0.927*** (0.319)
	R^2	0.032	0.502	0.349	0.466	0.009	0.338	0.252	0.333	0.056	0.366	0.260	0.333
	N	954	954	728	728	954	954	728	728	954	954	728	728

第 5 章　全球价值链嵌入对"一带一路"共建国家碳排放影响的实证分析：国家层面

续表

参数	(13)	(14)	(15)	(16)	(17)	(18)	(19)	(20)	(21)	(22)	(23)	(24)
	shmhtval	shmhtval	shmhtval	shmhtval	shmhtval	shmhtval	shmhtval	shmhtval	shmhtval	shmhtval	shmhtval	shmhtval
	前向参与度				后向参与度				位置指数			
中高技术制造业产品出口升级												
gvc_f	0.454*** (0.055)	0.340*** (0.063)	0.433*** (0.074)	0.375*** (0.084)								
gvc_b					0.257*** (0.062)	0.074 (0.067)	0.045 (0.078)	-0.127 (0.087)				
gvc_p									0.128* (0.069)	0.203*** (0.068)	0.157* (0.082)	0.191** (0.084)
$\_cons$	0.211*** (0.011)	0.225*** (0.013)	0.277 (0.494)	1.817** (0.733)	0.246*** (0.013)	0.265*** (0.015)	-0.071 (0.506)	2.646*** (0.743)	0.427*** (0.070)	0.482*** (0.069)	-0.102 (0.501)	2.567*** (0.730)
R^2	0.068	0.128	0.118	0.138	0.018	0.102	0.075	0.114	0.004	0.109	0.079	0.119
N	966	966	737	737	966	966	737	737	966	966	737	737
控制变量	否	否	是	是	否	否	是	是	否	否	是	是
国家固定效应	是	是	是	是	是	是	是	是	是	是	是	是
年份固定效应	否	是	否	是	否	是	否	是	否	是	否	是

注：括号内为系数估计的稳健标准误，***、**、*分别表示系数在1%、5%和10%水平下显著。

不利于"一带一路"共建国家将生产资源与研发支持等引导投入更先进的生产环节，难以实现较大的技术突破，对清洁生产与环境治理的推动作用较弱。

5.4.3 技术效应的影响路径分析

当前学术研究与现实生产经验都证实，技术提升是实现一国以及全球气候治理的有效手段。随着各国技术研发力度的加大，生产技术的创新能有效促进产品生产过程中能源消费的减少并进一步提高能效，同时助推碳减排的实现。本小节从技术创新效应与生产效率提升效应两个视角，实证研究不同全球价值链参与模式通过技术效应对碳排放的影响机制。

1. 技术创新效应

本章主要选取研发投入占 GDP 比重和专利申请数量两个指标，分别从研发投入水平和科研成果产出能力两个方面衡量技术创新效应。全球价值链嵌入对技术创新效应影响的实证检验结果列于表 5.15 中。

根据表 5.15 中的实证检验结果，全球价值链前向与后向参与度以及位置指数对技术创新能力的影响系数均为正。由此说明，全球价值链嵌入整体上有利于促进科研创新能力提升，但不同参与模式对研发投入水平与科研成果产出能力的拉动作用不同。具体来看，第（4）列与第（8）列中前向与后向参与度对研发投入占 GDP 比重的影响系数分别为 1.825 和 1.327，第（12）列中位置指数的影响系数为 0.607。由此可以看出，前向参与度的提高对研发投入水平的拉动作用更大。可能的原因是，"一带一路"共建国家当前仍处于后向分工位置，为了培育更大的承担前向生产环节的优势，同时提高在后向生产环节的清洁生产能力，需要更多的研发投入支持，因而前向与后向参与度的提高均能较大程度地拉动研发投入占比的提升。虽然生产位置的提高同样依赖于较高的生产技术水平，但对"一带一路"共建国家而言，当前较难实现生产技术的突破性进展，研发投入可能仍集中于相对固定生产位置生产技术的提升，因而位置指数提高对研发投入占 GDP 比重的拉动作用相对较小。

第5章 全球价值链嵌入对"一带一路"共建国家碳排放影响的实证分析：国家层面

表5.15 国家层面技术效应实证检验结果：技术创新效应

参数	(1)	(2)	(3)	(4)	(5)	(6)	(7)	(8)	(9)	(10)	(11)	(12)
	shrd	shrd	shrd	shrd	shrd	shrd	shrd	shrd	shrd	shrd	shrd	shrd
	前向参与度				后向参与度				位置指数			
gvc_f	4.285*** (0.404)	1.188*** (0.412)	2.534*** (0.434)	1.825*** (0.484)								
gvc_b					3.080*** (0.441)	0.361 (0.419)	1.744*** (0.409)	1.327*** (0.444)				
gvc_p									1.263** (0.529)	0.564*** (0.052)	0.765*** (0.209)	0.607*** (0.202)
$\_cons$	0.232*** (0.077)	0.450*** (0.083)	−23.964*** (2.761)	−12.634*** (3.769)	0.409*** (0.091)	0.567*** (0.092)	−22.259*** (2.793)	−10.002*** (3.650)	−0.232 (0.533)	0.352 (0.458)	−22.413*** (2.836)	−8.351** (3.644)
R^2	0.142	0.397	0.375	0.410	0.067	0.390	0.357	0.404	0.008	0.390	0.337	0.394
N	723	723	569	569	723	723	569	569	723	723	569	569

注：研发投入水平

续表

参数	(13) lnpat	(14) lnpat	(15) lnpat	(16) lnpat	(17) lnpat	(18) lnpat	(19) lnpat	(20) lnpat	(21) lnpat	(22) lnpat	(23) lnpat	(24) lnpat
		前向参与度				后向参与度				位置指数		
gvc_f	2.843*** (0.686)	1.654** (0.701)	1.269** (0.644)	1.149 (0.722)								
gvc_b					4.950*** (0.702)	0.937 (0.743)	2.419*** (0.676)	2.707*** (0.754)				
gvc_p									2.701*** (0.915)	1.240 (0.833)	0.254 (0.741)	0.505*** (0.190)
_cons	5.500*** (0.133)	5.786*** (0.140)	−56.398*** (4.239)	−44.695*** (6.460)	5.030*** (0.145)	5.366*** (0.156)	−55.333*** (4.221)	−46.224*** (6.350)	3.318*** (0.924)	4.277*** (0.845)	−57.148*** (4.240)	−42.338*** (6.358)
R^2	0.021	0.256	0.452	0.468	0.058	0.252	0.460	0.477	0.011	0.253	0.449	0.466
N	851	851	659	659	851	851	659	659	851	851	659	659
控制变量	否	否	是	是	否	否	是	是	否	否	是	是
国家固定效应	是	是	是	是	是	是	是	是	是	是	是	是
年份固定效应	否	是	否	是	否	是	否	是	否	是	否	是

注：括号内为系数估计的稳健标准误，***、**、* 分别表示系数在1%、5%和10%水平下显著。

对于科研成果产出能力，全球价值链嵌入各指标同样表现出较大的正向促进作用，其中后向参与度的拉动作用更大。第（20）列中后向参与度对科研成果产出能力的影响系数为2.707，大于第（16）列与第（24）列中前向参与度和位置指数的系数。后向参与度对科研成果产出能力相对较大的影响可能主要与"一带一路"共建国家在全球生产分工中的优势主要集中于后向生产环节有关。凭借丰富的资源与劳动力等生产要素优势以及相对宽松的环境与碳排放约束政策，"一带一路"共建国家吸引了较多发达国家资金流向后向生产环节，进而逐渐培育出后向生产环节的比较优势与规模效应，因而后向生产环节涉及更多的生产技术与专利成果的转化。同时，随着近年来承担前向生产环节分工能力的提升，为了满足国际生产技术标准要求，倒逼机制也推动科研成果产出能力随着前向参与度的加大而提升。对于位置指数而言，一方面，"一带一路"共建国家当前较低的技术水平较难实现生产位置的跨域式跃升；另一方面，在国际市场技术壁垒与垄断等的影响下，"一带一路"共建国家较难在更高的生产位置获得与培育较多科研成果，因而位置指数提升对科研成果产出能力的拉动作用相对较弱。

2. 生产效率提升效应

从生产效率提升效应来看，表5.16中第（1）~（8）列的全球价值链前向与后向参与度提高对生产效率的正向影响大部分不显著，第（9）~（12）列中位置指数对生产效率的影响显著为正。由此说明，全球价值链中生产位置的升级比参与度的提升能带来更显著的生产效率提升效应，从而更有助于发挥碳减排作用。可能的原因是，对于"一带一路"共建国家而言，参与度的提高在带来较多增加值收益的同时，由于生产与能源效率水平的限制，会同步带来更多的碳排放。即使前向参与度提高会增加一定的前向增加值获利能力，但相对固定的较为落后的前向生产位置的锁定，决定了其前向生产分工中能源消费比例与效率的相对固定，因而前向参与度提高对生产效率的拉动作用并不显著。对比而言，如果实现了生产位置的有效提高，意味着生产技术水平的大幅提高，这样才能符合较高生产分工位置低能耗、高附加值的生产技术要求，从而也能进一步促进碳减排。

表 5.16 国家层面技术效应实证检验结果：生产效率提升效应

参数	(1) lngdpene	(2) lngdpene	(3) lngdpene	(4) lngdpene	(5) lngdpene	(6) lngdpene	(7) lngdpene	(8) lngdpene	(9) lngdpene	(10) lngdpene	(11) lngdpene	(12) lngdpene
	前向参与度				后向参与度				位置指数			
gvc_f	0.149*** (0.017)	0.031* (0.016)	0.016 (0.014)	0.004 (0.016)								
gvc_b					0.145*** (0.018)	−0.013 (0.016)	0.028* (0.015)	0.008 (0.016)				
gvc_p									0.041* (0.021)	0.032** (0.016)	0.065*** (0.015)	0.052*** (0.016)
_cons	0.068*** (0.003)	0.086*** (0.003)	−0.192** (0.096)	0.341** (0.139)	0.067*** (0.004)	0.084*** (0.003)	−0.185* (0.096)	0.320** (0.139)	0.055*** (0.021)	0.049*** (0.016)	−0.207** (0.094)	0.299** (0.136)
控制变量	否	否	是	是	否	否	是	是	否	否	是	是
国家固定效应	是	是	是	是	是	是	是	是	是	是	是	是
年份固定效应	否	是	否	是	否	是	否	是	否	是	否	是
R^2	0.094	0.474	0.525	0.560	0.081	0.472	0.527	0.560	0.005	0.475	0.536	0.567
N	794	794	737	737	794	794	737	737	794	794	737	737

注：括号内为系数估计的稳健标准误，***、**、*分别表示系数在1%、5%和10%水平下显著。

第5章 全球价值链嵌入对"一带一路"共建国家碳排放影响的实证分析：国家层面

5.5 本章小结

本章基于1996—2018年42个"一带一路"共建国家的面板数据，主要运用固定效应回归模型实证分析国家层面全球价值链嵌入对"一带一路"共建国家碳排放的影响，并进行了内生性与稳健性检验。同时，为了考察国家异质性结果，本书考虑了在不同经济发展水平下，不同全球价值链嵌入模式对不同类型"一带一路"共建国家碳排放的差异化影响；基于第3章的理论基础与影响机制分析构建计量模型，实证检验了全球价值链嵌入对国家整体层面碳排放的影响机制。主要研究发现如下：

从国家整体层面来看，不同全球价值链嵌入模式对碳排放发挥异质性作用。从全球价值链参与度来看，总参与度的提高会显著提高"一带一路"共建国家整体碳排放，后向参与提高对碳排放的拉动作用相对高于前向参与度提高。对比而言，参与前向生产环节更有利于实现清洁生产，而后向生产分工的广泛参与则会带来更多的碳排放。从全球价值链生产位置视角来看，位置指数与碳排放相关系数显著为负，由此说明，提升在全球价值链中的位置是实现碳减排的有效措施。同样，前向生产长度增加能更好地抑制碳排放，而后向生产长度增加则会引致更多的碳排放。

从国家异质性层面来看，全球价值链嵌入在不同类型"一带一路"共建国家中发挥的碳减排作用存在差异。对不同经济发展水平的国家（发达国家与发展中国家）而言，全球价值链总参与度与前向参与度的提升对发展中国家碳排放增长的拉动作用相对较大。相对于发达国家，发展中国家的生产技术水平较低，虽然其在参与全球生产分工，尤其是在向前向生产环节攀升的过程中能获得一定的技术溢出，但生产规模扩张对能源需求的拉动作用更显著，从而带来比发达国家更多的碳排放；同样，后向参与度的提高对发展中国家碳排放增长的拉动作用更强，这也是囿于发展中国家相对落后的生产与能源效率，较多参与后向生产环节将会引致更多的能源消费与碳排放。对于生产位置而言，发展中国家通过全球价值链位置提升带来的碳排放促进效应相对弱于发达国家；由于贸易与技术壁垒的存在，发展中国家难以实现较大程度的生产技术突破，因而碳减排的作用受到限制，减排潜力仍待进一步开发。发展中国家前向生产长度的提升带来的碳减排效应相对较弱，而后向生产长度增加引致的碳排放也相对更多。

从影响机制来看，规模效应、结构效应与技术效应都在全球价值链嵌入对碳排放的影响中发挥显著作用，但不同参与模式通过三种效应对碳排放影响的路径不同。前向参与度的提高对碳排放增长的拉动作用主要源于生产与贸易规模的扩张以及相对落后的产业结构的锁定效应。考虑"一带一路"共建国家相对落后的产业与分工地位，虽然前向参与度提高同样能通过价值链的溢出与倒逼机制等实现一定的技术创新，但难以弥补生产与贸易规模扩张带来的较多能源消耗，进而引致较多的碳排放。而对于后向参与度，"一带一路"共建国家的优势生产分工环节主要集中于生产效率相对较低的后向生产环节；后向生产环节的进一步扩张能显著带动落后产能的增长与能源消费的增加，同时不利于产业的升级调整，将生产分工锁定在相对落后的产业与分工环节，造成碳排放的进一步增加。位置指数提高引起的较好的碳减排效果主要来自对生产与技术水平的综合提升。生产位置的升级能提升高质量增加值获利能力，从而在一定程度上减小生产与贸易规模，但同时会促进能源消费规模的显著减小。在实现全球价值链位置攀升的过程中，"一带一路"共建国家会减少对传统制造业行业的依赖，促进服务业发展水平的提升以及中高端制造业产品的出口贸易，加速产业升级调整；价值链升级或倒逼机制将促进研发投入的增加与技术水平的提升，从而实现"一带一路"共建国家生产效率的整体提升，更有效地发挥碳减排作用。

第6章　全球价值链嵌入对"一带一路"共建国家碳排放影响的实证分析：行业层面

第5章主要从国家宏观层面实证分析了全球价值链嵌入对"一带一路"共建国家碳排放的影响。研究发现，不同全球价值链嵌入模式对不同类型"一带一路"共建国家的碳排放具有异质性影响。考虑到除国家宏观层面外，"一带一路"共建国家在行业层面的发展与全球价值链嵌入同样存在差异，且不同行业类型生产特征的差别也使各行业具有不同的碳排放特征，因此，有必要从微观行业层面进一步检验全球价值链嵌入对"一带一路"共建国家碳排放的影响。本章以行业层面数据为基础，首先构建实证模型研究不同全球价值链嵌入模式对"一带一路"共建国家行业层面碳排放的影响；然后进一步按照行业类型与行业要素投入对整体行业进行划分，以研究行业异质性影响；最后以理论机制为基础，从规模效应与技术效应视角，实证检验全球价值链嵌入对"一带一路"共建国家行业层面碳排放的影响机制。本章的分析能够从行业层面为"一带一路"共建国家通过参与全球价值链促进碳减排的政策制定提供数据与经验支持。

6.1 模型构建与数据来源

6.1.1 基准模型构建与变量说明

借鉴王玉燕等[146]和 Qian 等[242]构建的行业层面参与全球价值链的碳排放效应模型，本书进一步丰富了全球价值链嵌入相关测度指标的选取，从行业层面构建全球价值链嵌入对"一带一路"共建国家碳排放影响的实证模型，具体设定如下：

$$\ln c_{ijt} = \alpha_0 + \alpha_1 gvc_{ijt} + \alpha_2 z_{ijt} + \delta_{ij} + \mu_t + \varepsilon_{ijt} \tag{6.1}$$

模型（6.1）中，$\ln C_{ijt}$ 代表"一带一路"共建国家行业层面碳排放的对数形式，是模型的主要被解释变量；i 代表国家，j 代表行业，t 代表年份；δ_{ij} 和 μ_t 代表国家×行业固定效应和时间固定效应；ε_{ijt} 代表随机误差项；gvc_{ijt} 代表不同全球价值链嵌入指标，是模型的主要解释变量；z_{ijt} 代表控制变量 $\{\ln empe_{ijt},\ \ln pergo_{ijt},\ \ln wage_{ijt},\ \ln gdpene_{ijt}\}$，主要包括劳动投入、人均产出、雇佣劳动报酬、能源效率等。各解释变量的具体说明如下：

gvc_{ijt} 代表一系列行业层面的全球价值链嵌入指标，主要包括从增加值视角衡量的参与度指标，即总参与度（gvc_t）、前向参与度（gvc_f）、后向参与度（gvc_b）；从全球价值链分工位置衡量的相关指标，即位置指数（gvc_p）、前向生产长度（plv_f）、后向生产长度（ply_b）。

z_{ijt} 所包含的主要控制变量的解释如下：$\ln empe_{ijt}$ 代表行业劳动投入总量，主要用行业雇佣数量表示，行业中的劳动人口越多，说明行业规模越大，较快的行业发展需要更多生产要素与能源资源的投入，进而碳排放越多；[221] $\ln pergo_{ijt}$ 代表行业发展水平，用劳动人口的人均产出表示，该指标与人均 GDP 含义类似，能够较好地反映人力资本的价值创造能力或者行业发展水平，行业发展水平越高，相对来说，清洁生产与技术发展水平也越高，越有利于碳减排；[223] $\ln wage_{ijt}$ 代表雇佣劳务报酬，较高的劳动力工资水平在一定程度上能够反映出劳动力素质较高，进而有助于清洁生产效率的提高；lng_dpene_{ijt}代表能源效率，用单位产出的能源消费表示，能源效率提高是实现碳减排的有效途径之一，该变量是反向变量，其数值越大，说明能源效率越低，越不利于碳减排。

6.1.2 行业异质性检验模型构建

除了对整体行业进行实证分析，由于"一带一路"共建国家不同行业类型间也存在全球价值链嵌入与碳排放关系上的差异，因此，本书进一步考虑了行业异质性影响。一方面，考虑不同行业类型，将33个行业进一步划分为农矿业、制造业与服务业，以研究不同类型行业的异质性影响；另一方面，根据不同行业的生产要素投入差异，将33个行业划分为劳动密集型、资本密集型与技术密集型行业，比较不同要素密集度行业的结果差异。

在区分不同行业类型时，考虑到"一带一路"共建国家主要以制造业行业为主参与全球生产分工，农矿业行业一方面仅涵盖2个细分行业，行业范围较小，另一方面其与服务业行业在全球生产分工中都有相对较低的参与度和碳排放水平，因此本书在对所有行业按照产业类型进行划分时，将农矿业与服务业共同归入服务业行业，其余归入制造业行业，构建的实证模型如下。

服务业行业：

$$\ln c\_ser_{ijt} = \beta_0 + \beta_1 gvc\_ser_{ijt} + \beta_2 z\_ser_{ijt} + \delta_{ij} + \mu_t + \varepsilon_{ijt} \quad (6.2)$$

制造业行业：

$$\ln c\_man_{ijt} = \beta_0 + \beta_1 gvc\_man_{ijt} + \beta_2 z\_man_{ijt} + \delta_{ij} + \mu_t + \varepsilon_{ijt} \quad (6.3)$$

为了对不同要素密集度行业进行异质性检验，本书采用分样本回归的方法进行实证分析，具体模型构建如下。

劳动密集型行业：

$$\ln c\_lab_{ijt} = f_0 + f_1 gvc\_lab_{ijt} + f_2 z\_lab_{ijt} + d_{ij} + m_t + e_{ijt} \quad (6.4)$$

资本密集型行业：

$$\ln c\_cap_{ijt} = f_0 + f_1 gvc\_cap_{ijt} + f_2 z\_cap_{ijt} + d_{ij} + m_t + e_{ijt} \quad (6.5)$$

技术密集型行业:

$$\ln c\_tec_{ijt} = f_0 + f_1 gvc\_tec_{ijt} + f_2 z\_tec_{ijt} + d_{ij} + m_t + e_{ijt} \quad (6.6)$$

6.1.3 影响机制检验模型构建

第3章从规模效应、结构效应与技术效应三个角度梳理了"一带一路"共建国家全球价值链嵌入对碳排放的影响机制,为本书的实证研究提供了理论支持。考虑到本章实证分析内容集中于所有细分行业层面,而主要反映行业结构变化的结构效应在细分行业层面较难测度。因此,本章中行业层面影响机制的实证检验主要集中于规模效应与技术效应角度。参考相关研究[243],本书构建的"一带一路"共建国家全球价值链嵌入对行业碳排放的影响机制模型如下。

(1) 规模效应。

$$\ln go_{ijt} = \alpha_0 + \alpha_1 gvc_{ijt} + \alpha_2 z_{ijt} + \delta_{ij} + \mu_t + \varepsilon_{ijt} \quad (6.7)$$

$$\ln totene_{ijt} = \alpha_0 + \alpha_1 gvc_{ijt} + \alpha_2 z_{ijt} + \delta_{ij} + \mu_t + \varepsilon_{ijt} \quad (6.8)$$

(2) 技术效应。

$$\ln cap_{ijt} = \alpha_0 + \alpha_1 gvc_{ijt} + \alpha_2 z_{ijt} + \delta_{ij} + \mu_t + \varepsilon_{ijt} \quad (6.9)$$

$$\ln empva_{ijt} = \alpha_0 + \alpha_1 gvc_{ijt} + \alpha_2 z_{ijt} + \delta_{ij} + \mu_t + \varepsilon_{ijt} \quad (6.10)$$

对于规模效应,本书选取总产出(lngo)表示生产规模效应;用能源消费总量(lntotene)表示能源消费规模效应。对于技术效应,本书选取资本存量(lncap)表示技术创新效应,资本存量的增加能在一定程度上反映出企业有更强的技术研发投入能力,有利于促进技术创新;[244-245]用劳动人口的人均增加值(lnempva)表示劳动生产率,单位劳动创造的增加值越多,说明生产技术水平越高,生产效率越高。gvc_{it}表示全球价值链嵌入指标,在影响机制的实证检验中，本章同样集中分析前向参与度、后向参与度、位置指数通过规模效应与技术效应对行业层面碳排放的影响。其他变量的含义与模型（6.1）的设定相同。

6.1.4 数据来源与处理

本章主要基于行业层面进行研究，基准回归主要使用2000—2018年22个"一带一路"共建国家33个细分行业的面板数据。被解释变量所使用的"一带一路"共建国家各行业碳排放数据主要来自WIOD和IEA分行业碳排放数据；主要解释变量，即行业层面全球价值链各测度指标——总参与度、前向参与度、后向参与度、位置指数、前向生产长度和后向生产长度，主要由本书计算所得；影响机制检验中使用的规模与技术代理变量及其他控制变量主要来自WIOD社会经济账户和OECD数据库。相关价格变量按照2010年不变价美元进行平减处理。本书行业层面相关变量描述性统计列于表6.1中。

表6.1 变量描述性统计：行业层面

变量名称	代码	样本量	均值	中位数	标准差	最小值	最大值
碳排放	lnc	13716	5.23	5.04	2.69	-5.45	15.47
总参与度	gvc_t	13716	0.49	0.44	0.31	0.02	3.42
前向参与度	gvc_f	13716	0.23	0.20	0.20	0.00	2.95
后向参与度	gvc_b	13716	0.26	0.24	0.15	0.01	0.85
位置指数	gvc_p	13716	1.02	1.00	0.16	0.59	1.88
前向生产长度	plv_f	13716	3.93	3.83	0.65	1.39	6.60
后向生产长度	ply_b	13716	3.86	3.84	0.37	1.61	5.39
劳动投入总量	lnempe	11062	3.67	3.76	2.05	-4.61	12.32
人均产出	lnpergo	11062	4.56	4.54	1.15	-0.05	9.79
雇佣劳务报酬	lnwage	10792	7.94	7.19	3.80	-2.30	19.88
能源效率	lngdpene	12237	0.62	0.33	1.71	-5.09	7.68
总产出	lngo	13716	9.69	8.92	3.84	-0.92	21.82
能源消费总量	lntotene	12342	9.02	8.95	2.73	-1.97	17.84
资本存量	lncap	10890	7.83	7.17	3.91	-3.91	20.59
人均增加值	lnempva	11568	3.39	3.42	1.14	-2.51	8.69

6.2 基准回归结果与稳健性分析

6.2.1 基准回归结果分析

行业层面的基准回归主要是基于模型（6.1），本章同样从全球价值链参与度与生产位置两个主要视角研究不同全球价值链嵌入模式对"一带一路"共建国家行业层面碳排放的影响。其中，参与度视角包括总参与度、前向参与度与后向参与度；生产位置视角包括位置指数、前向生产长度和后向生产长度。除主要解释变量外，本书同时分析了其他控制变量的影响。在进行面板数据回归之前，首先进行了 Hausman 检验以进行模型选择，结果表明，固定效应回归模型更适用于本章研究。

1. 全球价值链参与度视角分析

基于参与度视角，本书首先考虑反映行业整体全球价值链参与度的总参与度指标。总参与度对"一带一路"共建国家行业层面碳排放影响的固定效应回归结果列于表 6.2 中。表中第（1）、第（2）列报告了模型仅考虑主要解释变量——全球价值链总参与度时的估计结果，第（3）、第（4）列报告了添加其他控制变量的结果。此外，表 6.2 中还列出了随机效应的估算结果，以提供部分稳健性参考。

表6.2 行业层面基准回归结果：总参与度对碳排放的影响

参数	(1)	(2)	(3)	(4)
	lnc	lnc	lnc	lnc
gvc_t	−0.473*** (0.048)	−0.264*** (0.050)	−0.468*** (0.053)	−0.129** (0.052)
$lnempe$			0.711*** (0.029)	0.787*** (0.029)

续表

参数	(1) lnc	(2) lnc	(3) lnc	(4) lnc
lnpergo			0.504*** (0.020)	0.760*** (0.022)
lnwage			0.017 (0.022)	0.145*** (0.021)
lngdpene			0.545*** (0.014)	0.433*** (0.014)
_cons	5.460*** (0.024)	5.372*** (0.029)	-0.250** (0.124)	-2.422*** (0.141)
国家×行业固定效应	是	是	是	是
年份固定效应	否	是	否	是
R^2	0.008	0.040	0.227	0.310
N	12947	12947	9674	9674

注：括号内为系数估计的稳健标准误，***、**、*分别表示系数在1%、5%和10%水平下显著。

根据表6.2的回归结果，全球价值链总参与度与"一带一路"共建国家行业层面碳排放呈负相关关系，在固定效应回归下，所有系数均显著为负。具体而言，不考虑控制变量时，表中第（2）列的相关系数为-0.264；考虑控制变量时，第（4）列中的相关系数为-0.129。这一结果说明，全球价值链参与度的提高会显著减少"一带一路"共建国家整体行业层面的碳排放。可能的原因是，"一带一路"共建国家整体行业的发展相对落后于发达国家，随着全球价值链嵌入程度的提高，"一带一路"共建国家整体行业能够通过国际贸易的溢出效应，学习并获得更多的行业先进生产经验与技术；同时，贸易拉动的产业集聚也能带来一定的规模效应，能在一定程度上促进产业研发与进步，进而实现更为清洁高效的生产。

控制变量同样对"一带一路"共建国家行业层面的碳排放具有显著影响。以表6.2为例，行业劳动人口的系数同样为正，这反映出行业就业人口规模的扩大可能拉动更多的能源资源投入，进而导致碳排放增加；而行业人均产出与雇佣劳务报酬的系数都显著为正，这两个指标在一定程度上能够衡量行业的发展水平。对当前"一带一路"共建国家而言,虽然行业发展水平有所提高,但总体受限于较低的生产与能源效率等,推动行业发展仍需要依赖较多劳动力与能源资源等生产要素的投入,进而不利于碳减排;能源效率与碳排放呈显著正相关关系,由此说明,能源效率的提高对碳排放具有显著的抑制作用,提高能效水平是实现清洁低碳发展的有效路径。

同样,行业层面的研究也进一步区分前向与后向参与度的差异化影响,实证结果列于表6.3中,其中第(1)~(4)列为前向参与度的实证结果,第(5)~(8)列是后向参与度的实证结果。

在整体行业层面,全球价值链前向参与度与碳排放呈显著负相关关系。表6.3第(2)列中前向参与度系数为-0.353,添加控制变量后,第(4)列中系数为-0.121。此实证结果说明,前向参与度的提升能有效减少"一带一路"共建国家整体行业的碳排放。[236] 当前,"一带一路"共建国家整体行业前向参与度处于较低水平,这主要是由"一带一路"共建国家相对落后的行业发展进程决定的;随着前向参与度的提高,各行业能够从全球生产分工中获得更多的技术溢出,尤其是前向生产阶段包含较多的产品设计研发、高质量中间品投入等环节,通过加深前向分工联系,能促进整体行业生产效率与能源效率的有效提升,进而实现碳减排。

相反,后向参与度对整体行业碳排放具有显著的正向影响,表6.3中第(8)列考虑控制变量的情况下,后向参与度系数为0.218。后向参与度较大的碳排放拉动作用与其生产分工特征紧密相关。[150] 后向分工环节中涵盖较多的加工组装等劳动资源密集型生产阶段,在排放与环境标准差异的驱动下,"一带一路"共建国家整体行业在后向分工中承担了较多发达国家转移的高污染、高排放生产环节,进而拉动了更多的碳排放增长。同时,由于长期参与后向分工环节,生产技术较为成熟,使得整体行业容易在后向环节形成比较优势,且较难突破现有分工格局。[246] 但"一带一路"共建国家整体行业后向清洁生产技术发展较为落后,在此情况下,进一步深入后向分工环节将导致更多的碳排放。

表 6.3 行业层面基准回归结果：前向与后向参与度对碳排放的影响

参数	(1) lnc	(2) lnc	(3) lnc	(4) lnc	(5) lnc	(6) lnc	(7) lnc	(8) lnc
	前向参与度				后向参与度			
gvc_f	-0.576*** (0.055)	-0.353*** (0.057)	-0.475*** (0.063)	-0.121** (0.061)				
gvc_b					0.306** (0.123)	0.089 (0.130)	0.722*** (0.122)	0.218* (0.120)
lnempe			0.687*** (0.030)	0.782*** (0.029)			0.752*** (0.030)	0.800*** (0.030)
lnempgo			0.481*** (0.020)	0.755*** (0.023)			0.524*** (0.021)	0.767*** (0.023)
lnwage			0.033 (0.022)	0.150*** (0.021)			-0.003 (0.022)	0.140*** (0.022)
lngdpene			0.544*** (0.014)	0.432*** (0.014)			0.561*** (0.014)	0.436*** (0.014)
_cons	5.362*** (0.013)	5.329*** (0.022)	-0.301** (0.124)	-2.450*** (0.139)	5.309*** (0.032)	5.236*** (0.036)	-0.385*** (0.123)	-2.472*** (0.138)
国家×行业固定效应	否	是	否	是	是	是	是	是
年份固定效应	否	是	否	是	否	是	否	是
R^2	0.008	0.040	0.227	0.309	0.000	0.034	0.226	0.309
N	12947	12947	9674	9674	12947	12947	9674	9674

注：括号内为系数估计的稳健标准误，***、**、* 分别表示系数在1%、5%和10%水平下显著。

2. 全球价值链生产位置视角分析

从整体行业层面，本书实证研究了全球价值链位置指数对"一带一路"共建国家碳排放的影响，回归结果列于表6.4中。在考虑控制变量的情况下，第（2）列与第（4）列中的回归系数分别为-0.328和-0.177，由此说明，生产位置的升级调整能有效发挥碳减排效应。当前，"一带一路"共建国家整体行业在全球价值链中的分工地位较低，在整体行业向高端生产位置升级的过程中，一方面，随着产业结构的升级调整与生产技术的进步，"一带一路"共建国家各行业的比较优势朝着生产结构更优化、技术含量更高的方向发展；另一方面，倒逼机制的存在，促使"一带一路"共建国家整体行业必须提高生产工艺与技术水平，以满足高端生产环节更高的生产技术与环境标准，从而促进更清洁、更高效的生产。[207]

表6.4 行业层面基准回归结果：位置指数对碳排放的影响

参数	(1) lnc	(2) lnc	(3) lnc	(4) lnc
gvc_p	-0.268*** (0.100)	-0.328*** (0.099)	-0.235** (0.094)	-0.177** (0.090)
lnempe			0.715*** (0.030)	0.788*** (0.029)
lnpergo			0.492*** (0.020)	0.760*** (0.022)
lnwage			0.021 (0.022)	0.148*** (0.021)
lngdpene			0.559*** (0.014)	0.435*** (0.014)
_cons	4.957*** (0.102)	4.921*** (0.103)	0.715*** (0.157)	2.693*** (0.163)
国家×行业固定效应	是	是	是	是
年份固定效应	否	是	否	是
R^2	0.001	0.035	0.220	0.303
N	12947	12947	9674	9674

注：括号内为系数估计的稳健标准误，***、**、*分别表示系数在1%、5%和10%水平下显著。

进一步区分前向与后向生产长度,考察其对"一带一路"共建国家行业层面碳排放的异质性影响,回归结果列于表6.5中。

表6.5 行业层面基准回归结果:前向与后向生产长度对碳排放的影响

参数	(1)	(2)	(3)	(4)	(5)	(6)	(7)	(8)
	lnc	lnc	lnc	lnc	lnc	lnc	lnc	lnc
	前向生产长度				后向生产长度			
plv_f	-0.183*** (0.025)	-0.186*** (0.026)	-0.067*** (0.024)	-0.070** (0.024)				
ply_b					0.238*** (0.037)	0.244*** (0.041)	0.010 (0.035)	0.052 (0.038)
lnempe			0.710*** (0.030)	0.785*** (0.029)			0.715*** (0.030)	0.788*** (0.029)
lnpergo			0.486*** (0.020)	0.759*** (0.022)			0.487*** (0.020)	0.758*** (0.022)
lnwage			0.022 (0.022)	0.149*** (0.021)			0.022 (0.022)	0.149*** (0.021)
lngdpene			0.558*** (0.014)	0.434*** (0.014)			0.559*** (0.014)	0.434*** (0.014)
_cons	4.511*** (0.100)	4.527*** (0.102)	-0.704*** (0.150)	-2.767*** (0.161)	4.310*** (0.142)	4.318*** (0.157)	-0.502*** (0.170)	-2.704*** (0.194)
国家×行业固定效应	是	是	是	是	是	是	是	是
年份固定效应	否	是	否	是	否	是	否	是
R^2	0.004	0.038	0.220	0.304	0.003	0.037	0.219	0.303
N	12947	12947	9674	9674	12947	12947	9674	9674

注:括号内为系数估计的稳健标准误,***、**、*分别表示系数在1%、5%和10%水平下显著。

全球价值链前向生产长度对"一带一路"共建国家整体行业碳排放的影响显著为负,表6.5第(4)列中相关系数为-0.070,并在5%的水平上显著。由此说明,提升在全球生产分工中前向参与环节的位置更有利于行业碳减排的实现。这主要是因为前向生产阶段，尤其是其中的产品设计研发等高技术环节，是典型的高附加值、低排放环节。在向前向生产环节攀升的过程中，一方面，能获得更多的先进技术与管理经验的溢出；另一方面，前向生产环节相对较高的技术与环境标准也会倒逼行业生产转型[229]，以符合上游高质量的市场需求，也进一步促进清洁可持续发展。

相反地，后向生产长度增加对行业碳排放增长的拉动作用较强，虽然在考虑控制变量的情况下，后向生产长度系数不显著，但整体表现为正，且第（6）列的回归系数显著为 0.244，由此可以推断，后向参与度提高在一定程度上对碳排放的影响为正。当前，"一带一路"共建国家整体行业优势主要来自丰富的劳动力与能源资源等，因此承担了较多的后向生产分工，在全球价值链中处于相对靠后的生产位置。后向生产长度的增加，说明"一带一路"共建国家整体行业的分工位置将进一步向后深入，也即可能承担更多附加值含量相对较低的加工组装等后向生产环节；且作为排放与环境的政策洼地，这些国家也会吸引更多的外资流向高污染、高能耗与高排放的后向生产环节[185]，囿于相对较低的生产与能源效率，会拉动更多的碳排放增长。

6.2.2 内生性分析

为了避免估计结果的有偏和不一致性，本书运用两阶段最小二乘法进行了内生性检验。本书从国家与行业层面分别选取了如下工具变量：（1）国家层面的贸易条件指数；（2）行业层面总出口中的国内报酬；（3）行业层面工作时长。总体而言，所选的三个工具变量均与行业层面全球价值链嵌入相关性较强，但与碳排放没有直接关系。国家层面的贸易条件指数与行业层面总出口中的国内报酬能够在一定程度上说明一国参与国际分工的行业在国际市场中是否具有贸易优势，较高的贸易条件和出口国内报酬说明分工行业在贸易中有能力获得更多贸易利得，从而能够增强其参与国际分工的意愿；而这两个指标与碳排放没有直接关系。同时，行业层面工作时长在一定程度上能反映行业的景气或市场需求程度，较大的工作时长是贸易产品生产的有力支持，有助于促进行业参与全球生产分工；同样，该指标与碳排放也没有直接关系。表 6.6 汇报了内生性检验的主要结果。从参与度视角来看，总参与度与前向参与度的系数均为负,后向参与度的系数为正,结果与表6.2和表6.3较为一致;从生产位置视角来看,位置指数与前向生产长度的系数保持为负,整体结果与表6.4和表6.5中相似。因此,总体而言,根据内生性检验结果,本章中全球价值链嵌入对"一带一路"国家行业层面碳排放影响的估计结果和相关结论仍然有效。

表6.6 行业层面内生性检验结果

参数	(1) lnc	(2) lnc	(3) lnc	(4) lnc	(5) lnc
gvc_t	-3.242*** (1.102)				
gvc_f		-3.942*** (1.458)			
gvc_b			5.428** (2.545)		
gvc_p				-0.773*** (0.049)	
plv_f					-0.714** (0.359)
_cons	-5.222*** (1.103)	-4.930*** (1.092)	-3.399*** (0.669)	-1.925 (2.530)	0.335 (1.222)
控制变量	是	是	是	是	是
国家×行业固定效应	是	是	是	是	是
年份固定效应	是	是	是	是	是
克莱贝根-帕普秩 LM 检验	15.724	22.301	19.102	19.967	
克莱贝根-帕普秩 Wald F 检验	13.912	12.832	51.747	49.851	
N	6557	6557	6557	6557	6557

注:括号内为系数估计的稳健标准误,***、**、*分别表示系数在1%、5%和10%水平下显著。

6.2.3 稳健性分析

为了检验行业层面实证结果的稳健性,本书从三个方面设计了稳健性检验:

（1）替换被解释变量的数据来源，基准回归使用的碳排放数据主要来自 IEA 分行业碳排放数据库，稳健性检验中替换为 WIOD 提供的碳排放（lnc_w）数据；（2）替换能源效率变量，用单位能源的碳排放（lncie）替换原始控制变量中的能源效率变量（ln$gdpene$）；（3）剔除金融危机的影响，回归中不考虑 2008 年金融危机时期的数据。稳健性检验结果如表 6.7 和表 6.8 所示，表 6.7 为全球价值链参与度视角下各指标的稳健性检验结果，表 6.8 为生产位置视角下各指标的稳健性检验结果。

根据表 6.7，在所有的稳健性设计与回归中，总参与度与前向参与度的系数始终保持为负，后向参与度系数为正，回归结果与表 6.2 和表 6.3 中的结果相似；同样，表 6.8 中生产位置视角的回归结果中，位置指数与前向生产长度的系数保持为负，后向生产长度系数为正，该结果也与表 6.4 和表 6.5 中的基准回归结果较为一致。由此，通过稳健性检验证实了本章行业层面研究结果的稳健性。

表 6.7 行业层面稳健性检验结果：参与度视角

参数	(1) lnc_w	(2) lnc_w	(3) lnc_w	(4) lncie	(5) lncie	(6) lncie	(7) 剔除2008年数据	(8) 剔除2008年数据	(9) 剔除2008年数据
gvc_t	-0.145*** (0.026)			-0.188*** (0.055)			-0.412*** (0.052)		
gvc_f		-0.148** (0.067)			-0.287*** (0.065)			-0.387*** (0.062)	
gvc_b			0.480*** (0.149)			0.227*** (0.023)			0.731*** (0.122)
lncie				-0.068*** (0.010)	-0.068*** (0.010)	-0.066*** (0.010)			
_cons	-1.950*** (0.163)	-1.995*** (0.162)	-1.846*** (0.160)	-0.324** (0.141)	-0.324** (0.139)	-0.476*** (0.139)	-1.314*** (0.140)	-1.375*** (0.140)	-1.435*** (0.139)
R^2	0.268	0.268	0.269	0.237	0.238	0.236	0.257	0.255	0.254
控制变量	是	是	是	是	是	是	是	是	是
国家×行业固定效应	是	是	是	是	是	是	是	是	是

续表

参数	(1)	(2)	(3)	(4)	(5)	(6)	(7)	(8)	(9)
	lnc_w	lnc_w	lnc_w	lncie	lncie	lncie	剔除2008年数据		
年份固定效应	是	是	是	是	是	是	是	是	是
N	10316	10316	10316	9674	9674	9674	9674	9674	9674

注：括号内为系数估计的稳健标准误，***、**、*分别表示系数在1%、5%和10%水平下显著。

表6.8 行业层面稳健性检验结果：生产位置视角

参数	(1)	(2)	(3)	(4)	(5)	(6)	(7)	(8)	(9)
	lnc_w	lnc_w	lnc_w	lncie	lncie	lncie	剔除2008年数据		
gvc_p	-0.460*** (0.108)			-0.424*** (0.022)			-0.248*** (0.093)		
plv_f		-0.144*** (0.029)			-0.076*** (0.026)			-0.058** (0.025)	
ply_b			0.148*** (0.026)			0.131*** (0.041)			0.073*** (0.022)
lncie				-0.067*** (0.010)	-0.068*** (0.010)	-0.067*** (0.010)			
$\_cons$	-1.437*** (0.196)	-1.367*** (0.194)	-1.749*** (0.237)	-0.538*** (0.168)	-0.728*** (0.165)	-0.933*** (0.204)	-1.781*** (0.168)	-1.733*** (0.164)	-1.427*** (0.196)
控制变量	是	是	是	是	是	是	是	是	是
国家×行业固定效应	是	是	是	是	是	是	是	是	是
年份固定效应	是	是	是	是	是	是	是	是	是
R^2	0.269	0.270	0.268	0.236	0.237	0.237	0.252	0.252	0.252
N	10316	10316	10316	9305	9305	9305	9674	9674	9674

注：括号内为系数估计的稳健标准误，***、**、*分别表示系数在1%、5%和10%水平下显著。

6.3 行业异质性分析

"一带一路"共建国家参与全球价值链所涵盖的行业范围较广，本书所选的 33 个行业在行业生产特征与优势等方面存在较大差异。根据第 4 章的分析，不同类型行业在参与全球生产分工与碳排放特征方面存在较大差异。因此，有必要进行行业异质性分析，以明晰全球价值链嵌入对不同类型行业碳排放的差异化影响，从而有助于制定更有针对性的行业碳减排政策。对此，本书一方面根据不同产业类型，将 33 个行业划分为农矿业、制造业与服务业；另一方面根据行业的投入要素密集度，将 33 个行业划分为劳动密集型行业、资本密集型行业与技术密集型行业。从产业类型与投入要素密集度两个视角，综合研究全球价值链嵌入对碳排放的行业异质性作用。

6.3.1 制造业与服务业的异质性结果分析

基于模型（6.2）和模型（6.3），本书从全球价值链参与度与生产位置视角分别研究在考虑不同产业类型的情况下，全球价值链嵌入对碳排放的差异化影响。

1. 全球价值链参与度视角

基于全球价值链参与度视角，本书对不同产业类型行业的实证检验结果列于表 6.9 中，其中第（1）~（4）列为总参与度结果，第（5）~（8）列为前向参与度结果，第（9）~（12）列为后向参与度结果。根据表 6.9 中第（2）列和第（4）列的实证结果，总参与度与服务业和制造业碳排放的相关系数分别为-0.169 和-0.525。由此说明，相对于服务业行业，总参与度提高对制造业行业的碳减排效果更强。这主要是因为，在全球生产分工中，"一带一路"共建国家的优势行业主要集中于制造业行业，且其整体的行业发展水平较低。通过深入参与全球生产分工，制造业行业可以通过进口高质量中间产品等途径学习引进行业内更为先进的生产技术，实现较大的生产质量跃升。相对地，"一带一路"共建国家服务业行业发展较为滞后，在全球生产分工中竞争力不强，较难承担高技术、高附加值的服务业行业环节，通过全球生产分工获得的边际碳减排收益相对较少。

第6章 全球价值链嵌入对"一带一路"共建国家碳排放影响的实证分析：行业层面

表6.9 不同产业类型行业异质性结果：参与度视角

参数	(1)	(2)	(3)	(4)	(5)	(6)	(7)	(8)	(9)	(10)	(11)	(12)
	lnc	lnc	lnc	lnc	lnc	lnc	lnc	lnc	lnc	lnc	lnc	lnc
	总参与度				前向参与度				后向参与度			
	服务业		制造业		服务业		制造业		服务业		制造业	
gvc_t	−0.544*** (0.074)	−0.169** (0.074)	−0.468*** (0.053)	−0.525*** (0.021)								
gvc_f					−0.562*** (0.087)	−0.186** (0.085)	−0.475*** (0.063)	−0.001 (0.089)				
gvc_b									0.743*** (0.178)	−0.156 (0.174)	0.722*** (0.122)	0.128*** (0.034)
_cons	−0.699 (0.721)	−2.122** (0.835)	−0.250** (0.124)	−2.042*** (0.197)	−0.680 (0.721)	−2.150** (0.834)	−0.301** (0.124)	−2.038*** (0.194)	−0.669 (0.722)	−2.140** (0.832)	−0.385*** (0.123)	−2.044*** (0.191)
控制变量	是	是	是	是	是	是	是	是	是	是	是	是
国家×行业固定效应	是	是	是	是	是	是	是	是	是	是	是	是
年份固定效应	否	是	否	是	否	是	否	是	否	是	否	是
R^2	0.182	0.256	0.226	0.353	0.180	0.256	0.224	0.353	0.176	0.255	0.222	0.353
N	5144	5144	9674	9674	5144	5144	9674	9674	5144	5144	9674	9674

注：括号内为系数估计的稳健标准误，***、**、*分别表示系数在1%、5%和10%水平下显著。

区分全球价值链前向与后向参与度来看,服务业通过前向参与度能获得更多的碳减排收益,而制造业后向参与度的提高将引致更多的碳排放。这一结果也同服务业行业与制造业行业不同生产分工阶段的特征有关。在制造业行业,前向生产环节涉及较多的研发设计、高技术电子元器件生产等高收益、低排放环节,后向生产环节主要涉及较多的中间品进口加工组装等劳动与能源资源投入较大但增加值收益较少的环节。[246] 对"一带一路"共建国家制造业行业而言,其在深入参与前向生产分工过程中,能在获得更多高质量增加值的过程中促进清洁生产;相反地,如果广泛参与后向分工环节,较为落后的能源与生产效率水平将引致更多的碳排放。相对而言,服务业整体行业生产与提供服务过程较为清洁,根据第4章的分析,除电热水供应部门外,前向与后向环节的服务业碳排放水平都相对较低。因此,提高前向参与度能增加参与清洁生产分工环节,获得的边际碳减排效应相对更大;同时,参与后向环节带来的碳排放增长也较慢。

2. 全球价值链生产位置视角

基于全球价值链生产位置视角的产业类型异质性检验结果列于表 6.10 中,其中第(1)~(4)列为全球价值链位置指数结果,第(5)~(8)列为前向生产长度结果,第(9)~(12)列为后向生产长度结果。表 6.10 中第(2)列与第(4)列中位置指数与服务业、制造业的相关系数分别为 -0.641 和 -0.304。由此说明,相对于服务业行业,位置指数的提高对制造业行业的碳减排效果较弱。这可能是因为虽然"一带一路"共建国家主要以制造业为主参与全球生产分工,但就生产位置而言,仍以中间品的生产加工等环节为主,与产品前向高端的研发设计等分工位置仍有较大的距离。而服务业的生产与提供服务过程相对而言更加清洁,但整体服务业参与全球生产分工的发展较为滞后,通过位置指数的提高,服务业整体能进一步获得的技术升级和能效的提高,将极大地促进碳减排的实现。

表6.10 不同产业类型行业异质性结果：生产位置视角

参数	(1) lnc	(2) lnc	(3) lnc	(4) lnc	(5) lnc	(6) lnc	(7) lnc	(8) lnc	(9) lnc	(10) lnc	(11) lnc	(12) lnc
	位置指数						前向生产长度			后向生产长度		
	服务业		制造业		服务业		制造业		服务业		制造业	
gvc_p	-0.477 (0.301)	-0.641** (0.301)	-0.235** (0.094)	-0.304* (0.157)								
plv_f					-0.143* (0.082)	-0.202** (0.083)	0.067*** (0.024)	0.018 (0.040)				
plv_b									-0.008 (0.140)	-0.071 (0.150)	0.010 (0.035)	0.244*** (0.063)
_cons	0.052 (0.836)	-1.412 (0.906)	-0.715*** (0.157)	-1.714*** (0.251)	-0.004 (0.802)	-1.329 (0.899)	-0.704*** (0.150)	-2.110*** (0.243)	-0.593 (0.844)	-1.952** (0.990)	-0.502*** (0.170)	-2.929*** (0.295)
控制变量	是	是	是	是	是	是	是	是	是	是	是	是
国家×行业固定效应	是	是	是	是	是	是	是	是	是	是	是	是
年份固定效应	否	是	否	是	否	是	否	是	否	是	否	是
R^2	0.193	0.242	0.220	0.354	0.194	0.244	0.220	0.353	0.189	0.236	0.219	0.355
N	5144	5144	9674	9674	5144	5144	9674	9674	5144	5144	9674	9674

注：括号内为系数估计的稳健标准误，***、**、*分别表示系数在1%、5%和10%水平下显著。

区分全球价值链前向与后向生产长度来看，相对于服务业行业，制造业行业前向生产长度增加的碳减排效用相对较弱，而后向生产长度的提高会导致更多的碳排放。制造业行业前向和后向生产长度变化对碳排放带来的更大影响同样与制造业行业的生产特征及分工位置相关。"一带一路"共建国家制造业行业相对于服务业有更大的前向生产位置的提升空间；服务业行业整体生产位置相对居于前向，前向生产长度的进一步提升意味着服务业行业优势的加大，从而带来更好的碳减排效果。相反地，"一带一路"共建国家制造业行业比服务业行业在后向生产环节参与较多的更加"污染"的分工环节，在向后向生产环节延伸的过程中，较大的生产与贸易规模会拉动更多的能源资源投入，从而引致更多的碳排放。

6.3.2 不同要素密集度行业的异质性结果分析

除不同产业类型外，33个行业在生产过程中具有不同的生产要素投入特征。总体来看，农矿业与初级制造业基本以劳动密集型投入为主，而化学金属制品等制造业以及出版、电信等服务业行业主要为资本密集型行业，电气设备等制造业以及维修运输等服务业行业主要以技术密集型投入为主。不同要素投入行业的生产特征与能源消费等存在较大差异，其在全球生产分工中也表现出差异化特征。因此，有必要从要素投入密集度视角进一步研究全球价值链嵌入对碳排放的行业异质性影响。

1. 全球价值链参与度视角

基于全球价值链视角，本书对不同要素密集度行业的异质性分析结果列于表6.11中，其中第（1）~（6）列为总参与度对不同要素密集度行业碳排放影响的实证结果，第（7）~（12）列为前向参与度的回归结果，第（13）~（18）列为后向参与度的回归结果。

从全球价值链总参与度来看，总参与度提高对三类行业碳排放的影响存在显著差异。具体来看，第（3）列与第（4）列中总参与度与资本密集型行业碳排放的相关系数显著为正，这说明深入参与全球生产分工会显著拉高"一带一路"共建国家资本密集型行业碳排放。资本密集型行业主要集中于光电、机械等制造业行业，"一带一路"共建国家在这些产品的生产分工中仍然处于较为弱势的地位。参与全球价值链虽然有助于吸收学习更为先进的生产技术经验，但由于经济发展水平与资本投入能力的限制，"一带一路"共建国家资本密集型行业的发展资金支持强度相对较低，在全球生产分工中难以培育高质量竞争优势，全球价值链参与度提高在增加生产与贸易利得的同时，也带动了较多相对"污染"行业的发展集聚，提高了能源消费与碳排放水平。

相反地，第（5）列与第（6）列中总参与度对技术密集型行业碳排放的影响显著为负，说明技术密集型行业参与全球生产分工是促进碳减排的有效途径。技术密集型行业的生产过程与工艺相对来说更加清洁环保，且生产要素投入需要的劳动资源等相对较少。近年来，"一带一路"共建国家的计算机、电子元器件与高技术服务业等技术密集型行业发展较快，虽然仍对高技术中间品有较大依赖，但通过深入参与全球生产分工，可以获得更多的技术转移与溢出，从而提高高技术生产环节的清洁比较优势水平，有利于碳减排目标的实现。总参与度对劳动密集型行业的碳减排效应不显著，可能的原因是"一带一路"共建国家以服装纺织等为主的劳动密集型行业凭借较为丰富的劳动力资源，发展较为迅速。虽然劳动密集型行业广泛参与国际分工与贸易，但其生产过程中消耗的能源资源相对于劳动要素增长可能较慢，因而深入参与全球价值链带来的碳减排收益相对较少。

区分全球价值链前向与后向参与度来看，前向参与度提高同样会带动资本密集型行业碳排放的增长，而减少技术密集型行业的碳排放。后向参与度提高对资本密集型行业的碳排放促进作用最大，劳动密集型行业次之，对技术密集型行业的碳排放拉动作用不显著。前向参与度提高意味着能参与更多增加值收益更大的前向生产环节，"一带一路"共建国家技术密集型行业，尤其是其中的制造业行业参与全球生产分工环节较多，但整体处于前向环节中相对落后的分工阶段，前向参与度提高带来的技术溢出的碳减排效应较难弥补生产与能源规模扩大带来的碳排放增长效应，整体上增加了碳排放。相对地，技术密集型行业的分工位置整体高于资本密集型行业，且更加清洁高效的生产特征决定其在深入参与前向分工环节中能够获得更多低排放、高质量增加值。

表 6.11 不同要素密度行业异质性实证结果：参与度视角

	参数	lnc	lnc	lnc	lnc	lnc	lnc
		劳动密集型		资本密集型		技术密集型	
总参与度	模型	(1)	(2)	(3)	(4)	(5)	(6)
	gvc_t	-0.476***	-0.057	0.157*	0.400***	-1.050***	-0.641***
		(0.096)	(0.099)	(0.087)	(0.085)	(0.131)	(0.124)
	_cons	-0.328	-1.649***	0.707***	-1.718***	-0.220	-2.999***
		(0.318)	(0.336)	(0.186)	(0.222)	(0.312)	(0.335)
	R^2	0.289	0.357	0.154	0.222	0.232	0.349
前向参与度	模型	(7)	(8)	(9)	(10)	(11)	(12)
	gvc_f	-0.391***	-0.001	0.406***	0.625***	-1.121***	-0.638***
		(0.106)	(0.105)	(0.103)	(0.100)	(0.148)	(0.140)
	_cons	-0.344	-1.667***	0.618***	-1.757***	-0.251	-3.058***
		(0.319)	(0.335)	(0.184)	(0.219)	(0.312)	(0.334)
	R^2	0.285	0.357	0.156	0.225	0.230	0.348
后向参与度	模型	(13)	(14)	(15)	(16)	(17)	(18)
	gvc_b	1.393***	0.511*	1.035***	0.777***	0.741***	0.275
		(0.289)	(0.296)	(0.319)	(0.300)	(0.209)	(0.205)
	_cons	-0.293	-1.591***	0.899***	-1.362***	-0.401	-3.206***
		(0.319)	(0.338)	(0.181)	(0.217)	(0.314)	(0.333)
	R^2	0.288	0.358	0.155	0.219	0.216	0.344
控制变量		否	是	否	是	否	是
国家×行业固定效应		是	是	是	是	是	是
年份固定效应		是	是	是	是	是	是
N		2618	2618	6732	6732	3366	3366

注：括号内为系数估计的稳健标准误，***、**、*分别表示系数在1%、5%和10%水平下显著。

后向生产环节产品生产过程中需要的技术水平相对较低，多为标准化加总组装等制造业环节，生产与能源效率相对较低。"一带一路"共建国家资本密集型行业在后向分工环节中广泛承担了较多的发达国家相对"污染"的生产环节；且受限于资本与研发投入能力，"一带一路"共建国家资本密集型行业的后向环节生产技术发展突破相对缓慢，后向参与度提高会在一定程度上推动"一带一路"共建国家落入低端陷阱，不利于碳减排。同样地，"一带一路"共建国家在后向分工环节中涉及较多的传统劳动密集型行业，高投入、高排放与低收益的特征使劳动密集型行业在深入后向分工环节过程中带动了更多的碳排放。"一带一路"共建国家技术密集型行业在后向生产环节的生产优势与规模相对较小，且技术密集型行业的整体生产技术水平较高，因而后向参与度提高对其碳排放增长的拉动作用不显著。

2. 全球价值链生产位置视角

不同全球价值链生产位置测度指标对不同要素密集度行业碳排放影响的实证结果列于表6.12中，其中第（1）~（6）列为位置指数对不同要素密集度行业碳排放影响的实证结果，第（7）~（12）列为前向生产长度的回归结果，第（13）~（18）列为后向生产长度的回归结果。

对于全球价值链位置指数，以考虑控制变量的固定效应回归结果为例，第（2）列中位置指数对劳动密集型行业碳排放的影响系数为-1.033，第（4）列中位置指数对资本密集型行业碳排放的影响系数为-0.478，第（6）列中位置指数对技术密集型行业碳排放的影响系数为-0.561。由此说明，提高全球价值链参与度对各种要素密集度行业的碳减排都具有重要作用，且对劳动密集型行业的碳减排效应较大，对资本与技术密集型行业的碳减排作用相对较小。全球价值链位置指数的提高说明参与行业整体生产位置的提升，这对"一带一路"共建国家所有类型行业都具有正向的技术溢出与拉动作用。

但对不同要素密集度行业而言，纺织服装、电子设备加工组装等劳动密集型行业是"一带一路"共建国家参与全球生产分工的传统优势生产环节，总体表现出高投入、低收益、高排放的生产特性。随着全球价值链位置指数的提高，劳动密集型行业在参与全球生产分工中可以提高技术含量，实现生产工艺的升级，以带来显著的碳减排效果。对于资本与技术密集型行业，一方面，"一带一路"共建国家的这两类行业在全球生产分工中处于弱势地位，高附加值、低排放的分工环节主要由发达国家占据；另一方面，"一带一路"共建国家整体行业发展与研发投入水平较低，国际贸易中的技术与环境壁垒等进一步限制了"一带一路"共建国家生产分工位置的升级，从而对碳减排的作用较小。

表 6.12 不同要素密集度行业异质性实证结果：生产位置视角

参数		lnc	lnc	lnc	lnc	lnc	lnc
		劳动密集型		资本密集型		技术密集型	
位置指数	模型	(1)	(2)	(3)	(4)	(5)	(6)
	gvc_p	-0.831***	-1.033***	-0.519***	-0.478***	-0.507*	-0.561***
		(0.220)	(0.210)	(0.143)	(0.138)	(0.274)	(0.079)
	$\_cons$	0.624	-0.532	1.355***	-0.910***	0.076	-3.102***
		(0.409)	(0.405)	(0.235)	(0.259)	(0.421)	(0.425)
	R^2	0.285	0.364	0.155	0.220	0.214	0.342
前向生产长度	模型	(7)	(8)	(9)	(10)	(11)	(12)
	plv_f	-0.236***	-0.251***	-0.114***	-0.130***	-0.201***	-0.249***
		(0.053)	(0.051)	(0.038)	(0.038)	(0.073)	(0.059)
	$\_cons$	0.595	-0.674*	1.229***	-0.916***	0.261	-2.875***
		(0.381)	(0.389)	(0.230)	(0.259)	(0.405)	(0.426)
	R^2	0.287	0.364	0.154	0.220	0.215	0.343
后向生产长度	模型	(13)	(14)	(15)	(16)	(17)	(18)
	ply_b	0.129	0.074	0.092	0.070	-0.157	-0.205*
		(0.084)	(0.088)	(0.058)	(0.062)	(0.096)	(0.112)
	$\_cons$	0.101	-1.398***	0.469*	-1.677***	0.084	-2.511***
		(0.431)	(0.463)	(0.273)	(0.314)	(0.451)	(0.535)
	R^2	0.281	0.357	0.153	0.219	0.214	0.343
控制变量		否	是	否	是	否	是
国家×行业固定效应		是	是	是	是	是	是
年份固定效应		是	是	是	是	是	是
N		2618	2618	6732	6732	3366	3366

注：括号内为系数估计的稳健标准误，***、**、*分别表示系数在1%、5%和10%水平下显著。

区分全球价值链前向与后向生产长度来看，根据表6.12中的回归结果，第（8）列与第（12）列中前向生产长度对劳动与技术密集型行业碳排放的影响系数分别为-0.251和-0.249；第（10）列中对资本密集型行业碳排放的影响系数相对较小，为-0.130。由此可见，前向生产长度的提高同样会给各行业带来较好的碳减排效应，且对劳动与技术密集型行业的影响较大。"一带一路"共建国家三种不同类型行业参与全球生产分工具有不同的特征,纺织服装、批发零售等劳动密集型行业以及光电设备等技术密集型行业的生产过程需要相对较多的劳动力与技术要素投入,而橡胶化工与金属制造等资本密集型行业在生产过程中除资本要素投入外,还需要相对较多的能源要素投入。因而,在向前向生产环节攀升的过程中,劳动与技术密集型行业获得的碳减排收益相对较高,资本密集型行业虽然高质量增加值获利能力提高,但高能耗的生产特征限制了前向生产长度增加对这类行业碳减排效应的发挥。

后向生产长度对劳动与资本密集度行业的影响不显著,第(18)列中对技术密集型行业碳排放的影响系数为-0.205,后向生产长度的延伸会给技术密集型行业带来一定的碳减排效果。当前,"一带一路"共建国家技术密集型行业的后向分工位置主要集中在加工组装等环节,随着后向生产长度的延伸,可能会进一步拓展到高附加值、低排放的市场营销等后向环节,从而也能发挥一定的碳减排作用。

6.4 行业层面全球价值链嵌入对碳排放影响机制的实证分析

基于模型(6.6)~模型(6.9),本书主要运用固定效应模型从规模效应与技术效应两个层面进行影响机制分析,实证研究全球价值链嵌入对"一带一路"共建国家行业层面碳排放的作用路径,以帮助"一带一路"共建国家更好地发挥参与全球价值链的碳减排效应。

6.4.1 规模效应的影响路径分析

对于规模效应,本书主要选取总产出与总能源消费作为衡量指标,从经济与能耗两个视角探讨不同全球价值链嵌入模式如何通过规模效应对"一带一路"共建国家行业层面的碳排放产生影响。具体实证结果列于表6.13中,其中第(1)~(12)列为全球价值链嵌入对生产规模效应影响的实证结果，第（13）~（24）列为全球价值链嵌入对能源消费规模效应影响的实证结果。

1. 生产规模扩张效应

从全球价值链参与度视角，以双固定结果为例，第（4）列中前向参与度对总产出的影响系数为0.073，第（8）列中后向参与度的影响系数为0.511，由此说明，前向与后向参与度的提高会拉动"一带一路"共建国家整体行业生产规模的扩张，且后向参与度的拉动作用更大。

"一带一路"共建国家近年来参与全球生产分工的程度不断加深，且整体参与行业主要以制造业行业为主，其生产过程相对于服务业行业等更加"污染"，且整体行业处于较为落后的生产位置。随着参与度的加深，国际市场需求的拉动将会有力带动"一带一路"共建国家生产规模的扩张，这也是国际贸易创造效应的体现，但在产品生产过程中，一定程度上也会拉动更多的能源资源消费与碳排放增长。区分不同参与模式来看，后向参与度提高对生产规模的拉动作用大于前向参与度，这也与"一带一路"共建国家在全球生产分工中处于相对弱势的分工地位有关。囿于经济与技术发展水平的限制，"一带一路"共建国家的国际分工优势主要集中于后向加工组装等生产环节，生产过程与国际先进水平相比具有高能耗、高排放的特征。相对地，虽然"一带一路"共建国家整体行业对高技术中间品进口依赖较大，承担的前向生产环节高技术增加值获利能力仍有待提高，但整体前向生产环节相对后向生产环节更加清洁高效。因此，整体而言，前向参与度提高对"一带一路"共建国家生产规模的拉动作用弱于后向参与度。

对全球价值链位置指数而言，表6.13中第（10）列与第（12）列中位置指数对生产规模效应的影响系数分别为-0.178和-0.111，说明位置指数的提高能相对削弱生产规模扩张效应。前向生产位置以产品设计研发、高技术中间品生产等高附加值环节为主。受国内行业发展水平与国际市场贸易壁垒等因素的影响，"一带一路"共建国家在上游生产位置的优势相对较小。随着位置指数的提高，"一带一路"共建国家整体行业的生产位置虽然能得到一定程度的提高，但由于比较优势的相对落后，其较难承担与后向生产环节体量相似的分工任务，因而可能会降低整体行业的产出规模。但从参与国际分工的增加值质量来看，位置指数提高将带来更多高质量增加值收益，在此过程中也能在一定程度上减少对能源资源等的依赖，从而有助于碳减排。

2. 能源消费规模扩张效应

对于能源消费规模扩张效应，表6.13第（16）列与第（24）列中前向参与度与位置指数对能源消费总量的影响系数分别显著为-0.256与-0.199，说明深入参与前向分工环节与提升前向分工地位是减少能源消耗的有效途径。相对地，第（20）列中后向参与度对能源消费总量的影响系数显著为0.110，广泛承担后向分工环节会拉动更多的能源消费投入，进而引致更多的碳排放。

不同全球价值链嵌入模式对能源消费需求的差异化影响与各分工环节的生产特征及要素投入结构相关。随着参与前向分工环节程度与位置的提升，一方面，前向分工环节相对来说需要更多的资本与技术等生产要素投入，产品生产过程中的能源需求比后向环节要少；且前向生产环节往往有更高的进技术与环境标准，为了满足市场需求，"一带一路"共建国家也将改进国内生产工艺与流程，从而提高产品的清洁生产能力与水平。另一方面，随着生产位置的升级，上游分工阶段中涉及更多的服务业与高技术制造业等环节，参与国际分工的行业结构可能发生改变，生产过程更加清洁高效，对能源投入的需求相对减少，从而进一步促进了碳减排。

相对而言，后向分工环节的生产技术门槛相对较低，对劳动力与能源等生产要素的投入依赖较大。长期以来，"一带一路"共建国家在后向生产环节培育了相对较大的比较优势，承担了较多的发达国家高能耗、高排放的产业转移。加之"一带一路"共建国家相对落后的生产与能效水平，其在国际分工中获得单位增加值需要更多的生产要素投入。因而，后向参与度提高会较大程度地拉动相对落后产业的集聚与产出规模，带动更多劳动力与能源要素等流入后向生产行业，同时促进了碳排放的较快增长。

表 6.13 行业层面影响机制实证检验结果：规模效应

参数	(1) lngo	(2) lngo	(3) lngo	(4) lngo	(5) lngo	(6) lngo	(7) lngo	(8) lngo	(9) lngo	(10) lngo	(11) lngo	(12) lngo
	前向参与度				后向参与度				位置指数			
gvc_f	0.522*** (0.058)	0.369*** (0.042)	0.036* (0.019)	0.073*** (0.017)								
gvc_b					3.689*** (0.114)	0.933*** (0.089)	0.423*** (0.041)	0.511*** (0.037)				
gvc_p									−0.737*** (0.094)	−0.178*** (0.066)	−0.089*** (0.030)	−0.111*** (0.027)
_cons	9.576*** (0.014)	9.184*** (0.014)	1.486*** (0.039)	0.608*** (0.041)	8.735*** (0.030)	8.882*** (0.024)	1.458*** (0.038)	0.560*** (0.040)	10.445*** (0.096)	9.289*** (0.069)	1.593*** (0.050)	0.761*** (0.050)
R²	0.008	0.520	0.897	0.917	0.094	0.522	0.898	0.918	0.006	0.517	0.897	0.917
N	10840	10840	10357	10357	10840	10840	10357	10357	10840	10840	10357	10357

生产规模效应

续表

参数	(13)	(14)	(15)	(16)	(17)	(18)	(19)	(20)	(21)	(22)	(23)	(24)
	lntotene	lntotene	lntotene	lntotene	lntotene	lntotene	lntotene	lntotene	lntotene	lntotene	lntotene	lntotene
		前向参与度			后向参与度				位置指数			
gvc_f	-0.668*** (0.047)	-0.709*** (0.048)	-0.291*** (0.024)	-0.256*** (0.024)								
gvc_b					1.181*** (0.101)	1.000*** (0.106)	0.030 (0.053)	0.110** (0.054)				
gvc_p									-0.264*** (0.079)	-0.124 (0.079)	-0.207*** (0.039)	-0.199*** (0.039)
_cons	9.176*** (0.011)	9.102*** (0.018)	0.850*** (0.050)	0.614*** (0.058)	8.716*** (0.026)	8.713*** (0.030)	0.779*** (0.050)	0.490*** (0.058)	9.293*** (0.081)	9.080*** (0.082)	0.998*** (0.065)	0.715*** (0.071)
R^2	0.017	0.044	0.770	0.773	0.012	0.034	0.766	0.770	0.001	0.026	0.767	0.770
N	12292	12292	10357	10357	12292	12292	10357	10357	12291	12291	10357	10357
控制变量	否	否	是	是	否	否	是	是	否	否	是	是
国家×行业固定效应	是	是	是	是	是	是	是	是	是	是	是	是
年份固定效应	否	是	否	是	否	是	否	是	否	是	否	是

注：括号内为系数估计的稳健标准误，***、**、*分别表示系数在1%、5%和10%水平下显著。

6.4.2 技术效应的影响路径分析

从技术效应视角，本章选取资本存量与劳动人口的人均增加值两个指标，从技术创新与生产效率两个视角，实证研究不同全球价值链参与模式通过技术效应对碳排放的影响机制。实证结果列于表 6.14 中，其中第（1）~（12）列为全球价值链嵌入对技术创新效应影响的实证结果，第（13）~（24）列为全球价值链嵌入对生产效率效应影响的实证结果。

1. 技术创新效应

对于技术创新效应，表 6.14 中第（2）列与第（4）列前向参与度对资本存量的影响系数显著为 0.285 和 0.101；第（6）列与第（8）列中后向参与度的系数分别为 -2.022 和 -2.833；位置指数的影响系数虽然在双固定情况下不显著，但整体表现出对资本存量的正向影响。因此，总体来看，前向参与度与位置指数的提高在一定程度上能促进行业资本的积累，从而能为企业技术研发提供较好的资金支持，促进技术创新；而后向参与度提高则不利于技术创新。

不同全球价值链参与模式对技术创新效应的差异化影响与其生产分工特征有较大相关性。前向分工环节，尤其是生产位置较高的生产环节需要更先进的技术水平支持。因此，随着前向参与度与位置指数的提高，一方面，"一带一路"共建国家可以获得更多的技术溢出效应，学习更多发达国家先进的管理与生产经验，提高行业产品技术含量与高质量增加值获利能力，从而更有利于行业企业积累要素与资金等生产资本，为科技研发提供更有力的支持；另一方面，倒逼机制的存在使"一带一路"共建国家在寻求价值链升级的过程中必须加大研发力度，促进行业资本存量更高效地投入科研创新，从而加速技术转型升级，提高产业的价值创造能力，整体生产工艺与技术的改进也有助于协同实现低碳生产贸易。

而在后向分工环节，生产技术要求与门槛相对较低，技术学习与模仿成本较低；加之相对较低的环境与排放标准，"一带一路"共建国家在广泛参与后向生产阶段的过程中，较难从分工产业链中获得高质量的技术提升。后向生产环节相对较大的比较优势容易促使"一带一路"共建国家将国内资源集中于生产低效、低附加值行业产品，增加值获利能力较低，不利于生产资本的积累扩张，限制了行业企业的科研创新投入与发展。

2. 生产效率效应

对于生产效率效应，表6.14中第（16）列与第（24）列前向参与度与位置指数对劳动人口的人均增加值的影响系数分别显著为0.078与0.252。由此说明，深入参与前向生产分工，尤其是生产位置的提升能显著促进"一带一路"共建国家生产效率的提高。第（20）列中后向参与度的影响系数显著为-2.592，说明广泛承担后向分工任务对生产效率起抑制作用。

不同全球价值链嵌入模式对生产效率的差异化影响与各分工环节的增加值创造能力有较大相关性。生产效率的提高意味着单位劳动可以创造更多的增加值收益。对不同的分工环节而言，前向分工阶段包含更多高技术制造业与服务业环节；劳动力的价值体现在产品的设计研发，以及服务业行业提供的技术咨询、法律服务等脑力或智慧劳动创造的价值，单位劳动力可以创造更多增加值收益。而且相对而言，生产位置的提高比前向参与度的提高对生产效率的拉动作用更大。可能的原因是，生产位置的提高不但提高了整体产业的技术水平，也可能改善产业分工结构，使增加值来源的质量与结构都得到改善。而前向参与度提高虽然也会涉及一定的生产位置的提升，但对"一带一路"共建国家而言，由于技术水平的限制，前向参与度提高的主要来源可能为相对固定生产阶段的分工任务的增加。相对而言，位置提升带来的增加值收益在质量上更加高级，对单位劳动力增加值创造能力的提升作用更大，生产效率提升速度较快。

在后向生产环节，一方面，后向分工任务本身涉及相对较少的技术投入，进入门槛较低；另一方面，凭借充裕的劳动力竞争优势，"一带一路"共建国家在后向分工中，劳动力创造增加值的途径大部分来源于提供体力劳动创造的价值。后向参与度的提高，会引导国内外资金与劳动力等进一步流向相对落后的高投入、低收益、高排放的后向生产环节。虽然规模效应的存在能在一定程度上降低生产成本，但长期落后的技术含量与发展水平的限制，使得下游劳动力难以提升增加值创造能力，生产效率提升相对较慢，也不利于清洁生产能力的发展。

表 6.14 行业层面影响机制实证检验结果：技术效应

参数		(1) lncap	(2) lncap	(3) lncap	(4) lncap	(5) lncap	(6) lncap	(7) lncap	(8) lncap	(9) lncap	(10) lncap	(11) lncap	(12) lncap
			前向参与度				后向参与度				位置指数		
技术创新效应	gvc_f	0.560*** (0.076)	0.285*** (0.066)	0.097*** (0.023)	0.101*** (0.023)								
	gvc_b					−1.078*** (0.156)	−2.022*** (0.142)	−2.810*** (0.123)	−2.833*** (0.123)				
	gvc_p									0.397*** (0.123)	0.171 (0.106)	0.166* (0.093)	0.097 (0.091)
	_cons	7.704*** (0.018)	7.329*** (0.023)	0.949*** (0.124)	−0.879*** (0.146)	7.552*** (0.041)	7.754*** (0.038)	1.196*** (0.120)	−0.393*** (0.142)	8.235*** (0.126)	7.095*** (0.110)	0.762*** (0.156)	−0.962*** (0.171)
	R^2	0.006	0.284	0.467	0.499	0.005	0.297	0.495	0.526	0.001	0.283	0.467	0.499
	N	11521	11521	10352	10352	11521	11521	10352	10352	11521	11521	10352	10352

续表

参数	(13) lnempva	(14) lnempva	(15) lnempva	(16) lnempva	(17) lnempva	(18) lnempva	(19) lnempva	(20) lnempva	(21) lnempva	(22) lnempva	(23) lnempva	(24) lnempva
		前向参与度				后向参与度				位置指数		
gvc_f	0.967*** (0.060)	0.019 (0.039)	0.078*** (0.023)	0.078*** (0.024)								
gvc_b					−1.448*** (0.123)	−2.038*** (0.081)	−2.448*** (0.045)	−2.592*** (0.046)				
gvc_p									0.643*** (0.098)	−0.041 (0.062)	0.242*** (0.038)	0.252*** (0.038)
_cons	3.172*** (0.014)	2.707*** (0.014)	−0.621*** (0.049)	−0.372*** (0.057)	3.014*** (0.032)	3.194*** (0.022)	−0.374*** (0.042)	0.080 (0.049)	4.046*** (0.100)	2.745*** (0.064)	−0.857*** (0.063)	−0.603*** (0.069)
R^2	0.024	0.612	0.864	0.866	0.013	0.633	0.896	0.900	0.004	0.612	0.865	0.867
N	11521	11521	10352	10352	11521	11521	10352	10352	11521	11521	10352	10352
控制变量	否	否	是	是	否	否	是	是	否	否	是	是
国家×行业固定效应	是	是	是	是	是	是	是	是	是	是	是	是
年份固定效应	否	是	否	是	否	是	否	是	否	是	否	是

注：括号内为系数估计的稳健标准误，***、**、* 分别表示系数在1%、5%和10%水平下显著。

6.5 本章小结

本章基于 2000—2018 年 22 个"一带一路"共建国家 33 个细分行业的面板数据，主要运用固定效应模型实证研究全球价值链嵌入对"一带一路"共建国家行业层面碳排放的影响。同时，为了考察行业异质性的影响，运用交叉项模型和分样本检验方法，分别研究全球价值链嵌入对不同产业类型行业以及不同要素密集度行业碳排放的异质性影响；并进一步从规模效应与技术效应视角研究不同全球价值链嵌入模式对行业碳排放的影响机制，主要研究发现如下：

从整体行业层面来看，不同全球价值链嵌入模式对行业碳排放的作用存在较大差异。从全球价值链参与度视角来看，总参与度与行业碳排放负相关，说明深入参与全球生产分工有利于"一带一路"共建国家整体行业层面实现碳减排；区分全球价值链前向与后向参与度来看，前向参与度提高与碳排放负相关，而后向参与度提高与碳排放正相关，由此说明，"一带一路"共建国家整体行业参与前向生产环节更有利于实现清洁生产，而深入参与后向生产分工则会带来更多的碳排放。从全球价值链生产位置视角来看，位置指数与"一带一路"共建国家整体行业碳排放相关系数显著为负，由此说明，提升全球价值链位置是实现行业碳减排的有效措施；同样，全球价值链前向生产长度增加能更好地抑制行业碳排放，而后向生产长度增加则会引致更多的碳排放。

从行业异质性层面来看，全球价值链嵌入对"一带一路"共建国家制造业和服务业行业碳排放的影响差异较大，全球价值链嵌入对制造业行业碳排放的影响更大。从参与度视角来看，相对于服务业行业，全球价值链总参与度（前向参与度）提高对制造业（服务业）行业的碳减排效应更大，同时后向参与提高对制造业行业碳排放增长的拉动作用更大。从生产位置视角来看，全球价值链位置指数和前向生产长度对服务业行业碳排放的抑制作用更强，后向生产长度对制造业碳排放的拉动作用更强。这种"一带一路"共建国家制造业和服务业行业实证结果的显著差异与行业生产特性和其更为深入的全球生产分工参与特征有关。"一带一路"共建国家在全球生产分工中以制造业行业参与为主,且承担较多的后向生产分工环节,而服务业行业在全球价值链中参与较少;在生产与提供服务的过程中,制造业行业相对需要更多的能源资源投入,产生的碳排放更多。因而,在参与全球价值链的过程中,较大的生产体量与能耗决定了其对全球生产分工的变动更为敏感。

  对不同要素密集度行业而言,从参与度视角,"一带一路"共建国家总参与度与前向参与度的提高会引致资本密集型行业更多的碳排放增长,而对劳动与技术密集型行业的碳排放有显著的抑制作用。"一带一路"共建国家资本密集型行业在全球生产分工中主要承担相对劣势的后向分工任务,且生产过程相对技术与劳动密集型行业需要更多的能源消耗,参与全球生产分工程度的加深带来的生产与能耗规模的扩张不利于碳减排。相对清洁的资本与劳动密集型行业参与全球生产分工程度的加深,技术的溢出效应等会带来更强的碳减排效应。后向参与度提高则会拉动资本与劳动密集型行业碳排放的增长,这两类行业是"一带一路"共建国家后向分工中的传统优势行业,后向参与度提高会在一定程度上推动"一带一路"共建国家落入低端陷阱,不利于碳减排。从生产位置视角来说,位置指数提升与前向生产长度增加对三类要素密集度行业均能发挥较好的碳减排效果,其中对劳动密集型行业的碳减排作用最大。劳动密集型行业是"一带一路"共建国家在全球生产分工中的优势行业且进入的技术门槛相对较低,前向生产位置的升级,能有效增加产品的高质量附加值收益并同时促进碳减排。"一带一路"共建国家资本与技术密集型行业在全球生产分工中处于相对弱势地位,且受本国经济技术发展水平的限制以及国际市场各类贸易壁垒的限制,较难实现生产位置的跨越升级,碳减排效应相对较弱。后向生产长度的提高在一定程度上有助于技术密集型行业实现碳减排,对劳动与资本密集型行业的碳排放则影响不显著。

  从影响机制来看,不同全球价值链嵌入模式通过对规模与技术效应的影响,从而对碳排放产生差异化影响。全球价值链前向参与度与位置指数的提高均对"一带一路"共建国家行业层面碳排放发挥显著的抑制作用。对规模效应而言,前向参与度提高在一定程度上能带动产出规模的扩大,但同时前向生产环节提高带来的生产与能源技术的改善对能源消费规模有一定的抑制作用；位置指数提高会显著改善高质量增加值获利能力，对生产与能耗规模扩大都发挥了较大的抑制作用。同时，对技术效应而言，前向参与度和位置指数的提高都有助于"一带一路"共建国家资本的积累，从而能为各行业企业的科研创新提供较好的资本支持。在广泛参与前向分工环节的过程中，技术溢出与学习效应的增强会带来生产效率的显著提升，尤其是位置指数升级不但能提高高质量增加值获利能力，同时能优化参与分工的产业结构，对整体行业生产效率的提升作用更大，能更有效地促进整体行业的碳减排。"一带一路"共建国家在后向生产环节中的比较优势与参与分工规模相对较大，后向参与度的提高会拉动后向较为落后产业的生产规模扩张，同时会带动更多能源消费的投入；且后向环节的增加值获利能力相对较差，生产要素广泛流入后向环节抑制了行业企业增加值与资本的创造积累，不利于企业科研创新的进一步发展与生产效率的提高，同时也将引致更多的碳排放。

第 7 章 全球价值链嵌入对"一带一路"共建国家碳排放影响的实证分析：企业层面

第 5 章与第 6 章分别从国家层面与行业层面分析了全球价值链嵌入对"一带一路"共建国家碳排放的影响。然而，过去几十年来，随着国际生产网络的扩张，国家之间的互联性日益增强，全球价值链的快速发展极大地影响了与全球化相关的经济与环境政策的制定。[247] 作为联结国家间生产与贸易的重要纽带，跨国企业的作用越来越受到政策制定者的关注，跨国企业被认为是全球价值链内部国际生产分化和第二次分拆的重要驱动力。[248] 越来越多的公司在国外设立分支机构，以服务当地市场或寻求其他国家的有利位置因素，如自然资源、低劳动力成本、专业知识等[249]，"一带一路"共建国家也是吸引外资的重要经济区域。跨国企业在国际经营与市场竞争方面具有丰富的经验，为满足国际市场需求，会对东道国本地的生产经营活动产生重要影响；生产过程中涉及较多的劳动力、能源资源等投入，进而影响当地的碳排放等环境问题。

虽然人们对外资企业在当今全球经济与环境问题治理中的重要性的认识逐渐加深，但关于跨国企业发挥的具体作用等经验证据的研究并不广泛。缓解全球气候变化需要政府、企业和投资者采取更积极的行动。跨国企业在"一带一路"共建国家的经济发展中发挥着重要作用，第 4 章的研究发现，"一带一路"共建国家的跨国企业同样深入融入全球生产分工，且是国内总碳排放的重要来源，与本地企业一样是碳减排的重要驱动力。

为了进一步探索内资与外资企业在"一带一路"共建国家碳减排中发挥的不同作用,本章从所有权视角进行进一步分析,重点关注各行业内资与外资企业全球价值链嵌入对碳排放作用的差异。基于此,本章将"一带一路"共建国家各行业企业划分为内资企业和外资企业,进一步研究全球价值链嵌入对内资与外资企业碳排放的差异化影响。在此基础上,考虑内资与外资企业在东道国参与经营的行业类型的差异,同样将所有行业按照产业类型与要素密集度进行分类,进一步研究分析企业所有权异质性视角下的行业异质性影响。

7.1 模型构建与数据来源

7.1.1 基准模型构建与变量说明

借鉴王玉燕等[146]和 Zheng 等[184]构建的全球价值链嵌入的碳排放效应模型,本章进一步考虑企业所有权的异质性,分别构建针对内资与外资企业的实证模型。

内资企业:

$$\ln Dc_{ijt} = \alpha_0 + \alpha_1 Dgvc_{ijt} + \alpha_2 z_{ijt} + \delta_{ij} + \mu_t + \varepsilon_{ijt} \tag{7.1}$$

外资企业:

$$\ln Fc_{ijt} = \alpha_0 + \theta_1 Fgvc_{ijt} + \theta_2 z_{ijt} + \delta_{ij} + \mu_t + \varepsilon_{ijt} \tag{7.2}$$

模型中,D 代表内资企业的相关变量,F 代表外资企业的相关变量。以式(7.1)为例,$\ln Dc_{ijt}$ 代表"一带一路"共建国家内资企业层面碳排放的对数形式;$Dgvc_{ijt}$ 代表 $\{gvc\_f_{ijt}, gvc\_b_{ijt}, gvc\_p_{ijt}\}$。与第 5 章及第 6 章的指标选取不同,本章主要选取前向参与度、后向参与度与位置指数三个全球价值链嵌入测度指标进行分析。一方面,国家与行业层面的分析较为全面地探索了不同全球价值链嵌入指标对碳排放发挥的异质性作用;另一方面,本章选取的三个指标同样具有较好的代表性以衡量不同的全球价值链嵌入模式。本章内容是对行业层面的深入探讨分析，重点关注各行业中内资与外资企业的异质性结果。z_{ijt} 代表控制变量 $\{\ln emp_{ijt}, \ln pergo_{ijt}, \ln wage_{ijt}, \ln gdpene_{ijt}\}$，其中劳动投入总量（$\ln emp_{ijt}$）由行业生产投入的劳动力数量表示；人均产出（$\ln pergo_{ijt}$）用劳动人口的单位产出表示；雇佣报酬（$\ln wage_{ijt}$）用劳动人口的劳动收入报酬表示；能源效率（$\ln gdpene_{ijt}$）主要由单位产出的能源消耗表示。$i$ 代表国家，j 代表行业，t 代表年份；δ_{ij} 和 μ_t 分别代表国家×行业固定效应和时间固定效应。模型（7.2）中各变量的含义与模型（7.1）一致，主要为外资企业视角的各变量。

7.1.2 行业异质性检验模型构建

内资企业与外资企业在东道国生产贸易与碳排放方面存在显著的行业差异，因此，除了对行业整体进行实证分析，本章同样关注内资企业与外资企业的行业异质性影响。一方面，将内资企业与外资企业所有行业按照产业类型划分为制造业与服务业（包含服务业和农矿业），研究内资企业与外资企业全球价值链嵌入对制造业与服务业碳排放影响的差异；另一方面，按照要素密集度将所有行业划分为劳动密集型行业、资本密集型行业与技术密集型行业，研究全球价值链嵌入对内资企业与外资企业中不同要素密集度行业碳排放影响的差异。具体模型构建如下。

以内资企业为例，内资企业全球价值链嵌入对制造业与服务业碳排放影响的异质性检验模型如式（7.3）和式（7.4）所示；外资企业的模型构建结构一致，只需将所有变量替换为外资企业层面数据。

内资企业制造业行业：

$$\ln Dc\_man_{ijt} = b_0 + b_1 Dgvc\_man_{ijt} + b_2 z\_man_{ijt} + d_{ij} + m_t + e_{ijt} \quad (7.3)$$

内资企业服务业行业：

$$\ln Dc\_ser_{ijt} = b_0 + b_1 Dgvc\_ser_{ijt} + b_2 z\_ser_{ijt} + d_{ij} + m_t + e_{ijt} \quad (7.4)$$

在对内资企业全球价值链嵌入对不同要素密集度行业碳排放影响的异质性分析中，主要模型为式（7.5）~式（7.7）。同样地，通过将所有变量替换为外资企业层面数据进行外资企业视角的实证研究。

内资企业劳动密集型行业：

$$\ln Dc\_lab_{ijt} = f_0 + f_1 Dgvc\_lab_{ijt} + f_2 z\_lab_{ijt} + d_{ij} + m_t + e_{ijt} \tag{7.5}$$

内资企业资本密集型行业：

$$\ln Dc\_cap_{ijt} = f_0 + f_1 Dgvc\_cap_{ijt} + f_2 z\_cap_{ijt} + d_{ij} + m_t + e_{ijt} \tag{7.6}$$

内资企业技术密集型行业：

$$\ln Dc\_tec_{ijt} = f_0 + f_1 Dgvc\_tec_{ijt} + f_2 z\_tec_{ijt} + d_{ij} + m_t + e_{ijt} \tag{7.7}$$

7.1.3 影响机制检验模型构建

本章从内资企业与外资企业视角出发，研究对象涉及各行业整体。与第6章的研究内容类似，在影响机制的实证分析中，本章主要从规模和技术效应视角探讨内资企业与外资企业全球价值链嵌入对碳排放影响路径的差异。以内资企业为例，构建影响机制实证检验模型，如式（7.8）~式（7.11）所示。同样地，将所有变量替换为外资企业层面数据，可以实现对外资企业影响机制的实证分析。

内资企业规模效应：

$$\ln trade_{ijt} = \alpha_0 + \alpha_1 gvc_{ijt} + \alpha_2 z_{ijt} + \delta_{ij} + \mu_t + \varepsilon_{ijt} \tag{7.8}$$

$$\ln totene_{ijt} = \alpha_0 + \alpha_1 gvc_{ijt} + \alpha_2 z_{ijt} + \delta_{ij} + \mu_t + \varepsilon_{ijt} \tag{7.9}$$

内资企业技术效应：

$$\ln cap_{ijt} = \alpha_0 + \alpha_1 gvc_{ijt} + \alpha_2 z_{ijt} + \delta_{ij} + \mu_t + \varepsilon_{ijt} \tag{7.10}$$

$$\ln empva_{ijt} = \alpha_0 + \alpha_1 gvc_{ijt} + \alpha_2 z_{ijt} + \delta_{ij} + \mu_t + \varepsilon_{ijt} \tag{7.11}$$

第 7 章　全球价值链嵌入对"一带一路"共建国家碳排放影响的实证分析：企业层面

对于规模效应，本书选取中间品进出口总额（lntrade）代表贸易规模效应；用能源消费量（lntotene）表示能源消费规模效应。对于技术效应，本书选取资本存量（lncap）代表技术创新效应，资本存量的增加能在一定程度上反映出企业具有更强的技术研发投入能力，有利于促进技术创新；用劳动人口的人均增加值（lnempva）表示劳动生产率，单位劳动创造的增加值越多，说明生产技术水平越高，生产效率越高。gvc_{ijt} 代表全球价值链嵌入指标，在影响机制的实证检验中，本章集中分析前向参与度、后向参与度、位置指数通过规模效应与技术效应对行业碳排放的影响。其他变量的含义与模型（7.1）的设定相同。

7.1.4　数据来源与处理

本章主要是基于企业所有权异质性进行研究，由于计算全球价值链测度指标所使用的投入产出表数据的限制，本章所使用的数据主要为 2005—2016 年 22 个国家区分内资企业与外资企业的 33 个细分行业的面板数据。具体而言，内资企业与外资企业各行业全球价值链参与度指标的计算主要是基于 OECD 区分内资、外资企业的国家间投入产出表计算所得；碳排放数据主要来自 WIOD 分行业排放数据，由于目前统计数据没有给出各行业按照所有权分类的内资企业与外资企业排放数据，本书参考 Jiang 等[250] 的思想，考虑碳排放与能源消费之间的密切关系，将各行业的总碳排放按照内资企业与外资企业在投入产出表中对能源行业的消费比重作为权重进行拆分，进而将行业总碳排放拆分成内资企业部分与外资企业部分。计算控制变量所需要的劳动人口数量、劳动报酬变量，影响机制中与技术效应相关的资本存量与增加值变量等来自 WIOD 和 OECD 数据库，并按照投入产出表中的总产出占比进行拆分；内资企业与外资企业中间品进出口贸易数据主要来自 OECD 的 MNE 数据库；能源消费数据来自 WIOD 提供的各行业能源消费数据，与碳排放一样，按照能源消费结构拆分。本章相关变量描述性统计列于表 7.1 中。

表 7.1 变量描述性统计：企业所有权异质性层面

企业类型	变量名称	代码	样本量	均值	中位数	标准差	最小值	最大值
内资企业	碳排放	lnc_w	7827	4.80	4.77	3.00	-7.40	14.37
	前向参与度	gvc_f	7878	0.23	0.19	0.17	0.00	0.99
	后向参与度	gvc_b	7878	0.25	0.23	0.14	0.01	0.89
	位置指数	gvc_p	7878	0.99	0.97	0.16	0.59	1.73
	劳动投入总量	$lnempe$	7838	5.60	4.89	2.37	1.46	16.50
	人均产出	$lnpergo$	7175	3.45	3.34	2.39	-5.50	12.60
	雇佣报酬	$lnwage$	7179	7.28	6.75	3.59	-2.30	19.85
	能源效率	$lngdpene$	7717	0.42	0.29	3.61	-13.43	15.05
	中间品进出口总额	$lntrade$	7878	6.87	6.86	2.01	-1.52	12.91
	能源消费量	$lntotene$	7717	8.48	8.45	3.13	-3.75	17.84
	资本存量	$lncap$	6509	8.97	8.30	3.81	-1.75	21.95
	人均增加值	$lnempva$	7063	3.67	3.62	0.99	-0.23	8.68
外资企业	碳排放	lnc_w	7706	3.10	3.43	3.67	-15.67	11.41
	前向参与度	gvc_f	7745	0.29	0.25	0.22	0.00	1.29
	后向参与度	gvc_b	7745	0.33	0.31	0.18	0.00	1.00
	位置指数	gvc_p	7501	0.98	0.95	0.17	0.52	1.82
	劳动投入总量	$lnempe$	7070	5.67	4.94	2.42	1.46	16.50
	人均产出	$lnpergo$	7745	1.60	2.06	3.19	-16.76	8.76
	雇佣报酬	$lnwage$	7074	5.48	5.31	4.23	-12.71	17.83
	能源效率	$lngdpene$	7578	0.37	0.34	3.48	-13.43	15.34
	中间品进出口总额	$lntrade$	7739	5.46	6.10	3.44	-16.12	12.76
	能源消费量	$lntotene$	7745	6.6	6.93	3.44	-10.9	14.67
	资本存量	$lncap$	6420	7.16	6.99	4.34	-11.44	19.82
	人均增加值	$lnempva$	7063	3.48	3.50	1.32	-8.82	8.67

第7章 全球价值链嵌入对"一带一路"共建国家碳排放影响的实证分析：企业层面

7.2 基准回归结果与稳健性分析

7.2.1 基准回归结果分析

基于模型（7.1）与模型（7.2），本书运用固定效应模型对全球价值链嵌入对"一带一路"共建国家内资企业与外资企业的各行业碳排放的影响进行分析，实证结果列于表7.2和表7.3中。在进行面板数据回归之前，首先进行了Hausman检验以进行模型选择，结果表明，固定效应回归模型更适用于本章研究。

从全球价值链参与度视角来看，对于前向参与度，表7.2中第（2）列与第（4）列前向参与度对"一带一路"共建国家内资企业与外资企业碳排放的影响系数分别为-0.567和0.520。由此说明，前向参与度的提高会降低内资企业碳排放，而对外资企业碳排放具有显著的促进作用。可能的原因是，以跨国公司为主的外资企业虽然整体上生产技术水平高于内资企业，但从国际分工的视角，由于国内较严格的环境排放约束以及先进技术的垄断保护，外资企业在进行国际分工转移过程中，主要将劳动与资源密集型等高污染、高排放环节转移到国外。内资企业虽然整体发展水平较低，但在参与国际分工时，主要生产出口比较优势产品，相对于整体行业可能有更高的生产技术水平。因而，在参与前向分工环节时，内资企业通过技术溢出等获得的生产技术水平提高效应更大，带来了更好的边际碳减排效果；而外资企业在前向生产环节生产规模与能源消费规模的扩张带来的碳排放拉动作用可能超过了技术水平提高带来的碳减排效应，因而整体上拉动了碳排放增长。

对于全球价值链后向参与度，表7.2中第（6）列与第（8）列后向参与度对内资企业与外资企业碳排放的影响系数分别为1.802和2.473，后向参与度提高均会拉动内资企业与外资企业碳排放增长，且对外资企业碳排放增长的拉动作用更大。大部分"一带一路"共建国家整体经济仍处于加速转型阶段，生产技术与环境规制水平相对较低，近年来广泛承担了发达国家的低端产业转移，整体上后向生产效率与排放效率较低。相对内资企业而言，"一带一路"共建国家外资企业的生产与贸易环节主要集中于后向生产和技术门槛较低的低附加值、高排放部门，如高能耗的制造业生产部门等。内资企业除了承担后向制造业环节，也将发挥本土优势，参与较多后向的销售咨询等附加值含量较高的服务业环节。因而，后向参与度的提高会更多地拉动外资企业的碳排放。

表7.2 企业所有权异质性层面基准回归结果：前向参与度与后向参与度对碳排放的影响

参数	(1) ln*dc*	(2) ln*dc*	(3) ln*fc*	(4) ln*fc*	(5) ln*dc*	(6) ln*dc*	(7) ln*fc*	(8) ln*fc*
	前向参与度				后向参与度			
	内资企业		外资企业		内资企业		外资企业	
gvc_f	-0.701*** (0.159)	-0.567*** (0.162)	0.319*** (0.105)	0.520*** (0.105)				
gvc_b					1.271*** (0.194)	1.802*** (0.189)	2.336*** (0.107)	2.473*** (0.105)
lnempe	1.026*** (0.045)	0.874*** (0.043)	1.423*** (0.043)	1.386*** (0.042)	0.963*** (0.046)	0.767*** (0.044)	1.277*** (0.042)	1.239*** (0.041)
lnpergo	0.188*** (0.037)	0.121*** (0.035)	0.506*** (0.040)	0.486*** (0.039)	0.129*** (0.038)	0.043 (0.036)	0.376*** (0.039)	0.356*** (0.038)
lnwage	-0.166*** (0.036)	-0.096*** (0.035)	-0.487*** (0.040)	-0.464*** (0.039)	-0.112*** (0.037)	-0.021 (0.036)	-0.360*** (0.039)	-0.336*** (0.038)
lngdpene	0.086*** (0.013)	-0.047*** (0.014)	0.386*** (0.013)	0.287*** (0.014)	0.083*** (0.013)	-0.051*** (0.014)	0.292*** (0.013)	0.186*** (0.014)
_cons	1.579*** (0.126)	2.013*** (0.124)	0.424*** (0.094)	0.723*** (0.097)	1.250*** (0.119)	1.960*** (0.119)	0.052 (0.087)	0.356*** (0.090)
国家×行业固定效应	是	是	是	是	是	是	是	是
年份固定效应	否	是	否	是	否	是	否	是
R^2	0.186	0.264	0.522	0.548	0.189	0.273	0.553	0.581
N	7827	7827	7004	7004	7706	7706	6898	6898

注：括号内为系数估计的稳健标准误，***、**、*分别表示系数在1%、5%和10%水平下显著。

对于全球价值链位置指数，表7.3中第（4）列与第（8）列位置指数对内资企业与外资企业碳排放的影响系数显著为-0.292和-0.315。由此可以看出，位置指数提升对内资企业与外资企业碳排放的影响均为负，且对各行业外资企业的减排效果相对较大。根据第4章的测算结果，"一带一路"共建国家外资企业在全球价值链中所处的生产位置相对高于内资企业，这也与外资企业相对较高的生产技术水平等相关。一般而言，能进行跨国经营的外资企业，其生产规模与效率相对较高。因而，位置指数的提升会进一步发挥外资企业的清洁生产特征，在获得更多增加值的同时带来更好的碳减排效果。对于内资企业而言，位置指数的提升同样能反映生产技术的进步以及价值链的升级，但受限于国内相对落后的经济发展水平与较少的研发投入支持，以及国际市场中的贸易与技术壁垒等，内资企业通过位置指数升级获得的技术提升效应相对较小，发挥的碳减排作用相对较小。

表7.3 企业所有权异质性层面基准回归结果：位置指数对碳排放的影响

参数	(1)	(2)	(3)	(4)	(5)	(6)	(7)	(8)
	ln*dc*	ln*dc*	ln*dc*	ln*dc*	ln*fc*	ln*fc*	ln*fc*	ln*fc*
	内资企业				外资企业			
gvc_p	-0.120 (0.083)	-0.219** (0.085)	-0.273*** (0.081)	-0.292*** (0.083)	-0.438*** (0.105)	-0.188* (0.108)	-0.428*** (0.080)	-0.315*** (0.083)
ln*empe*			1.038*** (0.045)	0.874*** (0.044)			1.397*** (0.043)	1.355*** (0.043)
ln*pergo*			0.188*** (0.037)	0.123*** (0.035)			0.487*** (0.041)	0.459*** (0.040)
ln*wage*			-0.168*** (0.037)	-0.099*** (0.035)			-0.468*** (0.041)	-0.441*** (0.040)
ln*gdpene*			0.083*** (0.013)	-0.043*** (0.014)			0.358*** (0.013)	0.258*** (0.014)
_cons	4.917*** (0.083)	5.308*** (0.088)	1.657*** (0.141)	2.434*** (0.144)	3.626*** (0.104)	3.938*** (0.107)	0.980*** (0.118)	1.282*** (0.122)
国家×行业固定效应	是	是	是	是	是	是	是	是
年份固定效应	否	是	否	是	否	是	否	是

续表

参数	(1)	(2)	(3)	(4)	(5)	(6)	(7)	(8)
	ln*dc*	ln*dc*	ln*dc*	ln*dc*	ln*fc*	ln*fc*	ln*fc*	ln*fc*
	内资企业				外资企业			
R^2	0.000	0.111	0.184	0.263	0.003	0.079	0.507	0.536
N	7004	7004	6898	6898	7004	7004	6897	6897

注：括号内为系数估计的稳健标准误，***、**、*分别表示系数在1%、5%和10%水平下显著。

7.2.2 内生性分析

本章对基于企业所有权异质性进行的实证分析同样进行了内生性检验，以避免实证结果的有偏和不一致性。与第6章所选工具变量一致，本章选择国家层面的贸易条件指数、行业层面的总出口中的国内报酬和行业层面的工作时长三个指标作为工具变量。这三个变量同内资企业与外资企业全球价值链嵌入有较大的相关性，同时与碳排放没有直接关系。运用两阶段最小二乘法，主要实证结果列于表7.4中，表中前向参与度、后向参与度和位置指数的系数基本与表7.2、表7.3中一致。因此，总体而言，根据内生性检验结果，本章中企业所有权异质性层面全球价值链嵌入对"一带一路"共建国家碳排放影响的估计结果和相关结论仍然有效。

表7.4 内资企业与外资企业内生性检验结果

参数	(1)	(2)	(3)	(4)	(5)	(6)
	ln*dc*	ln*dc*	ln*dc*	ln*fc*	ln*fc*	ln*fc*
	内资企业			外资企业		
gvc_f	-2.525** (1.122)			1.578* (0.950)		
gvc_b		9.466** (3.841)			8.948*** (2.459)	
gvc_p			-2.086* (1.156)			-5.217*** (1.983)
_*cons*	2.634*** (0.271)	1.139** (0.407)	0.036 (1.150)	1.336*** (0.328)	-1.141* (0.552)	-4.103** (1.909)

续表

参数	(1)	(2)	(3)	(4)	(5)	(6)
	lndc	lndc	lndc	lnfc	lnfc	lnfc
	内资企业			外资企业		
控制变量	是	是	是	是	是	是
国家×行业固定效应	是	是	是	是	是	是
年份固定效应	是	是	是	是	是	是
克莱贝根-帕普秩 LM 检验	16.360	14.295	18.651	14.326	12.063	15.025
克莱贝根-帕普秩 Wald F 检验	12.831	17.305	65.261	16.315	16.426	19.546
N	6274	6274	6274	6200	6200	6200

注：括号内为系数估计的稳健标准误，***、**、* 分别表示系数在1%、5%和10%水平下显著。

7.2.3 稳健性分析

为了验证企业所有权异质性层面实证结果的稳健性，本章从三个视角设计稳健性分析：(1) 替换被解释变量，将基准回归中使用的 WIOD 提供的行业碳排放数据替换为 OECD 数据库中分行业生产性碳排放数据；(2) 替换控制变量，将能源效率指标——单位产出的能源消耗，即能源效率（ln$gdpene$）替换为单位产出的碳排放（ln$gdpcar$）；(3) 剔除金融危机的影响，回归中不考虑 2008 年金融危机时期的数据。内资企业和外资企业稳健性检验结果分别列于表 7.5 和表 7.6 中。根据稳健性检验结果，全球价值链嵌入各测度指标对内资企业与外资企业碳排放的作用效果与基准回归结果基本保持一致，由此证实了本章实证结果的稳健性。

表 7.5 内资企业稳健性检验结果

参数	(1)	(2)	(3)	(4)	(5)	(6)	(7)	(8)	(9)
	ln$coes$	ln$coes$	ln$coes$	ln$gdpcar$	ln$gdpcar$	ln$gdpcar$	剔除2008年的数据		
gvc_f	-0.099*** (0.026)			-0.350*** (0.060)			-0.567*** (0.162)		
gvc_b		1.280*** (0.138)			0.139** (0.071)			1.802*** (0.189)	

续表

参数	(1) lncoes	(2) lncoes	(3) lncoes	(4) lngdpcar	(5) lngdpcar	(6) lngdpcar	(7)	(8)	(9)
							剔除2008年的数据		
gvc_p			-0.065*** (0.010)			-0.051* (0.031)			-0.292*** (0.083)
lngdpcar				0.943*** (0.005)	0.940*** (0.005)	0.941*** (0.005)			
_cons	2.288*** (0.090)	2.184*** (0.087)	2.274*** (0.105)	3.818*** (0.045)	3.713*** (0.044)	3.692*** (0.052)	1.754*** (0.124)	1.681*** (0.119)	2.189*** (0.145)
控制变量	是	是	是	是	是	是	是	是	是
国家×行业固定效应	是	是	是	是	是	是	是	是	是
年份固定效应	是	是	是	是	是	是	是	是	是
R^2	0.317	0.326	0.315	0.898	0.897	0.897	0.264	0.273	0.263
N	6671	6671	6671	7152	7152	7152	7004	7004	7004

注：括号内为系数估计的稳健标准误，***、**、* 分别表示系数在1%、5%和10%水平下显著。

表7.6 外资企业稳健性检验结果

参数	(1) lncoes	(2) lncoes	(3) lncoes	(4) lngdpcar	(5) lngdpcar	(6) lngdpcar	(7)	(8)	(9)
							剔除2008年的数据		
gvc_f	0.153* (0.079)			0.110*** (0.035)			0.520*** (0.105)		
gvc_b		1.753*** (0.080)			0.068* (0.037)			2.473*** (0.105)	
gvc_p			-0.190*** (0.032)			-0.293*** (0.032)			-0.315*** (0.083)
lngdpcar				0.965*** (0.004)	0.961*** (0.004)	0.964*** (0.004)			
_cons	1.249*** (0.075)	0.936*** (0.070)	1.372*** (0.093)	3.234*** (0.033)	3.166*** (0.034)	3.206*** (0.040)	0.445*** (0.096)	0.072 (0.090)	0.984*** (0.124)
控制变量	是	是	是	是	是	是	是	是	是
国家×行业固定效应	是	是	是	是	是	是	是	是	是
年份固定效应	是	是	是	是	是	是	是	是	是
R^2	0.627	0.655	0.615	0.948	0.948	0.946	0.548	0.581	0.536
N	6586	6586	6586	7048	7048	7047	6898	6898	6897

注：括号内为系数估计的稳健标准误，***、**、* 分别表示系数在1%、5%和10%水平下显著。

7.3 内资企业与外资企业的行业异质性分析

"一带一路"共建国家的内资企业与外资企业参与的行业范围较广，且由于东道国政策限制或跨国公司的行业布局选择，内资企业与外资企业所涉及的行业范围与程度可能存在一定差异。整体来看，外资企业在全球布局较多的是制造业生产环节，同时，跨国批发零售、餐饮等行业也发展较快。因此，需要考虑内资企业与外资企业参与全球生产分工的行业差异及其对碳排放的异质性影响。本章一方面对 33 个行业按照产业类型划分为农矿业、制造业与服务业；另一方面根据要素密集度，划分为劳动密集型行业、资本密集型行业与技术密集型行业。从产业类型与投入要素密集度两个视角，综合研究全球价值链嵌入对内资企业与外资企业碳排放的行业异质性作用，以支持制定更有针对性的碳减排政策。

7.3.1 内资企业与外资企业的制造业和服务业异质性分析

运用分样本固定效应回归方法，本书对全球价值链嵌入对企业所有权异质性视角下制造业与服务业碳排放影响的差异进行了分析。从参与度视角，对于前向参与度，表 7.7 第（1）列中全球价值链前向参与度对内资企业制造业碳排放的影响系数显著为-0.523，第（4）列中与外资企业的相关系数不显著；第（7）列与第（10）列中对内资企业与外资企业服务业碳排放的影响系数显著为-0.627 与 0.911。由此可以看出，对比同一产业类型下内资企业与外资企业的差异来看，制造业前向参与度提高对内资企业能发挥更好的碳减排作用；服务业前向参与度提高会抑制内资企业碳排放，但会拉动外资企业碳排放。对比同一所有权类型下不同产业类型的差异，内资企业前向参与度提高对制造业与服务业碳排放的抑制作用差异较小，外资企业前向参与度提高对服务业行业碳排放的拉动作用更大。

相对外资企业而言，"一带一路"共建国家内资企业制造业与服务业参与全球生产分工的产业范围较为广泛，且参与国际分工的主要为国内较有优势的行业或企业,整体制造业与服务业发展和分工布局较为全面均衡,在提高前向分工程度的过程中,能承担更多的清洁生产环节,对制造业与服务业都能带来较好的碳减排效果。相对而言,由于产业与地缘的限制,"一带一路"共建国家外资企业服务业行业在前向生产环节中的参与范围等相对受限,且以能耗相对较多的生产性服务业为主,内资企业相对来说能获得更多的技术与碳减排红利,前向参与度提高可能引致贸易规模与碳排放的同步增长。

对于全球价值链后向参与度,表7.7第(2)列与第(5)列中后向参与度对内资企业与外资企业制造业碳排放的影响系数分别显著为1.837与2.356;第(8)列与第(11)列中对内资企业与外资企业服务业碳排放的影响系数显著为1.476与2.469。由此可见,首先,后向参与度提高对制造业与服务业内资企业碳排放的拉动作用均大于外资企业;其次,内资企业后向参与度提高对制造业碳排放的拉动作用略大于服务业,外资企业则情况相反。服务业内资企业在后向生产环节中可以提供更全面的生产性与生活性服务等,整体生产与提供服务的过程相对于制造业更加清洁,产生的碳排放比制造业要少。而服务业外资企业在"一带一路"共建国家后向生产环节提供服务的范围等受限,而制造业行业外资企业在东道国有较长时间的投资与发展经历,积累了较多的本地市场生产与管理经验等,且制造业外资企业的生产技术相对来说更加发达,因而深入后向分工环节对制造业行业单位产出碳排放的边际拉动作用小于服务业。

从全球价值链生产位置的视角来看,表7.7第(3)列与第(6)列制造业位置指数对内资企业与外资企业碳排放的影响系数分别显著为-0.314和-0.319,第(9)列与第(12)列中服务业位置指数对内资企业与外资企业碳排放的影响系数分别为-0.345和-0.276。由此可见,位置指数的提高对不同产业类型的内、外资企业均能发挥较好的碳减排作用,且作用大小差异不大。可能的原因是,当前,"一带一路"共建国家整体行业内、外资企业仍处于较差的全球分工位置,分工位置的提升一定程度上反映出制造业与服务业较大的技术升级调整,从而能有效提高生产与能源效率,带来较好的碳减排效果。

表7.7 内资企业与外资企业制造业和服务业异质性结果

参数	(1) lndc	(2) lndc	(3) lndc	(4) lnfc	(5) lnfc	(6) lnfc	(7) lndc	(8) lndc	(9) lndc	(10) lnfc	(11) lnfc	(12) lnfc
	制造业						服务业					
	内资企业			外资企业			内资企业			外资企业		
gvc_f	-0.523** (0.217)			0.177 (0.146)			-0.627** (0.255)			0.911*** (0.153)		
gvc_b		1.837*** (0.249)			2.356*** (0.159)			1.476*** (0.312)			2.469*** (0.141)	
gvc_p			-0.314** (0.139)			-0.319** (0.148)			-0.345*** (0.099)			-0.276*** (0.097)
_cons	2.186*** (0.167)	2.066*** (0.161)	2.625*** (0.209)	1.065*** (0.145)	0.520*** (0.137)	1.491*** (0.193)	2.022*** (0.191)	1.963*** (0.188)	2.515*** (0.209)	0.508*** (0.130)	0.276** (0.121)	1.100*** (0.157)
控制变量	是	是	是	是	是	是	是	是	是	是	是	是
国家×行业固定效应	是	是	是	是	是	是	是	是	是	是	是	是
年份固定效应	是	是	是	是	是	是	是	是	是	是	是	是
R^2	0.292	0.302	0.293	0.467	0.493	0.459	0.219	0.224	0.217	0.638	0.669	0.619
N	3780	3780	3752	3656	3655	3504	3224	3224	3213	3242	3242	3162

注：括号内为系数估计的稳健标准误，***、**、*分别表示系数在1%、5%和10%水平下显著。

7.3.2 不同要素密集度行业内资企业与外资企业的异质性分析

从要素密集度视角来看,"一带一路"共建国家内资企业与外资企业在劳动密集型、资本密集型与技术密集型行业的比较优势以及参与国际分工的行业特征差异较大。以跨国公司为代表的外资企业凭借较为发达的技术与资金优势,在东道国资本与技术密集型行业的投资较多;而内资企业发挥本土优势,三种要素密集度行业在全球生产分工中均有广泛参与,但比较优势集中于劳动密集型与资本密集型制造业,技术密集型行业发展较为滞后。基于此,本书进一步实证分析了全球价值链嵌入对内资企业与外资企业劳动密集型、资本密集型、技术密集型行业碳排放的异质性影响,实证结果列于表7.8中。

表 7.8 内资企业与外资企业不同要素密集度行业异质性结果

参数		lndc	lnfc	lndc	lnfc	lndc	lnfc
		劳动密集型		资本密集型		技术密集型	
		内资企业	外资企业	内资企业	外资企业	内资企业	外资企业
前向参与度	模型	(1)	(2)	(3)	(4)	(5)	(6)
	gvc_f	0.329	0.917***	-0.851***	0.631***	-0.301	-0.127
		(0.319)	(0.169)	(0.225)	(0.150)	(0.318)	(0.233)
	$\_cons$	2.590***	0.835***	2.467***	0.877***	0.998***	0.636***
		(0.340)	(0.169)	(0.161)	(0.144)	(0.231)	(0.205)
	R^2	0.334	0.714	0.190	0.587	0.347	0.358
		(0.086)	(0.066)	(0.046)	(0.061)	(0.068)	(0.074)
后向参与度	模型	(7)	(8)	(9)	(10)	(11)	(12)
	gvc_b	2.318***	2.003***	0.354	2.555***	2.768***	2.590***
		(0.406)	(0.204)	(0.275)	(0.138)	(0.342)	(0.243)
	$\_cons$	2.419***	0.529***	2.585***	0.478***	0.954***	0.106
		(0.331)	(0.167)	(0.159)	(0.134)	(0.214)	(0.187)
	R^2	0.349	0.728	0.187	0.623	0.368	0.394

续表

参数		lndc	lnfc	lndc	lnfc	lndc	lnfc
		劳动密集型		资本密集型		技术密集型	
		内资企业	外资企业	内资企业	外资企业	内资企业	外资企业
位置指数	模型	（13）	（14）	（15）	（16）	（17）	（18）
	gvc_p	-0.084 (0.156)	-0.241* (0.139)	-0.279*** (0.105)	-0.339*** (0.110)	-0.515*** (0.195)	-0.257 (0.205)
	_cons	2.737*** (0.364)	1.387*** (0.208)	2.946*** (0.188)	1.564*** (0.178)	1.558*** (0.285)	0.844*** (0.263)
	R^2	0.334	0.710	0.185	0.567	0.350	0.357
控制变量		是	是	是	是	是	是
国家×行业固定效应		是	是	是	是	是	是
年份固定效应		是	是	是	是	是	是
N		1458	1489	3406	3291	2140	2118

注：括号内为系数估计的稳健标准误，***、**、*分别表示系数在1％、5％和10％水平下显著。

从全球价值链参与度视角，根据表7.8中的结果，前向参与度提高对内资企业的资本密集型行业碳减排效果显著，对劳动密集型与技术密集型行业的影响不显著；对外资企业的劳动与资本密集型行业，尤其是对劳动密集型行业的碳排放拉动作用较大。对内资企业中的资本密集型行业而言，参与全球生产分工的规模相对较大，且行业总体的技术含量较低，深入前向生产分工的规模扩张能获得一定的技术溢出，从而促进生产技术的提升与碳排放的降低。相对而言，内资企业劳动与技术密集型行业优势相对较小，随着前向分工程度的提高，生产规模的扩张带来的能源消费增加幅度较大，获得的技术突破相对较少，因而难以发挥碳减排作用。对外资企业而言，其在"一带一路"共建国家的前向生产环节仍以参与高排放、高能耗的环节为主，深入参与前向分工环节在一定程度上仍会拉动碳排放增长。

对于全球价值链后向参与度，从所有权视角出发，后向参与度提高对内资企业技术与劳动密集型行业碳排放的正向影响均较大，对外资企业的资本与技术密集型行业碳排放的影响更大。凭借劳动力竞争优势，内资企业在后向生产环节中承担了较多的低端劳动密集型行业生产分工，技术密集型行业在后向生产环节中的技术含量也较低，在贸易产品生产过程中会产生更多碳排放。外资企业在东道国后向生产环节的产业分布主要集中于资本密集型与技术密集型行业的后向低技术生产阶段,对能源消费与碳排放的拉动作用较大。从不同要素密集度视角来看,劳动密集型与技术密集型行业深入后向生产分工对内资企业碳排放的拉动作用大于外资企业,资本密集型行业则相反。在后向生产环节,内资企业承担的劳动密集型任务相对多于外资企业,资本密集型行业承担得较少,且内资企业的技术密集型行业在后向环节的技术优势低于外资企业,因而前向参与度的提高对内资企业劳动密集型与技术密集型行业碳排放的拉动作用更大。

全球价值链位置指数提高对内资企业技术密集型行业的碳减排效果最佳,其次是资本密集型行业,对外资企业的技术与劳动密集型行业碳减排作用较大。内资企业与外资企业的技术密集型行业广泛参与全球生产分工,但外资企业的技术水平与生产位置相对高于内资企业。随着生产位置的升级,内资企业与外资企业均能获得较大程度的技术提升,但内资企业的生产位置与技术水平升级潜力较大,获得的碳减排收益更大。资本密集型行业在生产位置升级中同样能提高高质量增加值获得能力,但内资企业的资本优势更为明显,对资本密集型行业的投资支持力度相对较大,生产位置提升以及碳减排效果比外资企业更明显。内资企业劳动密集型行业位置指数升级的碳减排作用不显著,但对外资企业的作用效果明显,可能的原因是,内资企业传统劳动密集型行业当前较难实现生产位置的跃升,碳减排的潜力没有发挥出来。

7.4 内资企业与外资企业的影响机制分析

基于模型(7.8)~模型(7.11),本书主要运用固定效应模型从规模效应与技术效应两个层面进行影响机制分析。根据前文的基准回归结果,前向参与度、后向参与度和位置指数对内资企业与外资企业碳排放的影响存在显著异质性,通过实证分析,本部分一方面探究全球价值链嵌入对内资企业与外资企业碳排放的影响机制,另一方面探索两者影响机制的差异。

7.4.1 内资企业与外资企业规模效应的影响路径分析

对于规模效应，本章主要选取贸易总额（lntrade）与总能源消费量（lntotene）作为代理变量，生产贸易规模和能源消费规模的扩张将会同步带来较多的碳排放，本书选取这两个变量从经济与能源两个视角衡量规模效应。基于此，实证研究内资企业与外资企业全球价值链嵌入如何通过规模效应影响碳排放，以及两者之间的差异如何。主要实证结果列于表7.9中，其中第（1）~（12）列为全球价值链嵌入对贸易规模扩张效应影响的回归结果，第（13）~（24）列是对能源消费规模扩张效应影响的回归结果。

1. 贸易规模扩张效应

从全球价值链参与度视角来看，表7.9第（2）列与第（8）列中内资企业与外资企业前向参与度对贸易规模的影响系数分别为2.559和3.227，第（4）列与第（10）列中内资企业与外资企业后向参与度对碳排放的影响系数分别为2.966和4.256。由此可以看出，前向参与度与后向参与度提高均会通过对贸易规模的拉动进而对碳排放产生促进作用，同时由于"一带一路"共建国家整体在后向生产环节的优势与参与规模更大，内资企业与外资企业深入后向分工环节对碳排放的促进作用大于前向分工环节。

同时，全球价值链前向参与度与后向参与度提高对内资企业贸易规模的拉动作用均小于外资企业。对于前向参与度，"一带一路"共建国家外资企业的整体生产与技术水平较高，在前向生产环节具有较强的生产分工承担能力与增加值创造能力，因而，单位参与度提高能带来更多的贸易规模扩张。而"一带一路"共建国家内资企业虽然近年来在前向分工环节的参与程度提高，但受限于整体较为落后的技术水平与国际贸易壁垒，其承担前向分工环节的能力受限，对贸易规模的拉动作用较小。对于后向参与度，由于国家间要素禀赋与环境规制等的差异，外资企业向"一带一路"共建国家转移了较多的后向生产环节，尤其是以高能耗、高排放的后向制造业环节为主。而内资企业虽然承担了较多发达国家的后向产业环节转移，但受益于地缘优势，在后向分工环节参与的行业范围与产业链长度等方面更具优势。因而，后向参与度提高会拉动外资企业较为落后产业环节贸易规模与碳排放的较大幅度增长。

表7.9 内资企业与外资企业影响机制实证检验结果：规模效应

项目		(1)	(2)	(3)	(4)	(5)	(6)	(7)	(8)	(9)	(10)	(11)	(12)
		ln*trade*	ln*trade*	ln*trade*	ln*trade*	ln*trade*	ln*trade*	ln*trade*	ln*trade*	ln*trade*	ln*trade*	ln*trade*	ln*trade*
		前向参与度	前向参与度	后向参与度	后向参与度	位置指数	位置指数	前向参与度	前向参与度	后向参与度	后向参与度	位置指数	位置指数
		内资企业						外资企业					
贸易规模扩张效应	gvc_f	1.993*** (0.101)	2.559*** (0.070)					3.025*** (0.131)	3.277*** (0.087)				
	gvc_b			3.963*** (0.108)	2.966*** (0.082)					4.339*** (0.124)	4.256*** (0.085)		
	gvc_p					−0.561*** (0.053)	−0.701*** (0.039)					−1.086*** (0.103)	−1.289*** (0.070)
	_cons	6.096*** (0.025)	2.278*** (0.053)	5.543*** (0.029)	2.550*** (0.051)	7.077*** (0.055)	3.522*** (0.067)	4.429*** (0.051)	1.410*** (0.079)	3.832*** (0.053)	1.526*** (0.072)	6.527*** (0.103)	3.714*** (0.102)
	R^2	0.224	0.685	0.311	0.684	0.195	0.637	0.096	0.667	0.171	0.708	0.047	0.629
	N	7878	7026	7878	7026	7838	6987	7739	6914	7737	6913	7497	6683

续表

项目	(13)	(14)	(15)	(16)	(17)	(18)	(19)	(20)	(21)	(22)	(23)	(24)
	lntotene	lntotene	lntotene	lntotene	lntotene	lntotene	lntotene	lntotene	lntotene	lntotene	lntotene	lntotene
	前向参与度	前向参与度	后向参与度	后向参与度	位置指数	位置指数	前向参与度	前向参与度	后向参与度	后向参与度	位置指数	位置指数
	内资企业						外资企业					
gvc_f	-0.796*** (0.141)	-0.219*** (0.058)					0.755*** (0.130)	0.067* (0.035)				
gvc_b			1.451*** (0.159)	0.149** (0.067)					2.671*** (0.125)	0.183*** (0.036)		
gvc_p					-0.278*** (0.073)	0.023 (0.030)					-0.152 (0.102)	0.009 (0.028)
_cons	8.424*** (0.035)	4.268*** (0.044)	8.235*** (0.043)	4.208*** (0.042)	8.873*** (0.076)	4.210*** (0.051)	6.790*** (0.052)	3.442*** (0.032)	6.061*** (0.054)	3.380*** (0.031)	7.261*** (0.102)	3.446*** (0.040)
R^2	0.041	0.855	0.048	0.855	0.039	0.855	0.043	0.939	0.099	0.939	0.038	0.937
N	7717	7026	7717	7026	7677	6987	7578	6917	7577	6916	7336	6685
能源规模扩张效应 控制变量	否	是	否	是	否	是	否	是	否	是	否	是
能源规模扩张效应 国家×行业固定效应	是	是	是	是	是	是	是	是	是	是	是	是
能源规模扩张效应 年份固定效应	是	是	是	是	是	是	是	是	是	是	是	是

注：括号内为系数估计的稳健标准误，***、**、* 分别表示系数在1%、5%和10%水平下显著。

从全球价值链位置指数视角来看，表7.9第（6）列与第（12）列中位置指数对内资企业与外资企业贸易规模的影响系数分别为-0.701和-1.289，说明内资企业与外资企业生产分工位置的升级都会通过降低生产贸易规模进而抑制碳排放增长，且对外资企业贸易规模与碳排放的抑制作用更大。这种差异主要与不同分工位置的生产特征以及内资企业与外资企业所处的分工位置有关。位置指数的升级主要来自前向生产长度的延长或后向生产长度的缩短。在前向生产环节，越靠前的生产位置涉及越多的产品研发设计等环节，国内技术投入较多，产品贸易相对较少；相反，在后向生产环节，涉及较多的产品实际生产的各个阶段，中间伴随较多的中间品与最终产品的贸易流动。"一带一路"共建国家的外资企业比内资企业整体处于较为前向的生产位置，随着位置指数的进一步提高，外资企业可能承担更多高附加值的前向分工任务，对产品贸易规模可能产生更大的抑制作用，但高质量增加值获利能力提升，更有利于碳减排。而内资企业当前处于较为靠后的生产位置，单位位置指数的提高对增加值获利提升与贸易规模扩大的抑制作用较小，发挥的碳减排作用较小。

2. 能源消费规模扩张效应

对于能源消费规模扩张效应，表7.9第（14）列与第（20）列前向参与度对内资企业与外资企业能源消费规模的影响系数分别显著为-0.219和0.067，第（16）列与第（22）列中内资企业与外资企业后向参与度的影响系数分别为0.149和0.183，位置指数对能源消费规模的影响不显著。由此说明，前向参与度提高会减少内资企业的能源消费进而抑制碳排放，但会拉动外资企业能源消费的增长；后向参与度提高对内资企业与外资企业的能源消费规模扩张均有较大正向作用，尤其是对外资企业，进而带动碳排放增长。

全球价值链前向参与度提高能减少内资企业的能源消费，但会拉动外资企业的能源消费。在前向生产环节，"一带一路"共建国家内资企业所处的分工地位相对较低，承担的分工任务主要是劳动密集型行业，优势行业较多且技术含量较低，参与前向生产分工能获得较多的技术溢出与高质量增加值，提高生产工艺与能效水平，生产与能源效率的提高有助于降低能源消费水平。相对而言，"一带一路"共建国家外资企业的整体前向生产与能源技术水平更为先进，但主要以劳动与能源密集型生产环节为主，通过前向生产环节获得的技术提升效应相对较小，生产规模扩张对能源的较大拉动作用带动了碳排放增长。

全球价值链后向参与度提高对外资企业能源消费的拉动作用大于内资企业。在后向分工阶段，外资企业在"一带一路"共建国家的产业布局较为集中，以劳动与资源密集型制造业为主，生产过程具有传统的高能耗、高排放、低附加值的特征。内资企业在后向生产环节的产业布局相对更为广泛，且由于本土地缘与政策优势，能更多地承担后向附加值含量较高的服务业行业等，拉低了内资企业后向生产环节的整体能源投入水平。因而，后向参与度提高对外资企业能源消费规模扩张的拉动作用更大，对碳排放增长的拉动作用也更大。

7.4.2 内资企业与外资企业技术效应的影响路径分析

从技术效应视角，本章选取资本存量与劳动人口的人均增加值两个指标，从技术创新与生产效率两个视角，实证研究内资企业与外资企业全球价值链嵌入如何通过技术效应对碳排放产生影响，并对比分析内资企业与外资企业影响路径的差异。实证结果列于表 7.10 中，其中第（1）～（12）列为全球价值链嵌入对技术创新效应影响的结果，第（13）～（24）列为全球价值链嵌入对生产效率效应影响的结果。

1. 技术创新效应

对于技术创新效应，表 7.10 第（2）列与第（8）列中全球价值链前向参与度对内资企业与外资企业资本存量的影响系数分别为 0.350 与-0.151，由此可以看出，前向参与度提高有助于内资企业的资本积累，从而可以促进技术创新与碳减排，而对外资企业的技术创新则具有抑制作用。可能的原因是，内资企业的产业链较为全面，但当前在前向生产环节仍处于较为弱势的地位，随着前向参与度的提高，内资企业有能力承担更广泛的前向分工任务，从而能够提高高质量附加值获得能力，促进资本的积累与技术创新，进而有效提升生产效率以促进碳减排。位置指数的提高同样能给内资企业带来生产位置的升级调整，对技术创新效应的影响同样为正（0.074）。而外资企业在前向生产环节的分工范围相对较窄且主要是低附加值环节，前向参与度提高带来的技术创新效应相对受限，不利于碳减排。

对于全球价值链后向参与度，表 7.10 第（4）列与第（10）列中内资企业与外资企业后向参与度对资本存量的影响系数分别为 -0.964 与 -0.384，后向参与度提高对内资企业与外资的资本积累与技术创新均会产生抑制作用，不利于碳减排。后向参与度提高对外资企业资本形成的负向作用大于内资企业，可能的原因是，"一带一路"共建国家的外资企业在后向生产环节的参与度相对高于前向生产环节，且后向生产环节的整体技术含量与增加值获取能力都较弱，深入参与后向分工环节更不利于资本的积累，技术创新的资本支持相对较弱，导致后向生产过程比前向生产过程拉动更多的碳排放增长。但同时，以跨国公司为主的外资企业在后向分工环节的整体技术水平可能相对高于内资企业，在后向分工中的增加值获得能力与技术研发的资本支持能力相对高于内资企业。

2. 生产效率效应

对于生产效率效应，表 7.10 第（14）列与第（20）列中内资企业与外资企业前向参与度对人均增加值的影响系数分别为 0.436 与 -1.053，第（16）列与第（22）列中内资企业与外资企业后向参与度对人均增加值的影响系数分别为 -2.477 与 -3.975。这一结果说明，前向参与度的提高有助于内资企业提高生产效率，而对外资企业的生产效率则会产生抑制作用；后向参与度的提高对外资企业生产效率的抑制作用更大，对外资企业碳排放的拉动作用大于内资企业。

在前向生产环节，内资企业虽然整体处于较为弱势的生产地位，生产技术水平与效率相对较低，但其具有较为完善的产业链与较强的技术升级潜力。随着前向参与度的提高，内资企业将有更多的生产环节参与前向生产阶段，通过价值链的技术溢出同样能够学习更多先进技术与管理经验，劳动投入的增长能带来更多高质量附加值收益的提高，从而有助于生产效率的提升。外资企业在"一带一路"共建国家的产业分布以劳动密集型分工环节为主，前向参与度提高需要投入更多的劳动力与能源资源，转移到国外的分工环节生产技术水平相对较低，较难实现较大规模的增加值收益的同比增长，从而不利于生产效率的提升。

表 7.10　内资企业与外资企业影响机制实证检验结果：技术效应

参数	(1)	(2)	(3)	(4)	(5)	(6)	(7)	(8)	(9)	(10)	(11)	(12)
	lncap	lncap	lncap	lncap	lncap	lncap	lncap	lncap	lncap	lncap	lncap	lncap
	前向参与度	前向参与度	后向参与度	后向参与度	位置指数	位置指数	前向参与度	前向参与度	后向参与度	后向参与度	位置指数	位置指数
	内资企业						外资企业					
gvc_f	0.581*** (0.098)	0.350*** (0.055)					−0.324*** (0.119)	−0.151*** (0.032)				
gvc_b			0.012 (0.114)	−0.964*** (0.061)					−0.084 (0.115)	−0.384*** (0.033)		
gvc_p					0.009 (0.050)	0.074*** (0.027)					0.222** (0.090)	−0.005 (0.024)
_cons	8.785*** (0.024)	1.748*** (0.078)	8.660*** (0.030)	1.799*** (0.076)	8.657*** (0.051)	1.808*** (0.083)	7.042*** (0.045)	0.966*** (0.067)	6.970*** (0.048)	0.982*** (0.065)	6.808*** (0.089)	1.004*** (0.072)
R^2	0.244	0.793	0.239	0.801	0.241	0.793	0.084	0.938	0.084	0.938	0.090	0.936
N	6509	6373	6509	6373	6473	6337	6420	6280	6419	6279	6194	6056

技术创新效应

续表

参数	(13)	(14)	(15)	(16)	(17)	(18)	(19)	(20)	(21)	(22)	(23)	(24)
	lnempva	lnempva	lnempva	lnempva	lnempva	lnempva	lnempva	lnempva	lnempva	lnempva	lnempva	lnempva
	前向参与度	后向参与度	后向参与度	后向参与度	位置指数	位置指数	前向参与度	前向参与度	后向参与度	后向参与度	位置指数	位置指数
	内资企业						外资企业					
gvc_f	0.524*** (0.080)	0.436*** (0.074)					-1.371*** (0.115)	-1.053*** (0.114)				
gvc_b			-2.316*** (0.086)	-2.477*** (0.080)					-4.105*** (0.101)	-3.975*** (0.107)		
gvc_p					0.081** (0.041)	0.062* (0.038)					0.234*** (0.087)	0.187** (0.086)
$\_cons$	3.457*** (0.019)	3.997*** (0.055)	3.913*** (0.023)	4.132*** (0.050)	3.264*** (0.042)	3.854*** (0.065)	3.400*** (0.044)	3.227*** (0.103)	4.448*** (0.042)	3.776*** (0.091)	2.755*** (0.086)	2.674*** (0.126)
N	7171	7022	7171	7022	7132	6983	7063	6910	7062	6909	6831	6679
R^2	0.249	0.386	0.320	0.464	0.245	0.383	0.116	0.177	0.283	0.319	0.103	0.166
控制变量	否	是	否	是	否	是	否	是	否	是	否	是
国家×行业固定效应	是	是	是	是	是	是	是	是	是	是	是	是
年份固定效应	是	是	是	是	是	是	是	是	是	是	是	是

注：括号内为系数估计的稳健标准误，***、**、* 分别表示系数在1%、5%和10%水平下显著。

在后向分工环节，内资企业参与的分工环节与程度均较高，既包括劳动投入需求较多而增加值创造较少的制造业行业，也涉及劳动投入少而价值创造多的服务业行业；外资企业在后向环节的劳动密集型制造业等行业占比较大，提高后向参与度对劳动力要素投入的需求更大，且后向环节劳动力的价值创造能力相对更低，对生产效率的负向影响更大。

对于全球价值链位置指数，表7.16中第（18）列与第（24）列内资企业与外资企业位置指数对生产效率的影响系数分别为0.062和0.187。这一结果说明，位置指数提高能通过提升生产效率从而促进碳减排，且对外资企业生产效率的提升效果更为明显。这也主要与内资企业相对外资企业更为落后的分工位置相关，单位生产位置的提升虽然能给内资企业带来较多的技术溢出以实现生产升级，但内资企业由于自身技术发展水平等的限制，较难实现生产位置的较大跃进，对生产效率提升的作用相对较小。外资企业凭借技术优势长期占据较为前向的分工环节，位置的跃升使其能更好地发挥技术优势，具备更强的增加值获利能力，生产效率提升速度较快，碳减排效果更好。

7.5 本章小结

本章基于2005—2016年22个"一带一路"共建国家内资企业与外资企业33个细分行业的面板数据，运用固定效应模型实证研究全球价值链嵌入对"一带一路"共建国家内资企业与外资企业碳排放的差异化影响；同时，运用分样本回归方法，分别从不同产业类型与不同要素密集度视角进行行业异质性分析；并进一步实证分析内资企业与外资企业全球价值链嵌入对碳排放影响路径的差异，主要研究发现如下。

从整体行业层面，全球价值链嵌入模式对不同行业碳排放的作用存在较大差异。外资企业在"一带一路"共建国家的产业转移主要集中于后向制造业的高排放等生产环节，内资企业依靠本土优势参与国际分工的行业类型相对更为广泛。前向参与度提高对内资企业的碳排放影响为负，而对外资企业的碳排放影响为正；后向参与度提高对外资企业碳排放的拉动作用更大；位置指数提升对外资企业的碳减排作用大于内资企业。

从行业异质性层面，对比内资企业与外资企业的制造业、服务业行业来看，前向参与度提高对内资企业与外资企业的制造业均能发挥较好的碳减排作用，而会拉动外资企业服务业碳排放增长；后向参与度提高对外资企业制造业与服务业的碳排放拉动作用均大于内资企业；位置指数对内资企业、外资企业制造业与服务业的碳排放抑制作用差异较小。对不同要素密集度行业而言，前向参与度提高对内资企业资本密集型行业的碳减排效果显著，对劳动与技术密集型行业的影响不显著，对外资企业劳动与资本密集型行业碳排放的拉动作用较大，尤其是对劳动密集型行业；后向参与度提高对内资企业技术与劳动密集型行业碳排放的正向影响均较大，对外资企业资本与技术密集型行业碳排放的影响更大；位置指数提高对内资企业技术密集型行业的碳减排效果最佳，其次是资本密集型行业，对外资企业的技术与劳动密集型行业的碳减排作用较大；前向生产长度增加对资本密集型行业的碳减排作用最大，尤其是外资企业的资本密集型行业；后向生产长度整体对各要素密集度行业碳排放的异质性影响不显著。

从影响机制来看，全球价值链嵌入对内资企业与外资企业碳排放的异质性作用与其对规模效应与技术效应的差异化影响有关。整体而言，全球价值链前向参与度对内资企业的碳减排作用主要是由于其对能源消费规模的抑制作用以及对技术创新与生产效率的促进作用；而前向参与度提高会通过拉动外资企业的贸易与能源消费规模以及限制技术创新等带动外资企业碳排放增长。后向参与度通过对贸易与能源消费规模的拉动，以及对技术创新与生产效率的抑制作用，而对内资企业与外资企业碳排放产生显著的促进作用。位置指数的提高将会显著降低贸易规模并提高生产效率，从而抑制内资企业与外资企业的碳排放。区分内资企业与外资企业来看，前向参与度提高对内资企业的碳减排作用更大，主要是由于其对内资企业能源消费规模的抑制作用较大，同时对生产效率的拉动作用大于外资企业。相反地，后向参与度提高对外资企业碳排放的促进作用更大，这是因为后向参与度提高对外资企业贸易规模的拉动作用以及对生产效率的抑制作用更大，从而导致比内资企业产生更多的碳排放。位置指数对外资企业的碳减排作用更大，主要是由于位置指数提升对外资企业贸易规模的抑制作用较大，以及对生产效率的提升作用较大，从而带来了更强的清洁生产能力。

第8章 研究结论与政策建议

"一带一路"共建国家既是全球碳排放的重要来源,也是全球气候治理的积极参与者,共建低碳绿色"一带一路"是贯穿"一带一路"倡议始终的重要发展理念。近年来,"一带一路"共建国家参与全球生产分工的程度不断加深,伴随生产分工产生的碳排放也是各国碳排放的重要来源。基于此,本书以"一带一路"共建国家为研究对象,从理论与实证、宏观与微观视角综合研究全球价值链嵌入对"一带一路"共建国家碳排放的影响。第一,本书从理论层面构建了全球价值链嵌入对碳排放的影响机制;第二,本书综合分析了"一带一路"共建国家整体与行业层面全球价值链嵌入以及碳排放的特征和发展趋势;第三,从国家宏观层面,实证研究全球价值链嵌入对"一带一路"共建国家碳排放的影响,聚焦国家异质性分析,并对影响机制进行实证检验;第四,从微观行业层面实证研究全球价值链嵌入对碳排放的影响,并进一步考虑行业异质性的差异化结果;第五,从企业所有权异质性视角,实证对比分析全球价值链嵌入对内资企业与外资企业碳排放的差异化影响,同时考虑行业异质性在内资企业与外资企业层面的差异化表现。

8.1 研究结论

本书的主要研究结论如下:
(1)从理论机制来看,本书从规模效应、结构效应与技术效应三个视角构建了全球价值链嵌入对碳排放的影响机制,并进一步从多角度对三种效应进行拓展分析。对于规模效应,本书认为,全球价值链嵌入将通过影响参与国的生产贸易规模与能源消费规模两个层面拉动碳排放增长;且不同全球价值链参与模式,由于分工特征的差异,会对产业的生产与能源消费规模产生差异化影响,进而对碳排放的影响方向与大小也存在差异。对于结构效应,不同全球价值链分工模式将通过产业分工锁定效应与产业结构升级效应影响碳排放。不同分工模式涉及的产业特征与结构存在差异,一方面,由于规模经济与集聚效应等的存在,参与国容易在特定生产位置形成产业优势;另一方面,价值链升级倒逼机制的存在也能推动参与国加速产业结构升级,两种产业结构的演变都会对碳排放产生影响。对于技术效应,参与全球生产分工会影响参与国的技术创新与生产效率水平,进而影响碳排放;同时,不同参与模式下要求的产业生产技术水平等存在差异,为了满足国际市场与分工的需求,参与国将加快技术创新与研发进程,改进生产工艺,提升生产效率,从而对碳排放产生差异化影响。

(2) 本书主要基于国家宏观与行业微观层面对"一带一路"共建国家全球价值链嵌入与碳排放的演变特征进行综合分析。对于全球价值链嵌入特征,国家层面上,"一带一路"共建国家全球价值链总参与度缓慢上升,整体生产位置处于较低的前向生产位置,但后向环节创造的增加值更多,后向参与度更大。区分不同类型国家来看,"一带一路"共建国家中的发达国家比发展中国家具有较高的全球价值链参与度,并处于更高的生产位置,虽然发达国家的前向生产长度较小,但其通过前向环节获得的增加值收益更大,前向参与度水平更高。行业层面上,整体行业参与全球价值链分工的程度不断加深,但位置指数呈缓慢下降趋势;制造业行业比农矿业和服务业行业参与全球价值链的程度更深,但处于后向生产位置,技术密集型行业的全球价值链参与度更高,且同样处于后向生产位置。区分企业所有权行业层面,"一带一路"共建国家内资企业的全球价值链参与度高于外资企业,但外资企业的生产位置高于内资企业。

从碳排放变化特征来看,国家层面上,"一带一路"共建国家整体碳排放呈上升趋势;且"一带一路"共建国家中发展中国家的碳排放明显高于发达国家。从行业层面来看,"一带一路"共建国家服务业行业的碳排放相对高于制造业和农矿业，服务业行业碳排放较多的主要原因是电热水供应部门的碳排放较多，尤其是中国的该服务业部门产生了大量碳排放。从不同要素密集度行业来看，劳动密集型行业的碳排放高于资本与技术密集型行业。区分企业所有权行业层面，"一带一路"共建国家内资企业碳排放显著高于外资企业碳排放，且外资企业碳排放近年来呈下降趋势。

（3）从国家层面来看，不同的全球价值链嵌入模式对碳排放具有不同作用，且存在明显的国家异质性，不同全球价值链参与模式对碳排放影响的规模效应、结构效应与技术效应存在差异。从全球价值链参与度视角来看，总参与度的提高会显著增加"一带一路"共建国家整体碳排放，后向参与度提高对碳排放的拉动作用大于前向参与度，也即所有参与度指标都与国家层面的碳排放呈正相关关系；从全球价值链生产位置视角来看，位置指数提升与前向生产长度增加能更好地抑制碳排放，而后向生产长度增加则会引致更多碳排放。从国家异质性层面，对不同经济发展水平的发达国家与发展中国家而言，全球价值链总/前向/后向参与度的提高对发展中国家碳排放的拉动作用更大；对于生产位置而言，发展中国家通过全球价值链地位提升以及前向生产长度延长带来的碳减排促进效应弱于发达国家，但后向生产长度延长引致的碳排放相对更多。

从影响机制来看，前向参与度提高对"一带一路"共建国家碳排放的拉动作用主要源于其对规模效应拉动带来的碳排放增长效应，超过了技术升级与生产效率提升带来的清洁生产效应，且受限于相对落后的比较优势与生产技术水平，提高前向参与度带来的结构升级调整效应相对较弱，相对落后的前向分工环节的锁定起主导作用，从而引致较多的碳排放。后向参与度提高对碳排放的拉动作用较大，"一带一路"共建国家参与后向分工环节较为广泛且生产技术与效率水平整体较低。后向参与度提高会通过对整体生产与贸易规模的拉动同步带动能源消费规模的扩张，同时比较优势作用会将生产要素引入更多后向分工环节，从而不利于产业升级调整，进一步加深了后向分工锁定，限制了科研创新与生产效率的提高，生产过程呈现高能耗、高排放特征。位置指数提高产生的较好的碳减排效果主要来自生产与技术水平的综合提升。生产位置升级在一定程度上会减小生产贸易与能耗规模，同时会减少对传统制造业行业的分工依赖，加速产业升级调整；位置升级带来的研发投入与技术水平的提升有利于整体生产效率的提升，能更有效地发挥碳减排作用。

（4）从行业层面的实证结果来看，全球价值链嵌入对碳排放的影响存在显著的行业异质性，且不同嵌入模式对碳排放的影响路径存在差异。从参与度视角，总参与度与前向参与度提高对"一带一路"共建国家碳排放起抑制作用，后向参与度提高则会拉动更多碳排放；从生产位置视角，位置指数与前向生产长度与碳排放呈负相关关系，后向生产长度对碳排放具有正向影响。

从行业异质性层面，对比制造业与服务业来看，相对于服务业行业，制造业行业碳排放对全球价值链嵌入的变化更敏感。从参与度视角来看，相对于服务业行业，全球价值链总参与度（前向参与度）提高对制造业（服务业）行业的碳减排效应更大，同时后向参与度提高对制造业行业碳排放的拉动作用更大。从生产位置视角来看，全球价值链位置指数和前向生产长度对服务业行业碳排放的抑制作用更强，后向生产长度对制造业碳排放的拉动作用更强。就不同要素密集度行业而言，从参与度视角来看，"一带一路"共建国家总参与度与前向参与度提高会引致资本密集型行业更多的碳排放增长，而对劳动与技术密集型行业碳排放具有显著的抑制作用。后向参与度提高则对资本密集型与劳动密集型行业具有较大的碳减排作用。从生产位置视角来看，位置指数提升与前向生产长度增加对三类要素密集型行业均能发挥较好的碳减排效果，其中对劳动密集型行业的碳减排作用最大。后向生产长度增加在一定程度上有助于技术密集型行业的碳减排，对劳动与资本密集型行业的碳排放影响不显著。

从影响机制来看，前向参与度尤其是位置指数的提高能显著减少碳排放，前向参与度提高虽然在一定程度上会拉动生产规模的扩大，但技术水平提升会同步抑制能源消费的增长；尤其是位置指数的提高对生产与能源消费规模的抑制作用更显著；且这两种参与模式都有助于"一带一路"共建国家整体行业的增加值创造与资本积累，对科研创新起到良好的支持作用，能有效提升生产效率，从而促进碳减排。后向参与度提高会拉动"一带一路"共建国家后向较为落后产业的生产规模扩张，同时会带动更多能源消费的投入；且后向生产环节的增加值获利能力较弱，生产要素集中流向高能耗、低附加值的后向生产环节，带来的增加值收益与资本积累较少，不利于科研创新与生产效率的提升，伴随生产规模扩张会拉动更多碳排放。

（5）从企业所有权异质性层面，内资企业与外资企业全球价值链嵌入对碳排放的作用大小与路径同样存在较大差异。前向参与度提高对内资企业整体行业碳排放的影响为负，对外资企业碳排放的影响为正；与内资企业相比，后向参与度对外资企业的碳排放拉动作用更大。位置指数提升对外资企业的碳减排作用大于内资企业。对比内资企业与外资企业的制造业、服务业行业来看，内资企业前向参与度提高对服务业行业的碳减排作用略大于制造业行业，对外资企业制造业行业碳排放的影响不显著，而会拉动服务业行业碳排放增长；后向参与度提高对内资企业制造业与服务业行业碳排放的拉动作用均小于外资企业；位置指数对内资企业、外资企业的制造业与服务业行业均具有较好的碳减排作用，且差异较小。前向参与度提高对内资企业的资本密集型行业碳减排效果显著，对劳动与技术密集型行业的影响不显著，对外资企业劳动与资本密集型行业碳排放增长的拉动作用较大，尤其是对劳动密集型行业；后向参与度提高对内资企业技术与劳动密集型行业碳排放的正向影响较大，对外资企业的资本与技术密集型行业碳排放的影响更大。从生产位置视角来看，位置指数提高对内资企业技术密集型行业的碳减排效果最佳，其次是资本密集型行业，对外资企业的技术与劳动密集型行业的碳减排作用较大；前向生产长度增加对外资企业的资本密集型行业的碳减排作用最大。

从影响机制来看，全球价值链嵌入对内资企业与外资企业碳排放的异质性作用与其对规模效应和技术效应的差异化影响有关。前向参与度提高对内资企业碳排放的抑制作用主要来自对能源消费规模的抑制作用以及对技术创新和生产效率的拉动作用；相反地，前向参与度提高对外资企业贸易与能源消费规模的拉动作用以及对生产效率的抑制作用带动了外资企业碳排放的增长。后向参与度提高对外资企业碳排放的较大拉动作用与其对贸易规模的拉动作用以及对生产效率的抑制作用有关。位置指数提升对外资企业贸易规模具有较大的抑制作用，对生产效率具有较大的提升作用，从而给外资企业带来了更好的碳减排效果。

8.2 政策建议

基于本书的主要研究结论，本书提出如下推动"一带一路"共建国家碳减排，从而实现低碳绿色可持续发展的政策建议：

(1) 充分发挥"一带一路"倡议碳减排合作优势，推动绿色低碳转型，构建人类命运共同体。"一带一路"共建国家是全球碳排放的重要贡献者与碳减排的积极参与者，为了提高碳减排效率，推动"一带一路"共建国家协同减排，应加强框架内应对气候变化的国际合作。在碳减排政策制定上，可以协商制定《巴黎协定》和《2030年可持续发展议程》指导下的重点工作任务和需求清单，通过高层对话引领推动，不断细化完善合作内容、领域与方式，积极对接"一带一路"共建国家，制定中长期减排规划与发展战略，推动"一带一路"共建国家自主减排，提升协同应对和参与气候变化治理的能力。在碳减排平台与机制建设上，积极推动与协商制定统一的环境标准，加快低碳绿色生产贸易体系建设，减少"一带一路"共建国家国际减排成果转让、经贸合作与低碳投融资的绿色壁垒，推动跨国家、跨区域低碳要素的自由流通。在碳减排合作上，基于不同类型国家的国情与发展阶段，可以重点推动低碳基础设施与环保循环工业园的建设，注重低碳产业与服务业发展合作；加强人才培养与合作交流，促进低碳绿色技术的合作开发、学习与推广；结合国际援助与国家投融资手段，充分利用亚洲基础设施投资银行、中国气候变化南南合作基金和丝路基金等渠道，发展绿色金融，灵活创新参与模式，动员"一带一路"共建国家共商共建共享低碳转型与绿色发展成果，实现经济与环境的协调发展。

(2) 共建合作共赢区域合作产业链，充分发挥全球价值链升级的环境红利。"一带一路"共建国家全球价值链嵌入特征差异较大，且全球价值链嵌入对碳排放有显著影响，尤其是全球价值链前向参与环节地位的提升能带来显著的碳减排效应。因此，要充分发挥"一带一路"共建国家产业与贸易的互补促进优势，构建合作共赢的产业链，推动"一带一路"共建国家参与全球分工质量的提升。推动价值链向学习链和创新链转变。对此，一方面，可以高新区和"飞地园区"等为起始试点,以产业集聚为嵌入主体,加大力度探索可持续发展领域相关科技成果转化的核心问题,在与"一带一路"共建国家合作的过程中,促进低碳技术与标准在区域内的转移交流。另一方面,加强绿色低碳产业链的国际合作与示范,推动"一带一路"共建国家建立从标准控制、产品设计到采购制造、回收再制造的一整套低碳生产链体系,提高整个价值链生命周期的绿色生产效能。

(3)"一带一路"共建国家可以根据各国发展阶段与特征,采取差异化的行业发展与碳减排政策。"一带一路"共建国家之间以及行业之间在经济发展与碳排放水平方面存在较大差异,同时全球价值链嵌入对不同类型国家与行业碳排放的影响存在显著差异。从不同类型国家来看,"一带一路"沿线发达国家经济与技术发展较快,且在《京都议定书》与《巴黎协定》框架下承担更大的减排责任,因此,可以发挥其领先国家优势,进一步加大清洁生产技术研发与环境监管力度,培育新的低碳增长点,成为"一带一路"共建国家中碳减排的有力贡献者。对于"一带一路"共建国家中发展中国家而言,在发展经济的同时要兼顾碳减排,摆脱传统的先发展后治理的经济增长模式,吸收先进技术,用科技与绿色发展提升经济发展质量与速度,实现弯道赶超。在此基础上,要加强区域内南北对话,鼓励跨国家区域经济联动,打破区域要素与技术市场壁垒,加强国际谈判,以促进"一带一路"共建国家中的发达国家与发展中国家在碳减排领域生产技术与产业发展的交流学习,加强知识产权投资与贸易,打造联通互补互助的高质量区域价值链,促进共建国家碳减排能力的整体提升。

(4)加强对外开放与改善营商环境,提高外资利用水平,发挥外资企业优势。本书研究发现,前向参与度提高对内资企业的碳减排效果较好,而生产位置提升对内资企业与外资企业的碳减排效果更好,由此说明内资企业与外资企业都能通过全球价值链嵌入发挥碳减排作用,但当前对外资企业的责任与作用较少关注。为了更好地发挥外资企业在"一带一路"共建国家碳减排中的作用,要扩大外资利用范围,提升外资利用质量,充分发挥外资企业的产业合作与碳减排效应。对此,要加大对外开放水平,以"一带一路"倡议为试点,推动制造业与服务业的有序开放。当前,外资企业在"一带一路"共建国家的投资与行业范围仍集中于制造业行业尤其是后向生产环节,相关国家利用外资的质量相对较低。

首先，可以进一步鼓励扩大外商投资范围，鼓励外资投向制造业和生产性服务业。以中国为例，可以建立自贸区试点，以负面清单形式扩大外资企业的进入行业范围，放宽金融机构持股比例和业务范围限制，促进金融市场双向开放，以进一步吸引先进外资企业进入本地市场，促进技术的交流学习。其次，要持续优化营商环境，完善外资引进政策。一方面，要不断推动"一带一路"共建国家基础设施建设，如加强交通基础设施建设，加快互联网与电信行业发展；另一方面，要完善引进外资相关政策与条例的制定，制定与定期发布鼓励外商投资产业目录，以优惠政策吸引更多高质量外资企业进入本国。引导外资推动"一带一路"共建国家产业链布局优化，从而构建更加完善、高级的分工与合作网络，促进参与国在提高价值链增加值创造能力的同时发挥较好的碳减排与环境治理作用。

（5）加速产业结构升级调整，大力发展高端制造与服务业，创新发展数字贸易新模式。本研究发现，不同类型行业的碳排放及其参与全球价值链发挥的碳减排作用存在较大差异，加速产业结构升级调整是发挥全球价值链嵌入碳减排效应的重要途径。而"一带一路"共建国家以发展中国家为主，很多发展中国家处于工业化初中级阶段，其他"一带一路"沿线的中东欧发达国家的经济发展优势以及国际影响力相对其他欧美发达国家也较弱。为了实现低碳绿色发展，有必要制定差异化产业发展政策，加速国内产业结构调整，提高本国在全球价值链中的竞争力。

制造业是"一带一路"共建国家参与国际分工的主要行业，且长期被发达国家"低端俘获困境"限制。对此，以中国为例，要加大力度促进高端制造业发展，对于资本与技术密集型行业，大力实现如半导体、芯片等行业"卡脖子"关键技术突破，实现产业链向中高级方向攀升，提升高附加值、低排放生产环节的竞争力。对资源与排放密集型制造业，如电气和通信类设备制造业，可以以先进行业或企业龙头为领头羊，加大政策支持力度，促进清洁生产技术的探索与研发，并进一步促进技术的扩散与应用，实现增加值收入提高与碳减排的双重红利。而对于"一带一路"共建国家传统贸易制造业，如纺织业等，要在巩固其国际地位的基础上，改善生产技术与投入结构，提高出口环节效率。

相对地，服务业在"一带一路"共建国家发展与参与全球分工中的能力相对较弱，高效的服务投入能够促进制造业行业提高能源利用效率，信息技术等高端生产性服务业投入能有效提高企业获取信息能力与降低生产成本。因此，"一带一路"共建国家可以放松对服务贸易的限制并鼓励进出口，大力推动服务业行业发展以及其与制造业行业的融合，专注高端服务业与核心生产环节竞争力的提高，提高全球生产分工中企业的能源利用效率，发掘碳减排潜力。同时，数字经济与数字贸易是当前国际生产与贸易中更为高效清洁的新业态与增长新动力，在发展传统行业的同时，"一带一路"共建国家可以在生产与贸易中提升数字经济技术应用效率，鼓励和支持互联网平台开发数字化资源，把握新的经济增长点。例如，产品生产过程中充分应用线上营销、远程协作、数字化办公、智能生产线等技术，实现由点及面向全业务、全流程数字化转型延伸拓展；同时创新对外贸易模式，推动"一带一路"共建国家共建各类自贸区与跨境电商平台，培育对外贸易新的高质量增长点，以产业整体升级带动全球分工地位提升，充分发挥价值链升级的碳减排效用。

（6）加大科技研发力度，促进区域合作，以实现共建国家生产分工技术水平整体跃升。科技水平与生产、能源效率的提高是促进全球价值链嵌入对"一带一路"共建国家发挥碳减排作用的有效途径，也是"一带一路"共建国家加速赶超国际先进水平，推进绿色发展的重要方式。当前，除少数发达国家，如新加坡和韩国等外，大部分"一带一路"共建国家，包括中国在内，都面临科技水平相对落后，部分高技术行业与生产环节受发达国家技术壁垒限制与制约等问题。为了实现区域内技术的有效与加速发展，提高生产与能源效率，可以发挥"一带一路"共建国家中发达国家技术领头羊的优势，加强国家间的谈判，以促进区域内先进生产与能源技术的转移和学习，积极促使先进与后进国家之间构建"利益相关、功能互补"的系统合作产业链协作体系，以带动区域绿色生产水平的整体提高。

同时，在价值链各生产环节，要重视生产技术的流程与要素双重升级。后进国家可以加强与区域内技术领先国家，如中东欧国家和新加坡等在生产工艺和技术方面的交流合作与知识产权贸易，通过技术溢出的学习转化与再创造，实现贸易产品种类的增加与科技含量的提升，在提高自身生产效率的同时，获得更多高质量、低排放附加值。在要素升级方面，主要是增加高附加值生产要素的投资与使用，一方面，可以通过投资合作或逆向的跨国并购等获得更多高质量生产要素资源；另一方面，要重视教育与人才的培养，提高劳动力素质，以此实现人力资本与研发能力的积累，提高"一带一路"共建国家在生产与贸易中的价值创造能力。

（7）加速能源结构调整，提升能源效率。国际生产与碳减排经验表明，能源结构的改善以及能源效率的提高是实现碳减排的有力途径。本书通过研究，同样发现能源消费规模与效率等因素对发挥"一带一路"共建国家全球价值链嵌入的碳减排作用具有重要影响。对此，要切实重视能源从消费到供给的整个系统的清洁化与低碳化发展。在能源供给方面，加大研发投入以优化化石能源开采及加工工艺，提高能源转化效率，降低碳排放因子；改变传统以煤炭为主的能源供给与消费结构，加强清洁能源，如天然气等的开发利用，同时加大力度管控"一带一路"共建国家碳排放的关键部门——电力部门的能源消费与排放，促进火电行业的退煤脱碳，加速发展非化石能源发电，如水电、风电等。从消费方面，一方面，要根据国情，逐步淘汰国内高消耗、高排放的落后产能，限制国内低附加值、高能耗与高排放产品的生产与贸易，加大节能和清洁先进生产技术的研发与推广，通过开发与引进先进能源利用技术与工艺，提高能源的使用效率。另一方面，推动中间投入结构的低碳化，提高中间产品，特别是能源与排放密集型产品的能源使用效率；加大对高新技术行业的政策扶持力度，促进高技术、高附加值行业的发展，从而带动整个产业链的清洁高效发展。

除对能源与产业生产的控制外，培养消费者的绿色低碳消费模式也是有效的碳减排途径之一。对此，可以通过政府与市场引导，对环境友好型商品进行标记与差别定价，转变公众的消费理念和生活方式；推进智慧城市基础设施和管理策略发展，优化资源利用与生产生活方式，从需求角度，通过改变产品结构来改变厂商的生产与供给行为，促进低碳环保型产品供给与产业发展，从而降低碳排放。

（8）中国是"一带一路"倡议的提出国，也是全球价值链和全球气候治理的重要参与国。虽然本书是从"一带一路"倡议整体层面进行分析，但研究成果对我国同样有重要的政策启示意义。在全球层面，可以提出气候治理的"中国方案"，并加强"一带一路"倡议与全球发展倡议的有效衔接。以人类命运共同体理念推动构建公平合理、合作共赢的全球气候治理体系意义重大,也是"绿色丝绸之路"建设不可或缺的组成部分。在"一带一路"倡议与全球联结方面,可以以区域发展战略对接其他经济合作组织,如欧亚经济联盟、欧盟"容克计划"等。同时,可以"一带一路"倡议为载体,构建全球、区域和次区域等各层面的气候治理协调机制,加强政策、规则、标准等方面的共商共享,在全球发展倡议框架下发掘更多"绿色丝绸之路"建设的利益相通点,推动更多绿色低碳发展和社会民生项目落地。

在区域产业链共建方面,我国可以以"一带一路"倡议为抓手,积极推动区域价值链的构建,在实现自身价值链升级的同时,带动沿线相关国家积极参与全球价值链。发挥我国"承高起低"的纽带作用,构建我国与"一带一路"共建国家,以及"一带一路"与世界双向嵌套分工合作模式。一方面,由于我国相对具有经济技术优势,可带动形成以我国为核心的"一带一路"区域价值链分工体系;另一方面,推动"一带一路"区域价值链嵌入全球生产分工,努力改变分工模式,从低端的"外部依赖"型嵌入转变成中高端的"核心枢纽"型嵌入,提升我国与"一带一路"共建国家在全球分工中的整体地位,增强高质量增加值获取能力与清洁生产能力。

同时,我国可以价值链生产分工合作为依托,深化绿色低碳合作。一方面,在加强与"一带一路"共建国家的联系时,可以利用政府间或企业间的合作渠道,促进碳减排项目技术创新成果的交流学习,在"一带一路"整个区域内推动优质低碳资源的跨国配置,推动我国与整个区域清洁生产能力的提升。同时,我国可以通过逆向跨国并购等方式,从发达国家承接、吸收、转化高新技术,还需要加强自主创新能力,努力重构区域价值链,通过积极开展低碳技术自主研发活动,实现内生性低碳技术的进步。另一方面,可以推动可再生能源合作。我国是可再生能源大国,太阳能、风能、水能发电装机容量常年保持世界前列,形成了较为完备的可再生能源产业体系,水电、光伏发电和风电技术均处于世界前列。"一带一路"区域可再生能源丰富,我国与"一带一路"共建国家在可再生能源开发利用方面具有广阔的合作前景,如加强与东南亚国家在太阳能、风能和水能等方面的合作,与中东欧国家在风电和光伏发电等的开发利用、标准体系互认等方面开展务实合作。

8.3 研究展望

本书从全球价值链视角，从理论与实证层面对全球价值链嵌入对"一带一路"共建国家碳排放影响问题进行研究，并取得了一些阶段性成果。但目前研究仍存在一些不足之处，未来可以从以下几方面进一步完善。

（1）研究对象可以聚焦"一带一路"沿线重点国家与行业进行更深入的探索。本书主要将"一带一路"共建国家整体、行业以及所有权异质性企业作为研究对象，主要对整体层面的特征与发现进行分析。考虑到"一带一路"共建国家在经济与碳排放水平，以及行业之间的发展存在较大差异，有必要针对"一带一路"沿线碳减排关键国家与行业进行重点分析。例如，作为世界碳排放第一大国与"世界工厂"，中国国家与行业层面的研究对实现"一带一路"整体减排，助推世界温升控制目标实现具有重要意义。同时，制造业行业是"一带一路"共建国家参与全球分工的关键行业，可以进一步细化对制造业行业的研究，对不同类型、不同技术水平的制造业行业，以及对纺织业、光电行业等具体行业的细致分析，对于制定行业层面有针对性的碳减排政策具有重要指导意义。

（2）在时间范围与国家选择上可以进一步拓展，并考虑新冠疫情与俄乌战争的影响。由于投入产出表数据的限制，本书在研究年限选择上主要是2018年以前，虽然从经济占比上，纳入的"一带一路"共建国家已达到60%左右，但数量上仅为1/3左右。随着未来国际数据与各"一带一路"共建国家统计工作的更新完善，可以纳入更长的时间与更多的国家。同时，考虑新冠疫情的影响，世界整体包括"一带一路"共建国家的经济发展与对外贸易结构等都发生了较大调整，也会影响各国全球价值链嵌入与碳排放特征。因此，在未来统计数据支持的基础上，探索新冠疫情后"一带一路"共建国家全球价值链嵌入与碳排放的演变趋势以及两者之间的联系，对于后疫情时代"一带一路"共建国家调整经贸发展方向，加速推进绿色发展具有重要意义。

参考文献

[1] VAN DEN BERGH J C, Botzen W J. Monetary valuation of the social cost of CO_2 emissions: a critical survey [J]. Ecological economics, 2015, 114: 33-46.

[2] ZHU B Z, ZHANG M F, HUANG L Q, et al. Exploring the effect of carbon trading mechanism on China's green development efficiency: a novel integrated approach [J]. Energy economics, 2020, 85: 104601.

[3] 央视网. 第 26 届联合国气候变化大会开幕, 2021 年全球气候状况报告发布 [EB/OL]. (2021-11-01) [2024-03-12]. https://news.cctv.com/2021/11/01/ARTIKvdZ1mqCaJThUtw8P8zw211101.shtml? spm=C96370.PPDB2vhvSivD.ERPyWJCsPwT9.13.

[4] CAVALLARO F, CIARI F, NOCERA S, et al. The impacts of climate change on tourist mobility in mountain areas [J]. Journal of sustainable tourism, 2017, 25 (8), 1063-1083.

[5] CAVALLARO F, IRRANCA G O, NOCERA S. Climate change impacts and tourism mobility: a destination-based approach for coastal areas [J]. International journal of sustainable transportation, 2021, 15 (6), 456-473.

[6] SU B, ANG B W. Multiplicative decomposition of aggregate carbon intensity change using input-output analysis [J]. Applied energy, 2015, 154: 13-20.

[7] ZHAO Y, SHI Q L, QIAN Z L, et al. Simulating the economic and environ-

mental effects of integrated policies in energy–carbon–water nexus of China [J]. Energy, 2022, 238: 121783.

[8] NOCERA S, GALATI O I, CAVALLARO F. On the uncertainty in the economic valuation of carbon emissions from transport [J]. Journal of transport economics & policy, 2018, 52 (1): 68-94.

[9] IGNJACEVIC P, PORRUA F E, BOTZEN W J. Time of emergence of economic impacts of climate change [J]. Environmental research letters, 2021, 16 (7): 1-10.

[10] ANTOCI A, BORGHESI S, GALEOTTI M, et al. Living in an uncertain world: environment substitution, local and global indeterminacy [J]. Journal of economic dynamics and control, 2021, 126 (5): 103929.

[11] United Nations Framework Convention on Climate Change: The Paris Agreement [EB/OL]. [2024-11-24]. https://unfccc.int/resource/docs/2015/cop21/chi/l09c.pdf.

[12] HAN M Y, LAO J M, YAO Q H, et al. Carbon inequality and economic development across the belt and road regions [J]. Journal of environmental management, 2020, 262: 110250.

[13] 黎峰. 双循环联动的大国特质与一般规律：贸易视角的考察 [J]. 世界经济研究, 2022 (5): 102-116, 137.

[14] SHI Q L, ZHAO Y H, ZHONG C. What drives the export-related carbon intensity changes in China? Empirical analyses from temporal-spatial-industrial perspectives [J]. Environmental science & pollution research, 2021 (9): 1-21.

[15] IEA. CO_2 emissions from fuel combustion: database document [R]. 2016.

[16] CHEN Y, LIU S B, WU H Q, et al. How can Belt and Road countries contribute to global low-carbon development? [J]. Journal of cleaner production, 2020, 256: 120717.

[17] CHEN Z L, WANG W J, LI F, et al. Congestion assessment for the Belt and Road countries considering carbon emission reduction [J]. Journal of cleaner production, 2020, 242: 118405.

[18] CHEN Q Q, GU Y, TANG Z Y, et al. Assessment of low-carbon iron and steel production with CO_2 recycling and utilization technologies: a case study in China [J]. Applied energy, 2018, 220: 192-207.

[19] 赵玉焕,李玮伦,王淞. 北京市居民消费间接碳排放测算及影响因素 [J]. 北京理工大学学报（社会科学版）, 2018, 20 (3): 33-44.

[20] ZHAO Y H, LI H, XIAO Y L, et al. Scenario analysis of the carbon pricing policy in China's power sector through 2050: based on an improved CGE model [J]. Ecological indicators, 2018, 85 (2): 352-366.

[21] 赵玉焕,刘娅,王淞,等. 生产全球化背景下中国光电设备制造业出口的经济利益和环境成本：基于网络分析的中美比较研究 [J]. 国际贸易问题, 2018 (11): 145-161.

[22] LIU H, LI J, LONG H, et al. Promoting energy and environmental efficiency within a positive feedback loop: insights from global value chain [J]. Energy policy, 2018, 121: 175-184.

[23] GE Y, DOLLAR D, YU X D. Institutions and participation in global value chains: evidence from belt and road initiative [J]. China economic review, 2020, 61: 101447.

[24] KONINGS J. Trade impacts of the belt and road initiative [J]. Global economics, 2018: 1-12.

[25] ZHU Y B, SHI Y J, WU J, et al. Exploring the characteristics of CO_2 emissions embodied in international trade and the fair share of responsibility [J]. Ecological economics, 2018, 146: 574-587.

[26] SHAHBAZ M, NASREEN S, AHMED K, et al. Trade openness-carbon emissions nexus: the importance of turning points of trade openness for country panels [J]. Energy economics, 2017 (61): 221-232.

[27] 赵玉焕,史巧玲,伍思健. 参与全球价值链对中国出口贸易碳强度的影响 [J]. 北京理工大学学报（社会科学版）, 2020, 22 (4): 17-27.

[28] MUHAMMAD S, LONG X, SALMAN M, et al. Effect of urbanization and international trade on CO_2 emissions across 65 Belt and Road Initiative countries [J]. Energy, 2020, 196: 117102.

[29] FENG K, DAVIS S J, SUN L X, et al. Drivers of the US CO_2 emissions 1997-2013 [J]. Nature communications, 2015, 6 (1): 7714.

[30] YU C J, LUO Z C. What are China's real gains within global value chains? Measuring domestic value added in China's exports of manufactures [J]. China economic review, 2018, 47: 263-273.

[31] ZHANG F, GALLAGHER K S. Innovation and technology transfer through global value chains: evidence from China's PV industry [J]. Energy policy, 2016, 94: 191-203.

[32] 唐拥军, 戴炳钦, 简兆权, 等. "一带一路"背景下境外工业园区商业模式动态更新路径: 基于中国-印度尼西亚经贸合作区的案例研究 [J]. 世界经济研究, 2021 (11): 120-134, 137.

[33] 韩永辉, 邹建华. "一带一路"背景下的中国与西亚国家贸易合作现状和前景展望 [J]. 国际贸易, 2014 (8): 21-28.

[34] 郑雪平, 林跃勤. "一带一路"倡议促进人类命运共同体建构研究 [J]. 亚太经济, 2022 (1): 1-11.

[35] 蒋志刚. "一带一路"建设中的金融支持主导作用 [J]. 国际经济合作, 2014 (9): 69-62.

[36] 陈杨, 董正斌. 开发性金融支持"一带一路"基础设施建设的对策研究 [J]. 国际贸易, 2022 (4): 74-81.

[37] KAPLAN Y. China's OBOR as a geo-functional institutionalist project [J]. Baltic journal of European studies, 2017, 7 (1): 7-23.

[38] OVERHOLT W H. One belt, one road, one pivot [J]. Global Asia, 2015, 10 (3): 1-8.

[39] 朱显平, 邹向阳. 中国-中亚新丝绸之路经济发展带构想 [J]. 东北亚论坛, 2006, 15 (5): 3-6.

[40] 王友云. "一带一路"倡议下中国-东盟合作的协议治理方式探讨 [J]. 亚太经济, 2021 (6): 12-19.

[41] 冯宗宪. 中国向欧亚大陆延伸的战略动脉: 丝绸之路经济带的区域、线路划分和功能详解 [J]. 人民论坛·学术前沿, 2014 (2): 79-85.

[42] 隋广军, 黄亮雄, 黄兴. 中国对外直接投资、基础设施建设与"一带一

路"沿线国家经济增长[J]. 广东财经大学学报, 2017, 32(1): 32-44.

[43] YANG L, WANG Y T, WANG R R, et al. Environmental-social-economic footprints of consumption and trade in the Asia-Pacific region[J]. Nature communications, 2020, 11(1): 4490.

[44] 李洪伟, 姜海洋, 孙作人. "一带一路"沿线国家高质量绿色发展实现路径研究[J]. 软科学, 2022, 36(7): 23-30.

[45] 方恺, 席继轩, 李程琳. 全球碳中和趋势下的"绿色丝绸之路"建设: 中国的路径选择[J]. 治理研究, 2022(3): 35-44, 125.

[46] 汪克亮, 庞素勤. "一带一路"倡议实施对中国沿线城市绿色转型的影响[J]. 资源科学, 2021(12): 2475-2489.

[47] 何茂春, 郑维伟. "一带一路"战略构想从模糊走向清晰: 绿色、健康、智力、和平丝绸之路理论内涵及实现路径[J]. 新疆师范大学学报(哲学社会科学版), 2017, 38(6): 77-92.

[48] 杨宜勇. 打造绿色"一带一路"应把握三个关键问题[J]. 区域经济评论, 2017(6): 1-2.

[49] 张建平, 张燕生, 陈浩, 等. 建设绿色"一带一路"的愿景和行动方案研究框架[J]. 行政管理改革, 2017(9): 15-22.

[50] 孙婉婷. 以绿色发展理念建设"一带一路"[J]. 人民论坛, 2017(35): 78-79.

[51] 国冬梅, 王玉娟. 绿色"一带一路"建设研究及建议[J]. 中国环境管理, 2017, 9(3): 15-19.

[52] 王鹏, 何宛谦, 黄子芹. 习近平生态文明思想与绿色"一带一路"建设[J]. 学习与实践, 2021(9): 22-30.

[53] 林永生. "一带一路"战略背景下的中国省域绿色发展: 现状、问题与对策[J]. 中国环境管理, 2016, 8(2): 42-46.

[54] 张文博, 邓玲, 尹传斌. "一带一路"主要节点城市的绿色经济效率评价及影响因素分析[J]. 经济问题探索, 2017(11): 84-90.

[55] 陈晓东. 用绿色发展将"一带一路"建成命运共同体[J]. 区域经济评论, 2017(6): 7-9.

[56] 王苒, 赵忠秀. "绿色化"打造中国生态竞争力 [J]. 生态经济, 2016, 32 (2): 208-210.

[57] 杨波, 李波. "一带一路"倡议与企业绿色转型升级 [J]. 国际经贸探索, 2021, 37 (6): 20-36.

[58] 邬彩霞. 绿色"一带一路"与中国产业绿色竞争力 [J]. 中国战略新兴产业, 2017 (15): 41-43.

[59] 夏炎, 姜青言, 杨翠红, 等. "一带一路"倡议助推沿线国家和地区绿色发展 [J]. 中国科学院院刊, 2021, 36 (6): 724-732.

[60] 葛鹏飞, 黄秀路, 徐璋勇. 金融发展、创新异质性与绿色全要素生产率提升: 来自"一带一路"的经验证据 [J]. 财经科学, 2018 (1): 1-14.

[61] 齐绍洲, 徐佳. 贸易开放对"一带一路"沿线国家绿色全要素生产率的影响 [J]. 中国人口·资源与环境, 2018, 28 (4): 134-144.

[62] 裴长洪. "十四五"时期推动共建"一带一路"高质量发展的思路、策略与重要举措 [J]. 经济纵横, 2021 (6): 1-13.

[63] 葛鹏飞, 徐璋勇, 黄秀路. 科研创新提高了"一带一路"沿线国家的绿色全要素生产率吗 [J]. 国际贸易问题, 2017 (9): 48-58.

[64] 傅京燕, 程芳芳. 推动"一带一路"沿线国家建立绿色供应链研究 [J]. 中国特色社会主义研究, 2018 (5): 80-85.

[65] PORTER M E. Competitive advantage: creating and sustaining superior performance [M]. New York: Free Press, 1985.

[66] KOGUT B. Designing global strategies: comparative and competitive value-added chains [J]. MIT Sloan management review, 1985, 26 (4): 15-28.

[67] GEREFFI G, KORZENIEWICZ M. Commodity chains and global capitalism [M]. Santa Barbara: ABC-CLIO, 1994.

[68] GEREFFI G. Global production systems and third world development [M] // Global change, regional response: the new international context of development. New York: Cambridge University Press, 1995.

[69] GEREFFI G, KAPLINSKY R. The value of value chains: spreading the gains from globalization [M]. Brighton: Institute of Development Studies, 2001.

[70] UNIDO. Industrial Development Report 2002/2003: Competing through innovation and learning [R]. Vienna, 2002.

[71] AMADOR J, CABRAL S. Global value chains: a survey of drivers and measures [J]. Journal of economic surveys, 2014, 30 (2): 278-301.

[72] BALDWIN R E. Global supply chains: why they emerged, why they matter, and where they are going [M]. Social science electronic publishing, 2012.

[73] BALDWIN R, VENABLES A J. Spiders and snakes: offshoring and agglomeration in the global economy [J]. Journal of international economics, 2013, 90 (2): 245-254.

[74] HUMMELS D, ISHII J, YI K M. The nature and growth of vertical specialization in world trade [J]. Journal of international economics, 2001, 54 (1): 75-96.

[75] GAUDIN G, RIFFLART C, SCHWEISGUTH D. Who produces for whom in the world economy? [J]. Canadian journal of economics, 2011, 44 (4): 1403-1437.

[76] JOHNSON R C, NOGUERA G. Accounting for intermediates: production sharing and trade in value added [J]. Journal of international economics, 2012, 86 (2): 224-236.

[77] KOOPMAN R, POWERS W, WANG Z, et al. Give credit where credit is due: tracing value added in global production chains [R]. NBER working papers, 2010.

[78] KOOPMAN R, WANG Z, WEI S J. Tracing value-added and double counting in gross exports [J]. American economic review, 2014, 104 (2): 459-494.

[79] FALLY T. On the Fragmentation of Production in the US [R]. University of Colorado Mimeo, 2011.

[80] BACKER D K, MIROUDOT S. Mapping global value chains [R]. OECD Trade Policy Papers, 2013.

[81] ANTRAS P, CHOR D, FALLY T, et al. Measuring the upstreamness of production and trade flows [J]. American economic review, 2012, 102

(3): 412-416.

[82] WANG Z, WEI S J, YU X, et al. Measures of participation in global value chains and global business cycles [R]. NBER working papers, 2017a, No. 23222.

[83] WANG Z, WEI S J, YU X, et al. Characterizing global value chains: production length and upstreamness [R]. NBER working papers, 2017b, No. 23261.

[84] MUNKSGAARD J, PEDERSEN K A. CO_2 accounts for open economies: producer or consumer responsibility? [J]. Energy policy, 2001, 29 (4): 327-334.

[85] BASTIANONI S, PULSELLI F M, TIEZZI E. The problem of assigning responsibility for greenhouse gas emissions [J]. Ecological economics, 2004, 49 (3): 253-257.

[86] WYCKOFF A W, ROOP J M. The embodiment of carbon in imports of manufactured products: implications for international agreements on greenhouse gas emissions [J]. Energy policy, 1994, 22 (3): 187-194.

[87] ALDY J E. An environmental Kuznets curve analysis of U. S. state-level carbon dioxide emissions [J]. The journal of environment & development, 2005, 14 (1): 48-72.

[88] EDER P, NARODOSLAWSKY M. What environmental pressures are a region's industries responsible for? A method of analysis with descriptive indices and input-output models [J]. Ecological economics, 1999, 29 (3): 359-374.

[89] MÓZNER Z V. A consumption-based approach to carbon emission accounting-sectoral differences and environmental benefits [J]. Journal of cleaner production, 2013, 42: 83-95.

[90] 王文举, 陈真玲. 中国省级区域初始碳配额分配方案研究: 基于责任与目标、公平与效率的视角 [J]. 管理世界, 2019, 35 (3): 81-98.

[91] PETERS G P, HERTWICH E G. CO_2 embodied in international trade with implications for global climate policy [J]. Environmental science & technol-

ogy, 2008, 42 (5): 1401-1407.

[92] WIEDMANN T. A review of recent multi-region input-output models used for consumption-based emission and resource accounting [J]. Ecological economics, 2009, 69 (2): 211-222.

[93] PETERS G P. From production-based to consumption-based national emission inventories [J]. Ecological economics, 2008, 65 (1): 13-23.

[94] FERNG J J. Allocating the responsibility of CO_2 over-emissions from the perspectives of benefit principle and ecological deficit [J]. Ecological economics, 2003, 46 (1): 121-141.

[95] LENZEN M, MURRAY J, SACK F, et al. Shared producer and consumer responsibility-theory and practice [J]. Ecological economics, 2007, 61 (1): 27-42.

[96] ZHOU X, KOJIMA S. How does trade adjustment influence national inventory of open economies? Accounting for embodied carbon emissions based on multi-region input-output model [J]. Environmental systems research, 2009, 37: 255-262.

[97] CHANG N. Sharing responsibility for carbon dioxide emissions: a perspective on border tax adjustments [J]. Energy policy, 2013, 59: 850-856.

[98] Carbon Trust. Carbon footprint measurement methodology [R]. London: Carbon Trust, 2007.

[99] 柳君波, 徐向阳, 李思雯. 中国电力行业的全周期碳足迹 [J]. 中国人口·资源与环境, 2022, 32 (1): 31-41.

[100] LEONTIEF W. Quantitative input and output relations in the economic systems of the United States [J]. The review of economic statistics, 1936, 18 (3): 105-125.

[101] WANG M, CHAO F. Decomposition of energy-related CO_2 emissions in China: an empirical analysis based on provincial panel data of three sectors [J]. Applied energy, 2017, 190: 772-787.

[102] WANG H, ANG B W. Assessing the role of international trade in global CO_2 emissions: an index decomposition analysis approach [J]. Applied

energy, 2018, 218: 146-158.

[103] FENG C, ZHENG C J, SHAN M L. The clarification for the features, temporal variations, and potential factors of global carbon dioxide emissions [J]. Journal of cleaner production, 2020, 255: 120250.

[104] ZHA D L, YANG G L, WANG Q W. Investigating the driving factors of regional CO_2 emissions in China using the IDA-PDA-MMI method [J]. Energy economics, 2019, 84: 104521.

[105] 蒋雪梅, 刘轶芳. 全球贸易隐含碳排放格局的变动及其影响因素 [J]. 统计研究, 2013, 30 (9): 29-36.

[106] JIANG X M, GUAN D B. Determinants of global CO_2 emissions growth [J]. Applied energy, 2016, 184: 1132-1141.

[107] MALIK A, LAN J. The role of outsourcing in driving global carbon emissions [J]. Economic systems research, 2016, 28 (2): 168-182.

[108] LIU D, GUO X, XIAO B. What causes growth of global greenhouse gas emissions? Evidence from 40 countries [J]. Science of the total environment, 2019, 661: 750-766.

[109] JIANG M H, AN H Z, GAO X Y, et al. Structural decomposition analysis of global carbon emissions: the contributions of domestic and international input changes [J]. Journal of environmental management, 2021, 294: 112942.

[110] SHI A. Population growth and global carbon dioxide emissions [R]. Paper to be presented at IUSSP conference, 2001.

[111] 佟昕, 陈凯, 李刚. 中国碳排放与影响因素的实证研究: 基于2000—2011年中国以及30个省域的灰色关联分析 [J]. 工业技术经济, 2015, 34 (3): 66-78.

[112] AJMI A N, HAMMOUDEH S, NGUYEN D K, et al. On the relationships between CO_2 emissions, energy consumption and income: the importance of time variation [J]. Energy economics, 2015, 49: 629-638.

[113] YANG J, HAO Y, FENG C. A race between economic growth and carbon emissions: what play important roles towards global low-carbon development? [J]. Energy economics, 2021, 100: 105327.

[114] HUANG J B, LI X H, WANG Y J, et al. The effect of energy patents on China's carbon emissions: evidence from the STIRPAT model [J]. Technological forecasting and social change, 2021, 173: 121110.

[115] WU L F, SUN L W, QI P X, et al. Energy endowment, industrial structure upgrading, and CO_2 emissions in China: revisiting resource curse in the context of carbon emissions [J]. Resources policy, 2021, 74: 102329.

[116] 乔小勇,李泽怡,相楠. 中间品贸易隐含碳排放流向追溯及多区域投入产出数据库对比:基于WIOD、Eora、EXIOBASE数据的研究 [J]. 财贸经济, 2018, 39 (1): 84-100.

[117] 王文举,向其凤. 国际贸易中的隐含碳排放核算及责任分配 [J]. 中国工业经济, 2011 (10): 56-64.

[118] 余丽丽,彭水军. 中国区域嵌入全球价值链的碳排放转移效应研究 [J]. 统计研究, 2018, 35 (4): 16-29.

[119] 彭水军,张文城,孙传旺. 中国生产侧和消费侧碳排放量测算及影响因素研究 [J]. 经济研究, 2015 (1): 168-182.

[120] SU B, THOMSON E. China's carbon emissions embodied in (normal and processing) exports and their driving forces, 2006-2012 [J]. Energy economics, 2016, 59: 414-422.

[121] AHMAD N, WYCKOFF A. Carbon dioxide emissions embodied in international trade of goods [R]. OECD Science, technology and industry working paper, 2003.

[122] DIETZENBACHER E, PEI J, YANG C. Trade, production fragmentation, and China's carbon dioxide emissions [J]. Journal of environmental economics and management, 2012, 64 (1): 88-101.

[123] ZHAO Y H, WANG S, ZHANG Z H, et al. Driving factors of carbon emissions embodied in China-US trade: a structural decomposition analysis [J]. Journal of cleaner production, 2016, 131: 678-689.

[124] WANG S, ZHAO Y H, WIEDMANN T. Carbon emissions embodied in China-Australia trade: a scenario analysis based on input-output analysis and panel regression models [J]. Journal of cleaner production, 2019,

220: 721-731.

[125] WIEBE K S, BRUCKNER M, GILJUM S, et al. Carbon and materials embodied in the international trade of emerging economies: a multiregional input-output assessment of trends between 1995 and 2005 [J]. Journal of industrial ecology, 2012, 16 (4): 636-646.

[126] TIAN J, LIAO H, WANG C. Spatial-temporal variations of embodied carbon emission in global trade flows: 41 economies and 35 sectors [J]. Natural hazards, 2015, 78 (2): 1125-1144.

[127] ARCE G, LÓPEZ L A, GUAN D. Carbon emissions embodied in international trade: the post-China era [J]. Applied energy, 2016, 184: 1063-1072.

[128] ZHAO Y H, SHI Q L, LI H, et al. Temporal and spatial determinants of carbon intensity in exports of electronic and optical equipment sector of China [J]. Ecological indicators, 2020, 116: 106487.

[129] PETERS G P, MINX J C, WEBER C L, et al. Growth in emission transfers via international trade from 1990 to 2008 [J]. PNAS, 2011, 108 (21): 8903-8908.

[130] MENG B, PETERS G P, WANG Z. Tracing greenhouse gas emissions in global value chains [R]. Stanford center for international development wording paper, 2015.

[131] 赵玉焕, 田扬, 刘娅. 基于投入产出分析的印度对外贸易隐含碳研究 [J]. 国际贸易问题, 2014 (10): 77-87.

[132] PETERS G P, HERTWICH E G. Pollution embodied in trade: the Norwegian case [J]. Global environmental change, 2006, 16 (4): 379-387.

[133] ZHANG W C, PENG S J. Analysis on CO_2 emissions transferred from developed economies to China through trade [J]. China & world economy, 2016, 24 (2): 68-89.

[134] PETERS G P, HERTWICH E G. Post-Kyoto greenhouse gas inventories: production versus consumption [J]. Climatic change, 2008, 86 (1-2): 51-66.

[135] MENG J, MI Z F, GUAN D B, et al. The rise of South-South trade and

its effect on global CO_2 emissions [J]. Nature communications, 2018, 9 (1): 1871.

[136] WANG Z Y, MENG J, ZHENG H R, et al. Temporal change in India's imbalance of carbon emissions embodied in international trade [J]. Applied energy, 2018, 231: 914-925.

[137] ZHANG Z K, GUAN D B, WANG R, et al. Embodied carbon emissions in the supply chains of multinational enterprises [J]. Nature climate change, 2020, 10 (12): 1096-1101.

[138] GROSSMAN G M, KRUEGER A B. Economic growth and environment [J]. The quarterly journal of economics, 1995, 110 (2): 353-377.

[139] 赵忠秀, 王苒, 闫云凤. 贸易隐含碳与污染天堂假说: 环境库兹涅茨曲线成因的再解释 [J]. 国际贸易问题, 2013 (7): 93-101.

[140] 林伯强, 蒋竺均. 中国二氧化碳的环境库兹涅茨曲线预测及影响因素分析 [J]. 管理世界, 2009 (4): 27-36.

[141] 李鹏. 产业结构与环境污染之间倒"U"型曲线关系的检验: 基于产业结构调整幅度和经济增长速度共同影响视角的分析 [J]. 经济问题, 2016 (10): 21-26, 109.

[142] DEAN J M, LOVELY M E. Trade growth, production fragmentation, and China's environment [R]. NBER working papers, 2008.

[143] 李斌, 彭星. 中国对外贸易影响环境的碳排放效应研究: 引入全球价值链视角的实证分析 [J]. 经济与管理研究, 2011 (7): 40-48.

[144] 巩爱凌, 刘廷瑞. 全球价值链视角下外贸出口与能源消耗及其影响因素分析 [J]. 经济经纬, 2012 (5): 63-67.

[145] 彭星, 李斌. 全球价值链视角下中国嵌入制造环节的经济碳排放效应研究 [J]. 财贸研究, 2013, 24 (6): 18-26.

[146] 王玉燕, 王建秀, 阎俊爱. 全球价值链嵌入的节能减排双重效应: 来自中国工业面板数据的经验研究 [J]. 中国软科学, 2015 (8): 148-162.

[147] JING W, WAN G H, WANG C. Participation in GVCs and CO_2 emissions [J]. Energy economics, 2019, 84: 104561.

[148] SUN C W, LI Z, MA T M, et al. Carbon efficiency and international specialization position: evidence from global value chain position index of manufacture [J]. Energy policy, 2019, 128: 235-242.

[149] ASSAMOI G R, WANG S Y, LIU Y, et al. Dynamics between participation in global value chains and carbon dioxide emissions: empirical evidence for selected Asian countries [J]. Environmental science and pollution research, 2020, 27 (14): 16496-16506.

[150] 吕越, 吕云龙. 中国参与全球价值链的环境效应分析 [J]. 中国人口·资源与环境, 2019, 29 (7): 91-100.

[151] 吕延方, 崔兴华, 王冬. 全球价值链参与度与贸易隐含碳 [J]. 数量经济技术经济研究, 2019, 36 (2): 46-66.

[152] 孙华平, 杜秀梅. 全球价值链嵌入程度及地位对产业碳生产率的影响 [J]. 中国人口·资源与环境, 2020, 30 (7): 27-37.

[153] 徐博, 杨来科, 钱志权. 全球价值链分工地位对于碳排放水平的影响 [J]. 资源科学, 2020, 42 (3): 527-535.

[154] WU Z H, HOU G S, XIN B G. Has the belt and road initiative brought new opportunities to countries along the routes to participate in global value chains? [J]. SAGE open, 2020, 10 (1): 1-12.

[155] 刘志彪, 吴福象. "一带一路" 倡议下全球价值链的双重嵌入 [J]. 中国社会科学, 2018 (8): 17-32.

[156] 李建军, 孙慧, 田原. 丝绸之路经济带全球价值链地位测评及政策建议 [J]. 国际贸易问题, 2018 (8): 80-93.

[157] 王恕立, 吴楚豪. "一带一路" 倡议下中国的国际分工地位: 基于价值链视角的投入产出分析 [J]. 财经研究, 2018, 44 (8): 18-30.

[158] GE Y, DOLLAR D, YU X D. Institutions and participation in global value chains: evidence from belt and road initiative [J]. China economic review, 2020, 61: 101447.

[159] 马丹, 何雅兴, 郁霞. 双重价值链、经济不确定性与区域贸易竞争力: "一带一路" 建设的视角 [J]. 中国工业经济, 2021 (4): 81-99.

[160] 卢潇潇, 梁颖. "一带一路" 基础设施建设与全球价值链重构 [J].

中国经济问题，2020（1）：11-26.

［161］彭澎，李佳熠. OFDI 与双边国家价值链地位的提升：基于"一带一路"沿线国家的实证研究［J］. 产业经济研究，2018（6）：75-88.

［162］刘敏，赵璟，薛伟贤. "一带一路"产能合作与发展中国家全球价值链地位提升［J］. 国际经贸探索，2018，34（8）：49-62.

［163］HE S B, YAO H L, JI Z. Direct and indirect effects of business environment on BRI countries' global value chain upgrading［J］. International journal of environmental research and public health, 2021, 18（23）：12492.

［164］魏龙，王磊. 从嵌入全球价值链到主导区域价值链："一带一路"战略的经济可行性分析［J］. 国际贸易问题，2016（5）：104-115.

［165］戴翔，宋婕. "一带一路"有助于中国重构全球价值链吗？［J］. 世界经济研究，2019（11）：108-121，136.

［166］马晓东，何伦志. 融入全球价值链能促进本国产业结构升级吗：基于"一带一路"沿线国家数据的实证研究［J］. 国际贸易问题，2018（7）：95-107.

［167］姚秋蕙，韩梦瑶，刘卫东. "一带一路"沿线地区隐含碳流动研究［J］. 地理学报，2018，73（11）：2210-2222.

［168］LU Q L, FANG K, HEIJUNGS R, et al. Imbalance and drivers of carbon emissions embodied in trade along the belt and road initiative［J］. Applied energy, 2020, 280：115934.

［169］HAN M Y, LAO J M, YAO Q H, et al. Carbon inequality and economic development across the belt and road regions［J］. Journal of environmental management, 2020, 262：110250.

［170］WANG C, WOOD J, GENG X R, et al. Transportation CO_2 emission decoupling: empirical evidence from countries along the Belt and Road［J］. Journal of cleaner production, 2020, 263：121450.

［171］WANG J D, DONG K Y, DONG X C, et al. Research on the carbon emission effect of the seven regions along the Belt and Road: based on the spillover and feedback effects model［J］. Journal of cleaner production, 2021, 319：128758.

[172] FAN J L, DA Y B, WANG S L, et al. Determinants of carbon emissions in 'Belt and Road initiative' countries: a production technology perspective [J]. Applied energy, 2019, 239: 268-279.

[173] MAHADEVAN R, SUN Y Y. Effects of foreign direct investment on carbon emissions: evidence from China and its Belt and Road countries [J]. Journal of environmental management, 2020, 276: 111321.

[174] ZHANG J J, TWUM A K, AGYEMANG A O, et al. Empirical study on the impact of international trade and foreign direct investment on carbon emission for Belt and road countries [J]. Energy reports, 2021 (7): 7591-7600.

[175] RAUF A, LIU X X, AMIN W, et al. Testing ekc hypothesis with energy and sustainable development challenges: a fresh evidence from Belt and Road initiative economies [J]. Environmental science and pollution research, 2018, 25 (32): 32066-32080.

[176] MAJEED M T, OZTURK I, SAMREEN I, et al. Evaluating the asymmetric effects of nuclear energy on carbon emissions in Pakistan [J]. Nuclear engineering and technology, 2022, 54 (5): 1664-1673.

[177] 孟凡鑫, 苏美蓉, 胡元超, 等. 中国及"一带一路"沿线典型国家贸易隐含碳转移研究 [J]. 中国人口·资源与环境, 2019, 29 (4): 18-26.

[178] 李清如. 中日对"一带一路"沿线国家贸易隐含碳的测算及影响因素分析 [J]. 现代日本经济, 2017 (4): 72-87.

[179] 李焱, 李佳蔚, 王炜瀚, 等. 全球价值链嵌入对碳排放效率的影响机制: "一带一路"沿线国家制造业的证据与启示 [J]. 中国人口·资源与环境, 2021, 31 (7): 15: 26.

[180] 赵玉焕. 贸易与环境: WTO 新一轮谈判的新议题 [M]. 北京: 对外经济贸易大学出版社, 2002.

[181] COPELAND B, TAYLOR M S. Trade and the environment [M]. Princeton: Princeton University Press, 2005.

[182] 吕越, 陈帅, 盛斌. 嵌入全球价值链会导致中国制造的"低端锁定"吗? [J]. 管理世界, 2018, 34 (8): 11-29.

［183］邵宇佳，潘浩然，陈红. 后发经济体突破价值链"低端锁定"的升级机制研究：基于 OFDI 的研究视角［J］. 江苏商论，2022（1）：54-57.

［184］ZHENG L, ZHAO Y, SHI Q, et al. Global value chains participation and carbon emissions embodied in exports of China：perspective of firm heterogeneity［J］. Science of the total environment, 2022, 813：152587.

［185］SHI Q, ZHAO Y, QIAN Z, et al. Global value chains participation and carbon emissions：evidence from Belt and Road countries［J］. Applied energy, 2022, 310：118505.

［186］KEMP MC, VAN LONG N. The role of natural resources in trade models［J］. Handbook of international economics, 1984（1）：367-417.

［187］BORTOLAMEDI M. Accounting for hidden energy dependency：the impact of energy embodied in traded goods on cross-country energy security assessments［J］. Energy, 2015, 93：1361-1372.

［188］CHEN G Q, WU X F. Energy overview for globalized world economy：source, supply chain and sink［J］. Renewable and sustainable energy reviews, 2017, 69：735-749.

［189］JIANG L, HE S, TIAN X, et al. Energy use embodied in international trade of 39 countries：spatial transfer patterns and driving factors［J］. Energy, 2020, 195：116988.

［190］WU X F, CHEN G Q. Global primary energy use associated with production, consumption and international trade［J］. Energy policy, 2017, 111：85-94.

［191］ZHANG Z, XI L, BIN S, et al. Energy, CO_2 emissions, and value added flows embodied in the international trade of the BRICS group：a comprehensive assessment［J］. Renewable & sustainable energy reviews, 2019, 116：109432.

［192］TAO F, XU Z, DUNCAN A A, et al. Driving forces of energy embodied in China-EU manufacturing trade from 1995 to 2011［J］. Resources conservation & recycling, 2018, 136：324-334.

[193] LAM K L, KENWAY S J, LANE J L, et al. Energy intensity and embodied energy flow in Australia: an input-output analysis [J]. Journal of cleaner production, 2019, 226: 357-368.

[194] WANG Q, YANG X. German's oil footprint: an input-output and structural decomposition analysis [J]. Journal of cleaner production, 2020, 242: 118246.

[195] LIU B, ZHANG L, SUN J, et al. Analysis and comparison of embodied energies in gross exports of the constrcution sector by means of their value-added origins [J]. Energy, 2020, 191: 116546.

[196] XIA X H, CHEN B, WU X D, et al. Coal use for world economy: provision and transfer network by multi-region input-output analysis [J]. Journal of cleaner production, 2017, 143: 125-144.

[197] TANG X, ZHANG B, FENG L, et al. Net oil exports embodied in China's international trade: an input-output analysis [J]. Energy, 2012, 48: 464-471.

[198] KAN S Y, CHEN B, WU X F, et al. Natural gas overview for world economy: from primary supply to final demand via global supply chains [J]. Energy policy, 2019, 124: 215-225.

[199] KAN S, CHEN B, MENG J, et al. An extended overview of natural gas use embodied in world economy and supply chains: policy implications from a time series analysis [J]. Energy policy, 2020, 137: 111068.

[200] MENG J, MI Z, GUAN D, et al. The rise of South-South trade and its effect on global CO_2 emissions [J]. Nature communications, 2018, 9(1): 1-7.

[201] WANG S, HE Y, SONG M. Global value chains, technological progress, and environmental pollution: inequality towards developing countries [J]. Journal of environmental management, 2020, 277: 110999.

[202] 吕越, 黄艳希, 陈勇兵. 全球价值链嵌入的生产率效应: 影响与机制分析 [J]. 世界经济, 2017, 40 (7): 28-51.

[203] ANANCHOTIKUL N. Does foreign direct investment really improve corpo-

rate governance? Evidence from Thailand [R]. Working paper from Monetary Policy Group, 2007.

[204] KASAHARA H, RODRIGUE J. Does the use of imported intermediates increase productivity? Plant-level evidence [J]. Journal of development economics, 2008, 87 (1): 106-118.

[205] HO C Y, WANG W, YU J. International knowledge spillover through trade: a time-varying spatial panel data approach [J]. Economics letters, 2018, 162: 30-33.

[206] VAN BIESEBROECK J. Exporting raises productivity in sub-Saharan African manufacturing firms [J]. Journal of international economics, 2005, 67 (2): 373-391.

[207] YE C, YE Q, SHI X, et al. Technology gap, global value chain and carbon intensity: evidence from global manufacturing industries [J]. Energy policy, 2020, 137: 111094.

[208] QU C, SHAO J, CHENG Z. Can embedding in global value chain drive green growth in China's manufacturing industry? [J]. Journal of cleaner production, 2020, 268: 121962.

[209] CAI L H, ZHANG Z, ZHU L. GVCs participation and carbon emissions: evidence from China's industrial panel data [J]. Journal of international trade, 2020 (4): 86-104.

[210] XU B, YANG L K, QIAN Z Q. The impact of global value chain position on carbon emissions [J]. Resources science, 2020, 42 (3): 527-535.

[211] 孙学敏, 王杰. 全球价值链嵌入的"生产率效应": 基于中国微观企业数据的实证研究 [J]. 国际贸易问题, 2016 (3): 3-14.

[212] ROMER P M. Endogenous technological change [J]. Journal of political economy, 1990, 98 (5): 71-102.

[213] 张杰, 李勇, 刘志彪. 出口促进中国企业生产率提高吗?: 来自中国本土制造业企业的经验证据: 1999~2003 [J]. 管理世界, 2009 (12): 11-26.

[214] 席艳乐, 贺莉芳. 嵌入全球价值链是企业提高生产率的更好选择吗:

基于倾向评分匹配的实证研究 [J]. 国际贸易问题, 2015 (12): 39-50.

[215] MELITZ M. The impact of trade on aggregate industry productivity and intra-industry reallocations [J]. Econometrica, 2003, 71 (6): 1695-1725.

[216] 余泳泽, 容开建, 苏丹妮, 等. 中国城市全球价值链嵌入程度与全要素生产率: 来自 230 个地级市的经验研究 [J]. 中国软科学, 2019 (5): 80-96.

[217] MILLER R E, BLAIR P D. Input-output analysis: foundations and extensions [M]. Cambridge: Cambridge University Press, 2009.

[218] WANG Z, WEI S J, YU X, et al. Characterizing global value chains: production length and upstreamness [R]. Cambridge: NBER, 2017.

[219] PEI Y, ZHU Y, LIU S, et al. Environmental regulation and carbon emission: the mediation effect of technical efficiency [J]. Journal of cleaner production, 2019, 236 (1): 117599.

[220] MARTINEZ-ZARZOSO I, MARUOTTI A. The impact of urbanization on CO_2 emissions: evidence from developing countries [J]. Ecological economics, 2011, 70 (7): 1344-1353.

[221] LIDDLE B. What are the carbon emissions elasticities for income and population? Bridging STIRPAT and EKC via robust heterogeneous panel estimates [J]. Global environmental change, 2015, 31: 62-73.

[222] DINDA S. Environmental kuznets curve hypothesis: a survey [J]. Ecological economics, 2004, 49 (4): 431-455.

[223] ZHANG Y, ZHANG S F. The impacts of GDP, trade structure, exchange rate and FDI inflows on China's carbon emissions [J]. Energy policy, 2018, 120: 347-353.

[224] LIU Q L, QI W. How China achieved its 11th Five-Year Plan emissions reduction target: a structural decomposition analysis of industrial SO_2 and chemical oxygen demand [J]. Science of the total environment, 2017, 574: 1104-1116.

[225] WALTER I, UGELOW J L. Environmental policies in developing countries

[J]. AMBIO: A Journal of the Human Environment, 1979, 8 (2): 102-109.

[226] LONG X, LUO Y, WU C, et al. The influencing factors of CO_2 emission intensity of Chinese agriculture from 1997 to 2014 [J]. Environmental science and pollution research, 2018, 25 (13): 13093-13101.

[227] LEE C G. Foreign direct investment, pollution and economic growth: evidence from Malaysia [J]. Applied economics, 2009, 41 (13): 1709-1716.

[228] GOVINDARAJU V G R C, TANG C F. The dynamic links between CO_2 emissions, economic growth and coal consumption in China and India [J]. Applied energy, 2013, 104: 310-318.

[229] 蔡礼辉, 张朕, 朱磊. 全球价值链嵌入与二氧化碳排放: 来自中国工业面板数据的经验研究 [J]. 国际贸易问题, 2020 (4): 86-104.

[230] YAO X, SHAH W U H, YASMEEN R, et al. The impact of trade on energy efficiency in the global value chain: a simultaneous equation approach [J]. Science of the total environment, 2021, 765: 142759.

[231] 蔡宏波, 钟超, 韩金镕. 交通基础设施升级与污染型企业选址 [J]. 中国工业经济, 2021 (10): 136-155.

[232] SHAHBAZ M, NASREEN S, AHMED K, et al. Trade openness-carbon emissions nexus: the importance of turning points of trade openness for country panels [J]. Energy economics, 2017, 61: 221-232.

[233] OHLAN R. The impact of population density, energy consumption, economic growth and trade openness on CO_2 emissions in India [J]. Natural hazards, 2015, 79 (2): 1409-1428.

[234] ACHEAMPONG A O. Modelling for insight: does financial development improve environmental quality? [J]. Energy economics, 2019, 83: 156-179.

[235] SADORSKY P. The effect of urbanization on CO_2 emissions in emerging economies [J]. Energy economics, 2014, 41: 147-153.

[236] SALMAN M, LONG X, DAUDA L, et al. Different impacts of export and import on carbon emissions across 7 ASEAN countries: a panel quantile regression approach [J]. Science of the total environment, 2019, 686:

1019-1029.

[237] WEI H, LI X Q. Research on the technology structure of China's import trade and its influencing factors [J]. The journal of world economy, 2015, 38 (8): 56-79.

[238] SONG M, WANG S. Market competition, green technology progress and comparative advantages in China [J]. Management decision, 2018, 56 (1): 188-203.

[239] SONG M, WANG S, LEI L, et al. Environmental efficiency and policy change in China: a new meta-frontier non-radial angle efficiency evaluation approach [J]. Process safety and environmental protection, 2019, 121: 281-289.

[240] STONE S, MIKIC M, AGYEBEN M, et al. Asia-Pacific trade and investment report 2015: supporting participation in value chains [R]. New York: United Nations ESCAP, 2015.

[241] LALL S, WEISS J, ZHANG J K. Regional and country sophistication performance [R]. Asian development bank institution discussion paper, 2005.

[242] QIAN Z, ZHAO Y, SHI Q, et al. Global value chains participation and CO_2 emissions in RCEP countries [J]. Journal of cleaner production, 2022, 332: 130070.

[243] 许冬兰,于发辉,张敏. 全球价值链嵌入能否提升中国工业的低碳全要素生产率？[J]. 世界经济研究, 2019 (8): 60-72.

[244] 陈庆江,李启航. 社会研发资本积累提高了企业技术创新效率吗？[J]. 产业经济研究, 2017 (1): 62-75.

[245] 周文光,黄瑞华. 创新绩效、R&D资本存量与吸收能力的增长路径 [J]. 科研管理, 2012, 33 (11): 24-31.

[246] LIU Y, ZHAO Y, LI H, et al. Economic benefits and environmental costs of China's exports: a comparison with the USA based on network analysis [J]. China & world economy, 2018, 26 (4): 106-132.

[247] OECD. Interconnected economies: benefitting from global value chains [M]. Paris: OECD Publishing, 2013.

［248］BALDWIN R. The great convergence, information technology and the new globalisation ［M］. Cambridge: Harvard University Press, 2016.

［249］CADESTIN C, BACKER K D, DESNOYERSJAMES I, et al. Multinational enterprises and global value chains: new Insights on the trade-investment nexus ［R］. OECD science, Technology and industry working papers, 2018.

［250］JIANG X, GUAN D, ZHANG J, et al. Firm ownership, China's export related emissions, and the responsibility issue ［J］. Energy economics, 2015, 51: 466-474.

附　录

附录 A　本书选取的"一带一路"共建国家和行业分类

表 A1　本书选取的"一带一路"共建国家

类别	国家名称	国家缩写	国家分类	类别	国家名称	国家缩写	国家分类
国家和行业层面：22个国家	奥地利	AUT	发达国家	国家层面：20个国家	文莱达鲁萨兰国	BRN	发展中国家
	保加利亚	BGR	发展中国家		智利	CHL	发展中国家
	中国	CHN	发展中国家		哥斯达黎加	CRI	发展中国家
	塞浦路斯	CYP	发达国家		以色列	ISR	发达国家
	捷克	CZE	发达国家		哈萨克斯坦	KAZ	发展中国家
	爱沙尼亚	EST	发达国家		柬埔寨	KHM	发展中国家
	希腊	GRC	发达国家		老挝	LAO	发展中国家
	克罗地亚	HRV	发达国家		摩洛哥	MAR	发展中国家
	匈牙利	HUN	发达国家		缅甸	MMR	发展中国家
	印度尼西亚	IDN	发展中国家		马来西亚	MYS	发展中国家
	意大利	ITA	发达国家		新西兰	NZL	发达国家
	韩国	KOR	发达国家		秘鲁	PER	发展中国家
	立陶宛	LTU	发达国家		菲律宾	PHL	发展中国家
	卢森堡	LUX	发达国家		俄罗斯联邦	RUS	发展中国家

注：本书选取的"一带一路"共建国家，除"中国一带一路网"列出的"国别"范围，也将签署"双多边文件"的共建合作国家纳入考虑，如以色列，参考网址：https://www.yidaiyilu.gov.cn/p/9802.html。

续表

类别	国家名称	国家缩写	国家分类	类别	国家名称	国家缩写	国家分类
国家和行业层面：22个国家	拉脱维亚	LVA	发达国家	国家层面：20个国家	沙特阿拉伯	SAU	发展中国家
	马耳他	MLT	发达国家		新加坡	SGP	发达国家
	波兰	POL	发达国家		泰国	THA	发展中国家
	葡萄牙	PRT	发达国家		突尼斯	TUN	发展中国家
	罗马尼亚	ROU	发展中国家		越南	VNM	发展中国家
	斯洛伐克	SVK	发达国家		南非	ZAF	发展中国家
	斯洛文尼亚	SVN	发达国家				
	土耳其	TUR	发展中国家				

表 A2 "一带一路"共建国家行业匹配与分类

类别名称	序号	行业类型	要素密集类型
农矿业、林业和渔业	1	农业	劳动密集型
能源产品的开采和提取	2	农矿业	劳动密集型
食品、饮料和烟草	3	制造业	劳动密集型
纺织品、服装、皮革及相关产品	4	制造业	劳动密集型
木材及木材和软木制品	5	制造业	劳动密集型
纸制品和印刷	6	制造业	资本密集型
焦炭和精炼石油产品	7	制造业	资本密集型
化学品和药品	8	制造业	技术密集型
橡胶和塑料制品	9	制造业	资本密集型
其他非金属矿产品	10	制造业	资本密集型
基本金属	11	制造业	资本密集型
金属制品	12	制造业	资本密集型
计算机、电子和光学产品	13	制造业	技术密集型
电气设备	14	制造业	技术密集型
机械和设备等	15	制造业	技术密集型
机动车辆、拖车和半拖车	16	制造业	技术密集型
其他运输设备	17	制造业	技术密集型
其他制造业,机械和设备的维修和安装	18	制造业	技术密集型
电力、燃气、供水、污水处理、废物和修复服务	19	服务业	劳动密集型
建筑业	20	服务业	劳动密集型
批发及零售业,汽车修理	21	服务业	技术密集型
运输和储存	22	服务业	技术密集型
食宿服务	23	服务业	资本密集型
出版、视听和广播活动	24	服务业	资本密集型
电信行业	25	服务业	资本密集型
资讯科技及其他资讯服务	26	服务业	资本密集型
金融和保险活动	27	服务业	资本密集型
房地产活动	28	服务业	资本密集型
其他商界服务	29	服务业	资本密集型

续表

类别名称	序号	行业类型	要素密集类型
公共行政、国防部，强制性社会保障	30	服务业	资本密集型
教育	31	服务业	资本密集型
人类健康和社会工作	32	服务业	资本密集型
艺术、娱乐和其他服务活动	33	服务业	资本密集型

附录B 本书所选"一带一路"共建国家全球价值链嵌入指标数据

表B1　1996—2018年"一带一路"共建国家层面全球价值链总参与度

国家名称	1996年	2000年	2005年	2010年	2015年	2016年	2017年	2018年
奥地利	0.284	0.341	0.356	0.376	0.394	0.389	0.402	0.409
捷克	0.366	0.439	0.459	0.474	0.540	0.529	0.532	0.521
爱沙尼亚	0.453	0.448	0.486	0.519	0.520	0.510	0.513	0.506
希腊	0.146	0.203	0.192	0.190	0.222	0.218	0.247	0.258
以色列	0.252	0.301	0.335	0.287	0.265	0.256	0.253	0.262
意大利	0.195	0.232	0.230	0.234	0.245	0.241	0.255	0.263
韩国	0.253	0.306	0.324	0.406	0.379	0.360	0.374	0.378
拉脱维亚	0.379	0.364	0.389	0.384	0.382	0.381	0.387	0.381
立陶宛	0.340	0.324	0.376	0.410	0.440	0.438	0.462	0.477
卢森堡	0.671	0.840	0.857	0.900	1.010	1.006	1.006	0.984
新西兰	0.240	0.283	0.228	0.243	0.226	0.216	0.220	0.230
葡萄牙	0.257	0.278	0.264	0.276	0.311	0.306	0.321	0.328
斯洛伐克	0.447	0.444	0.530	0.497	0.546	0.552	0.548	0.554
斯洛文尼亚	0.365	0.398	0.440	0.438	0.481	0.486	0.508	0.498
塞浦路斯	0.401	0.407	0.367	0.341	0.407	0.401	0.407	0.394
马耳他	0.627	0.589	0.582	0.736	0.721	0.720	0.715	0.699
新加坡	0.653	0.688	0.770	0.751	0.757	0.737	0.752	0.758
智利	0.275	0.329	0.414	0.413	0.325	0.306	0.313	0.322
哥斯达黎加	0.326	0.324	0.342	0.272	0.236	0.240	0.244	0.245
匈牙利	0.327	0.491	0.478	0.552	0.594	0.587	0.589	0.582
波兰	0.208	0.281	0.324	0.356	0.388	0.406	0.417	0.426
土耳其	0.158	0.187	0.202	0.203	0.216	0.209	0.237	0.261
文莱达鲁萨兰国	0.590	0.677	0.648	0.761	0.599	0.580	0.587	0.611
保加利亚	0.316	0.320	0.395	0.396	0.472	0.461	0.479	0.463

续表

国家名称	1996 年	2000 年	2005 年	2010 年	2015 年	2016 年	2017 年	2018 年
柬埔寨	0.266	0.366	0.406	0.357	0.407	0.407	0.405	0.406
克罗地亚	0.269	0.294	0.299	0.263	0.325	0.300	0.310	0.317
印度尼西亚	0.255	0.382	0.360	0.276	0.231	0.204	0.217	0.236
哈萨克斯坦	0.413	0.605	0.575	0.478	0.343	0.378	0.397	0.450
老挝	0.347	0.414	0.361	0.427	0.387	0.369	0.376	0.382
马来西亚	0.588	0.696	0.679	0.580	0.507	0.489	0.508	0.501
摩洛哥	0.222	0.254	0.291	0.324	0.325	0.320	0.330	0.341
缅甸	0.185	0.268	0.233	0.196	0.236	0.267	0.289	0.295
秘鲁	0.168	0.198	0.286	0.321	0.263	0.268	0.282	0.290
菲律宾	0.302	0.289	0.334	0.314	0.285	0.288	0.309	0.326
罗马尼亚	0.247	0.226	0.258	0.286	0.330	0.323	0.335	0.337
俄罗斯联邦	0.236	0.388	0.340	0.295	0.304	0.290	0.291	0.335
沙特阿拉伯	0.444	0.484	0.627	0.584	0.411	0.364	0.397	0.444
南非	0.258	0.291	0.291	0.306	0.329	0.328	0.317	0.319
泰国	0.333	0.466	0.530	0.518	0.483	0.463	0.460	0.465
突尼斯	0.298	0.312	0.339	0.408	0.333	0.329	0.350	0.374
越南	0.421	0.497	0.578	0.583	0.659	0.676	0.708	0.728
中国	0.173	0.201	0.285	0.235	0.196	0.180	0.184	0.185

表 B2 1996—2018 年"一带一路"共建国家层面全球价值链前向参与度

国家名称	1996 年	2000 年	2005 年	2010 年	2015 年	2016 年	2017 年	2018 年
奥地利	0.138	0.176	0.182	0.194	0.204	0.204	0.208	0.212
捷克	0.163	0.205	0.210	0.207	0.244	0.242	0.241	0.234
爱沙尼亚	0.184	0.203	0.227	0.261	0.254	0.250	0.255	0.249
希腊	0.044	0.073	0.069	0.078	0.100	0.098	0.103	0.109
以色列	0.101	0.141	0.156	0.131	0.131	0.126	0.122	0.127
意大利	0.095	0.103	0.100	0.095	0.113	0.115	0.119	0.122
韩国	0.096	0.136	0.141	0.174	0.186	0.179	0.184	0.185
拉脱维亚	0.177	0.177	0.184	0.198	0.205	0.214	0.212	0.212
立陶宛	0.119	0.133	0.171	0.209	0.225	0.223	0.245	0.250
卢森堡	0.383	0.452	0.422	0.443	0.466	0.471	0.464	0.449
新西兰	0.117	0.139	0.103	0.119	0.109	0.105	0.106	0.110
葡萄牙	0.091	0.101	0.101	0.109	0.137	0.137	0.141	0.142
斯洛伐克	0.189	0.209	0.249	0.220	0.247	0.246	0.248	0.249
斯洛文尼亚	0.159	0.180	0.202	0.207	0.247	0.251	0.261	0.251
塞浦路斯	0.155	0.173	0.168	0.144	0.198	0.197	0.195	0.195
马耳他	0.285	0.250	0.238	0.286	0.257	0.262	0.271	0.264
新加坡	0.314	0.329	0.389	0.362	0.375	0.372	0.376	0.382
智利	0.168	0.200	0.266	0.270	0.207	0.200	0.205	0.203
哥斯达黎加	0.144	0.140	0.144	0.115	0.108	0.111	0.112	0.114
匈牙利	0.130	0.180	0.187	0.228	0.262	0.261	0.262	0.254
波兰	0.090	0.119	0.146	0.159	0.188	0.198	0.203	0.205
土耳其	0.066	0.074	0.075	0.071	0.085	0.084	0.092	0.110
文莱达鲁萨兰国	0.403	0.488	0.506	0.569	0.407	0.383	0.400	0.418
保加利亚	0.177	0.125	0.149	0.169	0.214	0.222	0.232	0.215
柬埔寨	0.062	0.110	0.122	0.113	0.148	0.152	0.153	0.164
克罗地亚	0.083	0.106	0.092	0.093	0.130	0.114	0.114	0.113
印度尼西亚	0.132	0.210	0.188	0.147	0.118	0.105	0.112	0.116
哈萨克斯坦	0.276	0.394	0.386	0.344	0.230	0.246	0.275	0.312
老挝	0.112	0.154	0.138	0.168	0.189	0.196	0.205	0.199

续表

国家名称	1996年	2000年	2005年	2010年	2015年	2016年	2017年	2018年
马来西亚	0.261	0.334	0.343	0.291	0.254	0.240	0.249	0.248
摩洛哥	0.082	0.089	0.108	0.120	0.131	0.128	0.135	0.140
缅甸	0.050	0.128	0.154	0.113	0.107	0.117	0.128	0.146
秘鲁	0.087	0.111	0.187	0.206	0.155	0.166	0.180	0.183
菲律宾	0.120	0.136	0.146	0.152	0.139	0.134	0.143	0.146
罗马尼亚	0.098	0.093	0.099	0.117	0.156	0.154	0.155	0.154
俄罗斯联邦	0.157	0.284	0.244	0.200	0.203	0.187	0.191	0.230
沙特阿拉伯	0.349	0.384	0.511	0.439	0.281	0.261	0.292	0.338
南非	0.157	0.173	0.160	0.176	0.170	0.172	0.171	0.170
泰国	0.139	0.210	0.215	0.216	0.211	0.210	0.203	0.198
突尼斯	0.112	0.122	0.143	0.171	0.125	0.126	0.132	0.141
越南	0.163	0.213	0.251	0.226	0.257	0.265	0.276	0.291
中国	0.069	0.085	0.127	0.100	0.087	0.078	0.078	0.077

表B3 1996—2018年"一带一路"共建国家层面全球价值链后向参与度

国家名称	1996年	2000年	2005年	2010年	2015年	2016年	2017年	2018年
奥地利	0.146	0.165	0.173	0.182	0.190	0.186	0.195	0.196
捷克	0.203	0.234	0.249	0.267	0.295	0.287	0.291	0.287
爱沙尼亚	0.269	0.245	0.259	0.258	0.267	0.260	0.257	0.257
希腊	0.102	0.130	0.122	0.112	0.122	0.120	0.144	0.149
以色列	0.150	0.159	0.179	0.156	0.135	0.130	0.131	0.135
意大利	0.099	0.129	0.131	0.139	0.131	0.126	0.135	0.142
韩国	0.157	0.171	0.182	0.233	0.193	0.181	0.190	0.193
拉脱维亚	0.202	0.186	0.205	0.185	0.177	0.167	0.175	0.170
立陶宛	0.221	0.191	0.205	0.201	0.215	0.215	0.217	0.227
卢森堡	0.287	0.388	0.436	0.458	0.543	0.535	0.541	0.535
新西兰	0.123	0.144	0.126	0.124	0.116	0.111	0.114	0.120
葡萄牙	0.166	0.176	0.162	0.168	0.174	0.169	0.180	0.186
斯洛伐克	0.258	0.235	0.281	0.277	0.299	0.306	0.300	0.305
斯洛文尼亚	0.205	0.218	0.238	0.231	0.234	0.235	0.247	0.247
塞浦路斯	0.246	0.234	0.198	0.196	0.209	0.204	0.212	0.199
马耳他	0.342	0.339	0.345	0.450	0.464	0.458	0.444	0.435
新加坡	0.339	0.360	0.380	0.389	0.383	0.364	0.377	0.376
智利	0.108	0.129	0.148	0.144	0.118	0.106	0.108	0.119
哥斯达黎加	0.182	0.184	0.198	0.157	0.128	0.129	0.132	0.132
匈牙利	0.197	0.310	0.291	0.324	0.332	0.325	0.327	0.328
波兰	0.118	0.162	0.179	0.197	0.200	0.208	0.214	0.221
土耳其	0.091	0.113	0.128	0.132	0.130	0.125	0.145	0.151
文莱达鲁萨兰国	0.187	0.189	0.142	0.192	0.192	0.197	0.186	0.193
保加利亚	0.139	0.195	0.247	0.227	0.258	0.239	0.247	0.248
柬埔寨	0.204	0.256	0.284	0.244	0.259	0.255	0.251	0.243
克罗地亚	0.187	0.187	0.207	0.170	0.195	0.186	0.197	0.203
印度尼西亚	0.132	0.210	0.188	0.147	0.118	0.105	0.112	0.116
哈萨克斯坦	0.276	0.394	0.386	0.344	0.230	0.246	0.275	0.312
老挝	0.112	0.154	0.138	0.168	0.189	0.196	0.205	0.199

续表

国家名称	1996年	2000年	2005年	2010年	2015年	2016年	2017年	2018年
马来西亚	0.261	0.334	0.343	0.291	0.254	0.240	0.249	0.248
摩洛哥	0.082	0.089	0.108	0.120	0.131	0.128	0.135	0.140
缅甸	0.050	0.128	0.154	0.113	0.107	0.117	0.128	0.146
秘鲁	0.087	0.111	0.187	0.206	0.155	0.166	0.180	0.183
菲律宾	0.120	0.136	0.146	0.152	0.139	0.134	0.143	0.146
罗马尼亚	0.098	0.093	0.099	0.117	0.156	0.154	0.155	0.154
俄罗斯联邦	0.157	0.284	0.244	0.200	0.203	0.187	0.191	0.230
沙特阿拉伯	0.349	0.384	0.511	0.439	0.281	0.261	0.292	0.338
南非	0.157	0.173	0.160	0.176	0.170	0.172	0.171	0.170
泰国	0.139	0.210	0.215	0.216	0.211	0.210	0.203	0.198
突尼斯	0.112	0.122	0.143	0.171	0.125	0.126	0.132	0.141
越南	0.163	0.213	0.251	0.226	0.257	0.265	0.276	0.291
中国	0.069	0.085	0.127	0.100	0.087	0.078	0.078	0.077

表B4　1996—2018年"一带一路"共建国家层面全球价值链位置指数

国家名称	1996年	2000年	2005年	2010年	2015年	2016年	2017年	2018年
奥地利	0.146	0.165	0.173	0.182	0.190	0.186	0.195	0.196
捷克	0.203	0.234	0.249	0.267	0.295	0.287	0.291	0.287
爱沙尼亚	0.269	0.245	0.259	0.258	0.267	0.260	0.257	0.257
希腊	0.102	0.130	0.122	0.112	0.122	0.120	0.144	0.149
以色列	0.150	0.159	0.179	0.156	0.135	0.130	0.131	0.135
意大利	0.099	0.129	0.131	0.139	0.131	0.126	0.135	0.142
韩国	0.157	0.171	0.182	0.233	0.193	0.181	0.190	0.193
拉脱维亚	0.202	0.186	0.205	0.185	0.177	0.167	0.175	0.170
立陶宛	0.221	0.191	0.205	0.201	0.215	0.215	0.217	0.227
卢森堡	0.287	0.388	0.436	0.458	0.543	0.535	0.541	0.535
新西兰	0.123	0.144	0.126	0.124	0.116	0.111	0.114	0.120
葡萄牙	0.166	0.176	0.162	0.168	0.174	0.169	0.180	0.186
斯洛伐克	0.258	0.235	0.281	0.277	0.299	0.306	0.300	0.305
斯洛文尼亚	0.205	0.218	0.238	0.231	0.234	0.235	0.247	0.247
塞浦路斯	0.246	0.234	0.198	0.196	0.209	0.204	0.212	0.199
马耳他	0.342	0.339	0.345	0.450	0.464	0.458	0.444	0.435
新加坡	0.339	0.360	0.380	0.389	0.383	0.364	0.377	0.376
智利	0.108	0.129	0.148	0.144	0.118	0.106	0.108	0.119
哥斯达黎加	0.182	0.184	0.198	0.157	0.128	0.129	0.132	0.132
匈牙利	0.197	0.310	0.291	0.324	0.332	0.325	0.327	0.328
波兰	0.118	0.162	0.179	0.197	0.200	0.208	0.214	0.221
土耳其	0.091	0.113	0.128	0.132	0.130	0.125	0.145	0.151
文莱达鲁萨兰国	0.187	0.189	0.142	0.192	0.192	0.197	0.186	0.193
保加利亚	0.139	0.195	0.247	0.227	0.258	0.239	0.247	0.248
柬埔寨	0.204	0.256	0.284	0.244	0.259	0.255	0.251	0.243
克罗地亚	0.187	0.187	0.207	0.170	0.195	0.186	0.197	0.203
印度尼西亚	0.132	0.210	0.188	0.147	0.118	0.105	0.112	0.116
哈萨克斯坦	0.276	0.394	0.386	0.344	0.230	0.246	0.275	0.312
老挝	0.112	0.154	0.138	0.168	0.189	0.196	0.205	0.199

续表

国家名称	1996年	2000年	2005年	2010年	2015年	2016年	2017年	2018年
马来西亚	0.261	0.334	0.343	0.291	0.254	0.240	0.249	0.248
摩洛哥	0.082	0.089	0.108	0.120	0.131	0.128	0.135	0.140
缅甸	0.050	0.128	0.154	0.113	0.107	0.117	0.128	0.146
秘鲁	0.087	0.111	0.187	0.206	0.155	0.166	0.180	0.183
菲律宾	0.120	0.136	0.146	0.152	0.139	0.134	0.143	0.146
罗马尼亚	0.098	0.093	0.099	0.117	0.156	0.154	0.155	0.154
俄罗斯联邦	0.157	0.284	0.244	0.200	0.203	0.187	0.191	0.230
沙特阿拉伯	0.349	0.384	0.511	0.439	0.281	0.261	0.292	0.338
南非	0.157	0.173	0.160	0.176	0.170	0.172	0.171	0.170
泰国	0.139	0.210	0.215	0.216	0.211	0.210	0.203	0.198
突尼斯	0.112	0.122	0.143	0.171	0.125	0.126	0.132	0.141
越南	0.163	0.213	0.251	0.226	0.257	0.265	0.276	0.291
中国	0.069	0.085	0.127	0.100	0.087	0.078	0.078	0.077

表 B5　1996—2018 年"一带一路"共建国家层面全球价值链前向生产长度

国家名称	1996 年	2000 年	2005 年	2010 年	2015 年	2016 年	2017 年	2018 年
奥地利	3.636	3.762	3.837	3.822	3.766	3.775	3.796	3.636
捷克	3.826	3.880	3.916	3.877	3.844	3.859	3.885	3.826
爱沙尼亚	3.921	3.809	3.778	3.758	3.732	3.773	3.796	3.921
希腊	3.600	3.718	3.876	3.893	3.825	3.809	3.800	3.600
以色列	3.484	3.531	3.577	3.587	3.565	3.591	3.591	3.484
意大利	3.969	4.039	4.029	4.049	4.009	4.012	4.009	3.969
韩国	4.085	4.110	4.129	4.401	4.365	4.300	4.269	4.085
拉脱维亚	3.912	3.871	3.976	3.880	3.799	3.782	3.808	3.912
立陶宛	3.580	3.621	3.653	3.614	3.562	3.603	3.619	3.580
卢森堡	3.578	3.615	3.686	3.686	3.654	3.654	3.710	3.578
新西兰	4.002	3.982	4.040	4.160	4.110	4.102	4.110	4.002
葡萄牙	3.778	3.865	3.835	3.807	3.773	3.788	3.777	3.778
斯洛伐克	4.014	3.733	3.812	3.835	3.836	3.849	3.816	4.014
斯洛文尼亚	3.681	3.643	3.714	3.676	3.626	3.622	3.644	3.681
塞浦路斯	3.761	3.655	3.755	3.766	3.831	3.809	3.883	3.761
马耳他	3.673	3.631	3.653	3.708	3.668	3.680	3.696	3.673
新加坡	3.840	3.827	3.815	3.875	3.878	3.825	3.787	3.840
智利	4.015	4.211	4.223	4.476	4.396	4.366	4.344	4.015
哥斯达黎加	3.326	3.347	3.419	3.482	3.438	3.429	3.443	3.326
匈牙利	3.606	3.652	3.573	3.535	3.530	3.511	3.516	3.606
波兰	3.886	3.940	3.861	3.857	3.812	3.827	3.833	3.886
土耳其	3.704	3.871	3.919	3.942	3.945	3.829	3.773	3.704
文莱达鲁萨兰国	4.011	4.088	4.071	4.414	4.409	4.392	4.477	4.011
保加利亚	4.021	4.022	4.001	3.937	3.832	3.845	3.852	4.021
柬埔寨	3.177	3.192	3.315	3.491	3.439	3.449	3.487	3.177
克罗地亚	3.646	3.637	3.672	3.621	3.609	3.581	3.579	3.646
印度尼西亚	3.828	3.935	4.113	4.293	4.291	4.260	4.255	3.828
哈萨克斯坦	4.089	4.094	4.021	3.898	3.856	3.884	3.875	4.089
老挝	3.871	4.078	4.157	4.375	4.313	4.197	4.154	3.871

续表

国家名称	1996年	2000年	2005年	2010年	2015年	2016年	2017年	2018年
马来西亚	3.993	4.098	4.153	4.330	4.374	4.331	4.405	3.993
摩洛哥	3.604	3.562	3.549	3.494	3.454	3.456	3.442	3.604
缅甸	3.925	4.073	4.571	4.579	4.561	4.432	4.432	3.925
秘鲁	4.152	4.275	4.310	4.536	4.410	4.341	4.316	4.152
菲律宾	3.671	3.736	3.845	4.029	3.968	3.896	3.831	3.671
罗马尼亚	3.944	3.847	3.842	3.890	3.810	3.782	3.793	3.944
俄罗斯联邦	3.995	4.012	4.060	4.153	4.193	4.209	4.190	3.995
沙特阿拉伯	3.580	3.724	3.747	3.864	3.839	3.828	3.925	3.580
南非	4.523	4.520	4.494	4.535	4.468	4.427	4.392	4.523
泰国	3.755	3.834	3.923	4.047	4.010	3.969	3.929	3.755
突尼斯	3.667	3.649	3.561	3.654	3.609	3.598	3.582	3.667
越南	3.683	3.807	3.838	4.137	4.260	4.121	4.106	3.683
中国	4.569	4.501	4.536	4.919	4.770	4.666	4.647	4.569

表 B6 1996—2018 年"一带一路"共建国家层面全球价值链后向生产长度

国家名称	1996 年	2000 年	2005 年	2010 年	2015 年	2016 年	2017 年	2018 年
奥地利	3.565	3.671	3.766	3.851	3.797	3.748	3.761	3.751
捷克	3.895	3.938	3.951	3.991	3.966	3.931	3.952	3.969
爱沙尼亚	3.651	3.754	3.759	3.742	3.745	3.725	3.752	3.759
希腊	3.637	3.655	3.661	3.680	3.627	3.641	3.532	3.544
以色列	3.596	3.518	3.603	3.593	3.573	3.567	3.577	3.564
意大利	3.897	3.967	4.020	4.053	4.055	3.984	4.004	3.994
韩国	3.932	3.948	4.129	4.160	4.309	4.243	4.224	4.222
拉脱维亚	3.669	3.881	3.880	4.020	3.901	3.792	3.813	3.812
立陶宛	3.555	3.455	3.477	3.517	3.506	3.463	3.469	3.360
卢森堡	3.268	3.398	3.373	3.430	3.406	3.387	3.392	3.439
新西兰	3.975	4.033	4.099	3.995	4.039	3.980	3.990	3.989
葡萄牙	3.854	3.875	3.941	3.873	3.758	3.728	3.769	3.755
斯洛伐克	3.873	3.885	3.765	3.807	3.913	3.860	3.886	3.872
斯洛文尼亚	3.750	3.838	3.822	3.878	3.806	3.737	3.752	3.775
塞浦路斯	3.742	3.804	3.900	3.812	3.695	3.702	3.681	3.673
马耳他	3.658	3.799	3.742	3.496	3.449	3.454	3.490	3.509
新加坡	3.710	3.726	3.684	3.621	3.678	3.622	3.581	3.584
智利	3.697	3.669	3.791	3.826	4.006	3.945	3.922	3.913
哥斯达黎加	3.691	3.654	3.766	3.779	3.758	3.693	3.674	3.688
匈牙利	3.755	3.663	3.684	3.668	3.640	3.631	3.630	3.625
波兰	3.982	3.969	4.028	4.002	3.999	3.963	3.962	3.957
土耳其	3.855	4.003	4.101	4.106	4.144	4.115	4.071	4.064
文莱达鲁萨兰国	3.464	3.452	3.684	3.937	3.863	3.744	3.850	3.858
保加利亚	3.607	3.816	3.958	3.819	3.783	3.675	3.675	3.624
柬埔寨	3.540	3.745	3.871	3.946	4.117	4.098	4.084	4.077
克罗地亚	3.782	3.715	3.751	3.786	3.744	3.719	3.719	3.698
印度尼西亚	3.726	3.825	3.886	4.112	4.216	4.180	4.123	4.100
哈萨克斯坦	3.742	3.734	3.700	3.614	3.613	3.575	3.613	3.665
老挝	3.978	4.008	3.947	4.142	4.455	4.438	4.418	4.358

续表

国家名称	1996年	2000年	2005年	2010年	2015年	2016年	2017年	2018年
马来西亚	3.944	3.852	3.961	4.072	4.193	4.166	4.132	4.165
摩洛哥	3.607	3.621	3.643	3.598	3.675	3.628	3.632	3.628
缅甸	3.725	3.852	3.947	4.443	4.498	4.359	4.358	4.344
秘鲁	3.663	3.656	3.683	3.688	3.756	3.720	3.707	3.677
菲律宾	3.721	3.751	3.775	3.890	4.052	4.052	4.008	3.952
罗马尼亚	3.921	3.949	3.982	4.192	3.986	3.924	3.881	3.855
俄罗斯联邦	3.717	3.777	3.879	4.002	3.988	3.993	4.012	3.996
沙特阿拉伯	3.588	3.669	3.730	3.578	3.707	3.745	3.720	3.755
南非	3.918	4.115	4.150	4.060	4.057	3.986	4.013	4.010
泰国	3.891	3.809	3.901	4.057	4.118	4.015	3.992	3.964
突尼斯	3.712	3.755	3.758	3.740	3.729	3.712	3.698	3.677
越南	3.839	3.952	4.113	4.140	4.470	4.477	4.399	4.378
中国	4.804	4.804	4.694	4.711	5.072	4.926	4.814	4.801

表 B7　2000—2018 年"一带一路"共建国家行业层面全球价值链总参与度

行业代码	行业类型	要素密集型	2000 年	2005 年	2010 年	2015 年	2016 年	2017 年	2018 年
农矿业、林业和渔业	农矿业	劳动密集型	0.283	0.326	0.372	0.388	0.379	0.386	0.398
能源产品的开采和提取	农矿业	劳动密集型	0.507	0.540	0.680	0.722	0.664	0.730	0.714
食品、饮料和烟草	制造业	劳动密集型	0.299	0.330	0.367	0.396	0.391	0.402	0.797
纺织品、服装、皮革及相关产品	制造业	劳动密集型	0.471	0.485	0.464	0.527	0.513	0.525	0.435
木材及木材和软木制品	制造业	劳动密集型	0.611	0.656	0.655	0.712	0.696	0.703	0.487
纸制品和印刷	制造业	资本密集型	0.639	0.632	0.650	0.681	0.671	0.691	0.751
焦炭和精炼石油产品	制造业	资本密集型	0.794	1.475	1.270	0.896	1.028	1.112	0.904
化学品和药品	制造业	技术密集型	0.569	0.626	0.644	0.693	0.671	0.703	1.031
橡胶和塑料制品	制造业	资本密集型	0.710	0.767	0.819	0.849	0.826	0.852	0.604
其他非金属矿产品	制造业	资本密集型	0.492	0.527	0.564	0.631	0.614	0.629	0.776
基本金属	制造业	资本密集型	0.903	0.979	0.996	1.063	0.995	1.028	0.742
金属制品	制造业	资本密集型	0.599	0.673	0.693	0.720	0.695	0.719	0.974
计算机、电子和光学产品	制造业	技术密集型	0.703	0.712	0.757	0.739	0.735	0.752	0.783
电气设备	制造业	技术密集型	0.740	0.746	0.759	0.796	0.785	0.816	0.749
机械和设备等	制造业	技术密集型	0.621	0.654	0.659	0.677	0.672	0.694	0.770
机动车辆、拖车和半拖车	制造业	技术密集型	0.556	0.599	0.672	0.676	0.662	0.684	0.745

续表

行业代码	行业类型	要素密集型	2000年	2005年	2010年	2015年	2016年	2017年	2018年
其他运输设备	制造业	技术密集型	0.572	0.597	0.686	2.055	1.421	1.003	0.619
其他制造业，机械和设备的维修和安装	制造业	技术密集型	0.479	0.500	0.506	0.532	0.524	0.534	1.241
电力、燃气、供水、污水处理、废物和修复服务	服务业	劳动密集型	0.356	0.404	0.429	0.417	0.394	0.420	0.467
建筑业	服务业	劳动密集型	0.273	0.291	0.284	0.301	0.296	0.302	0.414
批发及零售业，汽车修理	服务业	技术密集型	0.330	0.344	0.370	0.400	0.397	0.398	0.222
运输和储存	服务业	技术密集型	0.540	0.555	0.549	0.597	0.593	0.599	0.587
食宿服务	服务业	资本密集型	0.196	0.206	0.215	0.223	0.223	0.229	0.472
出版、视听和广播活动	服务业	资本密集型	0.448	0.416	0.435	0.478	0.481	0.486	0.287
电信行业	服务业	资本密集型	0.293	0.292	0.317	0.344	0.349	0.354	0.441
资讯科技及其他资讯服务	服务业	资本密集型	0.388	0.396	0.413	0.456	0.454	0.464	0.355
金融和保险活动	服务业	资本密集型	0.373	0.349	0.365	0.383	0.381	0.383	0.430
房地产活动	服务业	资本密集型	0.120	0.131	0.139	0.149	0.147	0.149	0.296
其他商界服务	服务业	资本密集型	0.417	0.420	0.417	0.453	0.452	0.457	0.357
公共行政、国防部，强制性社会保障	服务业	资本密集型	0.126	0.120	0.105	0.115	0.112	0.114	0.356

续表

行业代码	行业类型	要素密集型	2000 年	2005 年	2010 年	2015 年	2016 年	2017 年	2018 年
教育	服务业	资本密集型	0.078	0.079	0.077	0.081	0.078	0.080	0.082
人类健康和社会工作	服务业	资本密集型	0.149	0.158	0.150	0.156	0.152	0.158	0.164
艺术、娱乐和其他服务活动	服务业	资本密集型	0.200	0.203	0.203	0.211	0.210	0.215	0.191

表 B8 2000—2018 年"一带一路"共建国家行业层面全球价值链前向参与度

行业代码	行业类型	要素密集型	2000年	2005年	2010年	2015年	2016年	2017年	2018年
农矿业、林业和渔业	农矿业	劳动密集型	0.104	0.129	0.161	0.171	0.167	0.167	0.173
能源产品的开采和提取	农矿业	劳动密集型	0.303	0.321	0.472	0.485	0.437	0.497	0.493
食品、饮料和烟草	制造业	劳动密集型	0.065	0.078	0.099	0.115	0.112	0.116	0.510
纺织品、服装、皮革及相关产品	制造业	劳动密集型	0.171	0.173	0.169	0.198	0.195	0.200	0.112
木材及木材和软木制品	制造业	劳动密集型	0.363	0.375	0.381	0.428	0.418	0.417	0.197
纸制品和印刷	制造业	资本密集型	0.325	0.318	0.334	0.360	0.355	0.366	0.423
焦炭和精炼石油产品	制造业	资本密集型	0.281	0.963	0.737	0.376	0.515	0.593	0.366
化学品和药品	制造业	技术密集型	0.272	0.303	0.317	0.360	0.352	0.370	0.692
橡胶和塑料制品	制造业	资本密集型	0.361	0.388	0.430	0.466	0.451	0.462	0.210
其他非金属矿产品	制造业	资本密集型	0.248	0.251	0.286	0.341	0.337	0.335	0.477
基本金属	制造业	资本密集型	0.537	0.579	0.592	0.656	0.614	0.621	0.337
金属制品	制造业	资本密集型	0.284	0.318	0.347	0.381	0.370	0.380	0.637
计算机、电子和光学产品	制造业	技术密集型	0.343	0.306	0.332	0.331	0.325	0.340	0.382
电气设备	制造业	技术密集型	0.392	0.367	0.366	0.393	0.387	0.401	0.334
机械和设备等	制造业	技术密集型	0.275	0.283	0.296	0.315	0.316	0.324	0.402
机动车辆、拖车和半拖车	制造业	技术密集型	0.196	0.208	0.280	0.262	0.254	0.264	0.326

续表

行业代码	行业类型	要素密集型	2000年	2005年	2010年	2015年	2016年	2017年	2018年
其他运输设备	制造业	技术密集型	0.253	0.242	0.332	1.688	1.061	0.633	0.248
其他制造业,机械和设备的维修和安装	制造业	技术密集型	0.208	0.203	0.213	0.241	0.241	0.245	0.952
电力、燃气、供水、污水处理、废物和修复服务	服务业	劳动密集型	0.143	0.158	0.176	0.183	0.173	0.180	0.216
建筑业	服务业	劳动密集型	0.038	0.035	0.043	0.054	0.055	0.054	0.167
批发及零售业,汽车修理	服务业	技术密集型	0.189	0.199	0.210	0.230	0.229	0.229	0.056
运输和储存	服务业	技术密集型	0.313	0.316	0.305	0.349	0.342	0.347	0.330
食宿服务	服务业	资本密集型	0.043	0.042	0.040	0.044	0.043	0.043	0.289
出版、视听和广播活动	服务业	资本密集型	0.211	0.185	0.202	0.235	0.239	0.241	0.042
电信行业	服务业	资本密集型	0.162	0.154	0.140	0.150	0.156	0.156	0.244
资讯科技及其他资讯服务	服务业	资本密集型	0.204	0.204	0.218	0.254	0.261	0.267	0.155
金融和保险活动	服务业	资本密集型	0.210	0.191	0.205	0.212	0.214	0.213	0.263
房地产活动	服务业	资本密集型	0.046	0.050	0.057	0.064	0.066	0.065	0.209
其他商界服务	服务业	资本密集型	0.256	0.251	0.254	0.280	0.282	0.286	0.186
公共行政、国防部,强制性社会保障	服务业	资本密集型	0.015	0.013	0.014	0.018	0.019	0.020	0.261

续表

行业代码	行业类型	要素密集型	2000年	2005年	2010年	2015年	2016年	2017年	2018年
教育	服务业	资本密集型	0.016	0.014	0.015	0.016	0.016	0.017	0.019
人类健康和社会工作	服务业	资本密集型	0.008	0.007	0.008	0.008	0.008	0.010	0.017
艺术、娱乐和其他服务活动	服务业	资本密集型	0.057	0.056	0.049	0.054	0.055	0.056	0.027

表 B9　2000—2018 年"一带一路"共建国家行业层面全球价值链后向参与度

行业代码	行业类型	要素密集型	2000 年	2005 年	2010 年	2015 年	2016 年	2017 年	2018 年
农矿业、林业和渔业	农矿业	劳动密集型	0.179	0.197	0.211	0.217	0.212	0.219	0.225
能源产品的开采和提取	农矿业	劳动密集型	0.203	0.219	0.208	0.237	0.227	0.233	0.221
食品、饮料和烟草	制造业	劳动密集型	0.234	0.252	0.269	0.281	0.279	0.286	0.287
纺织品、服装、皮革及相关产品	制造业	劳动密集型	0.299	0.312	0.295	0.329	0.318	0.325	0.323
木材及木材和软木制品	制造业	劳动密集型	0.248	0.281	0.274	0.283	0.278	0.286	0.290
纸制品和印刷	制造业	资本密集型	0.314	0.314	0.316	0.321	0.316	0.325	0.328
焦炭和精炼石油产品	制造业	资本密集型	0.512	0.512	0.533	0.520	0.513	0.519	0.538
化学品和药品	制造业	技术密集型	0.297	0.322	0.327	0.333	0.319	0.333	0.339
橡胶和塑料制品	制造业	资本密集型	0.350	0.379	0.389	0.383	0.375	0.391	0.394
其他非金属矿产品	制造业	资本密集型	0.244	0.276	0.278	0.290	0.278	0.294	0.299
基本金属	制造业	资本密集型	0.366	0.400	0.404	0.407	0.382	0.407	0.404
金属制品	制造业	资本密集型	0.314	0.355	0.346	0.339	0.325	0.339	0.337
计算机、电子和光学产品	制造业	技术密集型	0.361	0.406	0.424	0.408	0.409	0.412	0.401
电气设备	制造业	技术密集型	0.348	0.379	0.393	0.403	0.398	0.415	0.415
机械和设备等	制造业	技术密集型	0.345	0.372	0.363	0.361	0.357	0.370	0.368
机动车辆、拖车和半拖车	制造业	技术密集型	0.360	0.392	0.392	0.414	0.408	0.420	0.419

续表

行业代码	行业类型	要素密集型	2000年	2005年	2010年	2015年	2016年	2017年	2018年
其他运输设备	制造业	技术密集型	0.319	0.355	0.353	0.367	0.360	0.371	0.371
其他制造业，机械和设备的维修和安装	制造业	技术密集型	0.271	0.297	0.293	0.292	0.284	0.289	0.289
电力、燃气、供水、污水处理、废物和修复服务	服务业	劳动密集型	0.213	0.247	0.253	0.234	0.221	0.240	0.252
建筑业	服务业	劳动密集型	0.235	0.257	0.242	0.247	0.241	0.248	0.247
批发及零售业，汽车修理	服务业	技术密集型	0.141	0.146	0.160	0.169	0.168	0.170	0.165
运输和储存	服务业	技术密集型	0.227	0.239	0.244	0.248	0.250	0.253	0.256
食宿服务	服务业	资本密集型	0.153	0.165	0.176	0.180	0.180	0.186	0.183
出版、视听和广播活动	服务业	资本密集型	0.238	0.231	0.233	0.244	0.242	0.245	0.245
电信行业	服务业	资本密集型	0.131	0.138	0.177	0.194	0.193	0.199	0.197
资讯科技及其他资讯服务	服务业	资本密集型	0.184	0.192	0.195	0.202	0.194	0.198	0.200
金融和保险活动	服务业	资本密集型	0.163	0.158	0.160	0.171	0.167	0.170	0.167
房地产活动	服务业	资本密集型	0.074	0.081	0.081	0.085	0.082	0.085	0.087
其他商界服务	服务业	资本密集型	0.161	0.170	0.162	0.173	0.170	0.171	0.170
公共行政、国防部，强制性社会保障	服务业	资本密集型	0.111	0.108	0.091	0.097	0.092	0.094	0.095

续表

行业代码	行业类型	要素密集型	2000年	2005年	2010年	2015年	2016年	2017年	2018年
教育	服务业	资本密集型	0.062	0.065	0.062	0.065	0.061	0.062	0.063
人类健康和社会工作	服务业	资本密集型	0.141	0.151	0.141	0.147	0.144	0.149	0.147
艺术、娱乐和其他服务活动	服务业	资本密集型	0.143	0.147	0.154	0.157	0.156	0.160	0.163

表 B10 2000—2018 年"一带一路"共建国家行业层面全球价值链位置指数

行业代码	行业类型	要素密集型	2000 年	2005 年	2010 年	2015 年	2016 年	2017 年	2018 年
农矿业、林业和渔业	农矿业	劳动密集型	0.962	0.935	0.916	0.937	0.941	0.948	0.943
能源产品的开采和提取	农矿业	劳动密集型	1.216	1.198	1.197	1.203	1.210	1.196	1.188
食品、饮料和烟草	制造业	劳动密集型	0.902	0.869	0.857	0.871	0.872	0.867	0.859
纺织品、服装、皮革及相关产品	制造业	劳动密集型	0.847	0.837	0.839	0.863	0.867	0.858	0.851
木材及木材和软木制品	制造业	劳动密集型	0.919	0.932	0.927	0.928	0.929	0.930	0.920
纸制品和印刷	制造业	资本密集型	1.050	1.044	1.024	1.034	1.037	1.030	1.028
焦炭和精炼石油产品	制造业	资本密集型	1.284	1.215	1.282	1.264	1.245	1.252	1.255
化学品和药品	制造业	技术密集型	0.930	0.905	0.873	0.886	0.883	0.889	0.880
橡胶和塑料制品	制造业	资本密集型	0.941	0.931	0.906	0.909	0.920	0.919	0.918
其他非金属矿产品	制造业	资本密集型	0.902	0.925	0.927	0.907	0.918	0.925	0.925
基本金属	制造业	资本密集型	1.001	0.995	0.976	0.983	0.983	0.985	0.982
金属制品	制造业	资本密集型	0.928	0.933	0.930	0.941	0.947	0.943	0.940
计算机、电子和光学产品	制造业	技术密集型	0.889	0.866	0.838	0.868	0.875	0.871	0.852
电气设备	制造业	技术密集型	0.878	0.870	0.841	0.840	0.850	0.847	0.837
机械和设备等	制造业	技术密集型	0.876	0.861	0.862	0.871	0.866	0.860	0.846
机动车辆、拖车和半拖车	制造业	技术密集型	0.869	0.866	0.841	0.848	0.850	0.854	0.836

续表

行业代码	行业类型	要素密集型	2000年	2005年	2010年	2015年	2016年	2017年	2018年
其他运输设备	制造业	技术密集型	0.911	0.870	0.881	0.879	0.884	0.878	0.855
其他制造业，机械和设备的维修和安装	制造业	技术密集型	0.893	0.910	0.905	0.928	0.928	0.920	0.917
电力、燃气、供水、污水处理、废物和修复服务	服务业	劳动密集型	1.238	1.239	1.235	1.232	1.234	1.235	1.246
建筑业	服务业	劳动密集型	1.176	1.177	1.174	1.182	1.188	1.188	1.182
批发及零售业，汽车修理	服务业	技术密集型	0.990	0.974	0.980	1.002	1.002	1.003	1.011
运输和储存	服务业	技术密集型	0.981	0.988	0.999	1.007	1.007	1.008	1.016
食宿服务	服务业	资本密集型	1.123	1.134	1.156	1.161	1.160	1.156	1.160
出版、视听和广播活动	服务业	资本密集型	0.970	0.993	0.981	0.988	0.994	0.994	0.989
电信行业	服务业	资本密集型	1.137	1.118	1.099	1.108	1.100	1.103	1.096
资讯科技及其他资讯服务	服务业	资本密集型	1.083	1.053	1.066	1.068	1.070	1.072	1.072
金融和保险活动	服务业	资本密集型	1.131	1.137	1.146	1.173	1.171	1.162	1.161
房地产活动	服务业	资本密集型	1.037	1.073	1.119	1.143	1.149	1.146	1.145
其他商界服务	服务业	资本密集型	1.040	1.059	1.051	1.070	1.069	1.067	1.070
公共行政、国防部，强制性社会保障	服务业	资本密集型	1.167	1.154	1.118	1.145	1.147	1.151	1.150

续表

行业代码	行业类型	要素密集型	2000年	2005年	2010年	2015年	2016年	2017年	2018年
教育	服务业	资本密集型	1.177	1.167	1.157	1.159	1.169	1.162	1.151
人类健康和社会工作	服务业	资本密集型	1.191	1.194	1.184	1.205	1.222	1.224	1.218
艺术、娱乐和其他服务活动	服务业	资本密集型	1.089	1.089	1.097	1.115	1.111	1.121	1.119

表 B11 2000—2018 年"一带一路"共建国家行业层面全球价值链前向生产长度

行业代码	行业类型	要素密集型	2000 年	2005 年	2010 年	2015 年	2016 年	2017 年	2018 年
农矿业、林业和渔业	农矿业	劳动密集型	3.708	3.601	3.529	3.623	3.600	3.622	3.597
能源产品的开采和提取	农矿业	劳动密集型	4.445	4.368	4.370	4.395	4.367	4.313	4.294
食品、饮料和烟草	制造业	劳动密集型	3.628	3.496	3.415	3.482	3.436	3.411	3.375
纺织品、服装、皮革及相关产品	制造业	劳动密集型	3.175	3.157	3.217	3.321	3.311	3.294	3.273
木材及木材和软木制品	制造业	劳动密集型	3.664	3.685	3.724	3.765	3.720	3.716	3.693
纸制品和印刷	制造业	资本密集型	4.001	4.067	4.050	4.053	4.013	3.984	3.975
焦炭和精炼石油产品	制造业	资本密集型	3.841	3.613	3.853	3.886	3.842	3.818	3.789
化学品和药品	制造业	技术密集型	3.454	3.342	3.265	3.313	3.269	3.277	3.237
橡胶和塑料制品	制造业	资本密集型	3.533	3.510	3.454	3.473	3.462	3.460	3.466
其他非金属矿产品	制造业	资本密集型	3.506	3.596	3.644	3.556	3.553	3.552	3.544
基本金属	制造业	资本密集型	3.897	3.878	3.779	3.890	3.851	3.859	3.881
金属制品	制造业	资本密集型	3.644	3.683	3.708	3.760	3.739	3.739	3.742
计算机、电子和光学产品	制造业	技术密集型	3.211	3.199	3.178	3.315	3.311	3.279	3.216
电气设备	制造业	技术密集型	3.333	3.349	3.253	3.276	3.257	3.250	3.223
机械和设备等	制造业	技术密集型	3.334	3.321	3.362	3.397	3.335	3.319	3.293
机动车辆、拖车和半拖车	制造业	技术密集型	3.364	3.398	3.320	3.345	3.308	3.324	3.278

续表

行业代码	行业类型	要素密集型	2000年	2005年	2010年	2015年	2016年	2017年	2018年
其他运输设备	制造业	技术密集型	3.457	3.354	3.435	3.392	3.355	3.325	3.291
其他制造业，机械和设备的维修和安装	制造业	技术密集型	3.456	3.549	3.566	3.627	3.591	3.568	3.565
电力、燃气、供水、污水处理、废物和修复服务	服务业	劳动密集型	4.768	4.785	4.853	4.878	4.844	4.838	4.827
建筑业	服务业	劳动密集型	4.711	4.784	4.885	4.912	4.860	4.864	4.868
批发及零售业，汽车修理	服务业	技术密集型	3.860	3.831	3.864	3.899	3.857	3.859	3.898
运输和储存	服务业	技术密集型	3.725	3.786	3.854	3.863	3.826	3.830	3.855
食宿服务	服务业	资本密集型	4.597	4.628	4.711	4.725	4.662	4.643	4.645
出版、视听和广播活动	服务业	资本密集型	3.748	3.875	3.825	3.751	3.725	3.706	3.680
电信行业	服务业	资本密集型	4.376	4.336	4.279	4.276	4.183	4.184	4.150
资讯科技及其他资讯服务	服务业	资本密集型	4.020	3.944	4.016	3.955	3.911	3.897	3.880
金融和保险活动	服务业	资本密集型	4.220	4.317	4.392	4.445	4.392	4.373	4.366
房地产活动	服务业	资本密集型	4.407	4.568	4.693	4.743	4.711	4.705	4.714
其他商界服务	服务业	资本密集型	4.028	4.125	4.163	4.187	4.136	4.125	4.127
公共行政、国防部，强制性社会保障	服务业	资本密集型	4.586	4.618	4.599	4.643	4.611	4.619	4.605

续表

行业代码	行业类型	要素密集型	2000年	2005年	2010年	2015年	2016年	2017年	2018年
教育	服务业	资本密集型	4.746	4.748	4.724	4.680	4.646	4.616	4.576
人类健康和社会工作	服务业	资本密集型	4.616	4.597	4.591	4.633	4.626	4.631	4.608
艺术、娱乐和其他服务活动	服务业	资本密集型	4.292	4.342	4.414	4.470	4.399	4.440	4.432

表 B12 2000—2018 年"一带一路"共建国家行业层面全球价值链后向生产长度

行业代码	行业类型	要素密集型	2000 年	2005 年	2010 年	2015 年	2016 年	2017 年	2018 年
农矿业、林业和渔业	农矿业	劳动密集型	3.851	3.839	3.838	3.842	3.806	3.805	3.799
能源产品的开采和提取	农矿业	劳动密集型	3.672	3.652	3.661	3.655	3.619	3.611	3.622
食品、饮料和烟草	制造业	劳动密集型	4.021	4.013	3.971	3.974	3.923	3.917	3.914
纺织品、服装、皮革及相关产品	制造业	劳动密集型	3.756	3.780	3.840	3.856	3.824	3.844	3.851
木材及木材和软木制品	制造业	劳动密集型	3.992	3.958	4.027	4.059	4.005	3.996	4.014
纸制品和印刷	制造业	资本密集型	3.816	3.890	3.949	3.917	3.867	3.869	3.865
焦炭和精炼石油产品	制造业	资本密集型	2.882	2.889	2.886	2.941	2.952	2.914	2.890
化学品和药品	制造业	技术密集型	3.723	3.696	3.739	3.730	3.696	3.685	3.677
橡胶和塑料制品	制造业	资本密集型	3.754	3.770	3.811	3.824	3.763	3.766	3.775
其他非金属矿产品	制造业	资本密集型	3.895	3.891	3.935	3.929	3.878	3.851	3.849
基本金属	制造业	资本密集型	3.894	3.899	3.876	3.956	3.919	3.920	3.957
金属制品	制造业	资本密集型	3.936	3.951	3.992	4.006	3.959	3.972	3.993
计算机、电子和光学产品	制造业	技术密集型	3.613	3.696	3.798	3.823	3.784	3.769	3.777
电气设备	制造业	技术密集型	3.800	3.850	3.873	3.904	3.836	3.841	3.854
机械和设备等	制造业	技术密集型	3.806	3.860	3.907	3.900	3.853	3.859	3.892
机动车辆、拖车和半拖车	制造业	技术密集型	3.857	3.920	3.942	3.934	3.885	3.888	3.913

续表

行业代码	行业类型	要素密集型	2000年	2005年	2010年	2015年	2016年	2017年	2018年
其他运输设备	制造业	技术密集型	3.806	3.867	3.911	3.872	3.806	3.811	3.856
其他制造业，机械和设备的维修和安装	制造业	技术密集型	3.886	3.921	3.953	3.936	3.889	3.895	3.906
电力、燃气、供水、污水处理、废物和修复服务	服务业	劳动密集型	3.866	3.879	3.939	3.965	3.932	3.922	3.880
建筑业	服务业	劳动密集型	4.010	4.066	4.171	4.163	4.095	4.101	4.124
批发及零售业，汽车修理	服务业	技术密集型	3.905	3.944	3.958	3.902	3.859	3.856	3.868
运输和储存	服务业	技术密集型	3.800	3.836	3.860	3.837	3.801	3.800	3.794
食宿服务	服务业	资本密集型	4.103	4.091	4.079	4.071	4.020	4.018	4.005
出版、视听和广播活动	服务业	资本密集型	3.873	3.913	3.911	3.809	3.762	3.744	3.738
电信行业	服务业	资本密集型	3.854	3.880	3.904	3.865	3.804	3.795	3.788
资讯科技及其他资讯服务	服务业	资本密集型	3.719	3.749	3.779	3.719	3.670	3.648	3.634
金融和保险活动	服务业	资本密集型	3.732	3.799	3.830	3.782	3.744	3.755	3.754
房地产活动	服务业	资本密集型	4.263	4.282	4.210	4.162	4.111	4.114	4.125
其他商界服务	服务业	资本密集型	3.874	3.894	3.966	3.919	3.875	3.872	3.865
公共行政、国防部，强制性社会保障	服务业	资本密集型	3.934	4.005	4.123	4.059	4.025	4.018	4.013

续表

行业代码	行业类型	要素密集型	2000年	2005年	2010年	2015年	2016年	2017年	2018年
教育	服务业	资本密集型	4.040	4.076	4.092	4.045	3.981	3.980	3.980
人类健康和社会工作	服务业	资本密集型	3.883	3.853	3.885	3.853	3.788	3.786	3.785
艺术、娱乐和其他服务活动	服务业	资本密集型	3.947	3.996	4.035	4.019	3.965	3.965	3.965

表 B13　2005—2016 年"一带一路"共建国家内资与外资企业层面全球价值链测度指标

	参数	2005年	2006年	2007年	2008年	2009年	2010年	2011年	2012年	2013年	2014年	2015年	2016年
外资企业	前向参与度	0.222	0.204	0.206	0.210	0.203	0.215	0.221	0.229	0.229	0.233	0.236	0.230
	后向参与度	0.272	0.262	0.262	0.263	0.238	0.255	0.264	0.263	0.263	0.260	0.263	0.249
	总参与度	0.486	0.458	0.460	0.465	0.433	0.463	0.477	0.485	0.484	0.485	0.491	0.470
	前向生产长度	3.531	3.615	3.604	3.597	3.582	3.585	3.634	3.601	3.553	3.559	3.609	3.551
	后向生产长度	3.483	3.558	3.572	3.571	3.559	3.562	3.624	3.588	3.541	3.552	3.569	3.507
	位置指数	1.014	1.016	1.009	1.007	1.006	1.006	1.003	1.004	1.004	1.002	1.011	1.013
内资企业	前向参与度	0.251	0.227	0.232	0.233	0.231	0.233	0.241	0.250	0.255	0.251	0.257	0.246
	后向参与度	0.290	0.273	0.275	0.275	0.253	0.269	0.278	0.283	0.281	0.273	0.269	0.263
	总参与度	0.542	0.500	0.506	0.509	0.484	0.502	0.519	0.533	0.536	0.524	0.525	0.509
	前向生产长度	3.817	3.865	3.895	3.850	3.828	3.804	3.827	3.827	3.821	3.830	3.839	3.787
	后向生产长度	3.754	3.806	3.834	3.826	3.789	3.770	3.817	3.811	3.804	3.805	3.816	3.770
	位置指数	1.017	1.015	1.016	1.006	1.010	1.009	1.003	1.004	1.005	1.007	1.006	1.004